河套灌区农业灌溉
用水量与发展模式

朱　焱　杨金忠　梅锐锋　贾　飚　马　鑫　著

科学出版社
北　京

内 容 简 介

内蒙古河套灌区是我国最大的一首制灌区，干旱少雨，蒸发量大，区内农业用水主要来自黄河引水，近年来年均引黄水量约为 46 亿 m^3，超过国务院 40 亿 m^3 分水方案红线，且灌区面临 3.6 亿 m^3 的引黄水量指标转移，水资源利用形势严峻，要维持灌区可持续发展，保证其粮食与生态安全，必须回答以下两个问题：①河套灌区最少需要多少引黄水量以维持目前的灌溉面积？②满足不同限制引水条件的灌区适宜发展模式是什么？作者及其研究团队针对以上问题开展了多年研究，搜集了大量数据，计算提出了灌区适宜的引水量及发展模式，为灌区可持续发展提供了技术支撑。本书部分插图附彩图二维码，扫码可见。

本书可供水利、农业、国土资源及相关行业工作者参考阅读，包括但不限于科研机构研究人员、政府或事业单位管理人员。

图书在版编目（CIP）数据

河套灌区农业灌溉用水量与发展模式 / 朱焱等著. -- 北京：科学出版社，2025.5. -- ISBN 978-7-03-081825-6

Ⅰ.S274.4

中国国家版本馆 CIP 数据核字第 2025NV6704 号

责任编辑：何　念　张　湾 / 责任校对：高　嵘
责任印制：徐晓晨 / 封面设计：无极书装

科学出版社 出版
北京东黄城根北街 16 号
邮政编码：100717
http://www.sciencep.com

北京中科印刷有限公司印刷
科学出版社发行　各地新华书店经销

*

开本：787×1092　1/16
2025 年 5 月第 一 版　印张：14
2025 年 5 月第一次印刷　字数：329 000
定价：139.00 元
（如有印装质量问题，我社负责调换）

前言

内蒙古河套灌区是我国重要的粮食生产基地，地处北方干旱半干旱地区，降雨稀少，蒸发量大。目前，河套灌区年引黄河水 46 亿 m^3 左右，按照国家给内蒙古的引黄水量分配方案，河套灌区的年引水量将逐步减少到 40 亿 m^3，同时，自治区人民政府为了区内综合发展，拟将灌区 3.6 亿 m^3 引黄水量指标逐步转移到下游工业城市。灌区引黄水量的减少必将对灌区农业、工业和城镇的发展带来制约性的影响，彼此之间的用水矛盾也会更加凸显。在灌区用水状况发生重大改变的同时，灌区水盐循环过程也将发生变化，地下水补给减少，依靠黄河水维持的灌区脆弱的生态系统也将面临挑战。如何在有限的引黄水量条件下，保障灌区的生态和粮食安全，维持灌区的可持续发展，是我们必须回答和解决的重要问题。

武汉大学地下水资源与环境研究团队长期在内蒙古河套灌区从事灌区水资源高效利用与水盐协同调控方面的研究工作，搜集了大量灌区在农业、水文地质、气象、灌溉排水、地下水与土壤水等方面的资料，深入分析了河套灌区的灌溉面积、种植结构变化规律、节水改造工程效益、地表水-地下水联合利用水盐循环规律及其带来的环境变化，提出了灌区不同时空尺度的灌溉定额分析方法，建立了灌区不同时空尺度的农业用水量计算方法与模型，提出了维持现有灌溉面积的最小引黄水量，分析计算了在限制引黄水量条件下灌区适宜的发展模式。

本书是对作者及其研究团队多年来在河套灌区开展的农业水资源高效利用与管理方面研究工作的总结，阐述作者及其研究团队在河套灌区节水条件下引黄水量与发展模式方面的工作成果，本书同时包括大量灌区尺度农业用水方面的基础资料，可为灌区农业用水管理宏观决策及相关人员从事研究工作提供技术支撑。

全书包括 8 章内容。第 1 章绪论介绍问题背景与国内外研究进展；第 2 章总结河套灌区灌溉定额研究成果，提出灌溉定额比的概念，介绍如何根据点尺度实测灌溉定额推广计算灌区或灌域尺度灌溉定额；第 3 章基于灌区典型分干渠尺度及典型农渠尺度搜集或实测的资料，计算河套灌区典型分干渠尺度灌溉定额，以及典型农渠尺度不同作物的生育期、秋浇灌溉定额；第 4 章校核分析河套灌区农业用水量计算的关键数据，由于灌区面积大，不同来源的数据差距较大，不同数据存在不匹配问题，本章对数据合理性进行全面的校核分析，确定计算中采用的基础数据；第 5 章基于水量平衡分析得到不同时间和空间尺度的典型作物生育期灌溉定额、秋浇/春灌灌溉定额，确定未来地下水位下降对灌溉定额的影响，计算未来节水条件下灌区适宜的灌溉定额，并量化结果的误差精度；第 6 章分别通过可开采系数法和建立数值模型，计算现状及未来不同节水条件下满足灌溉要求的适宜地下水可开采量，对不同开采条件下灌区地下水动态及地下水漏斗风险进行量化分析；第 7 章对现状及未来节水条件下灌区水资源供需平衡进行分析预测；第 8 章对河套灌区农业灌溉用水总量进行分析预测，确定各要素的合理取值，并对未来不同引水条件下灌区适宜的发展规模进行分析预测。本书中含有大量数据，原始数据有效位数较多，不便在书中呈现，故均进行了修约，因此由这些修约数据计算的值与书中呈现值会存在少许出入。

参加本书撰写的人员有朱焱、杨金忠、梅锐锋、贾飚、马鑫。其中，朱焱参与第 1、2、5～8 章的写作，并负责全书的统稿工作；杨金忠参与第 2、4、8 章的写作；梅锐锋参与第 3 章的写作；贾飚参与第 4、8 章的写作；马鑫参与第 7 章的写作。此外，赵天兴、杨洋、王晋之、林朔、荆大荣、姚玲、成肖尧等研究生分别参加了部分研究工作，承担了大量资料整理和编排工作，在此表示感谢。

本书的出版和相关内容的研究得到了内蒙古自治区水利科技计划重大项目（213-03-99-303002-NSK2017-M1）的资助，在此一并表示感谢！

限于作者水平，本书难免有许多不完善和欠妥之处，敬请同行批评指正。

作 者

2024 年 5 月

目 录

第 1 章　绪论 ·· 1

第 2 章　**河套灌区灌溉定额确定方法** ·· 7
2.1　河套灌区作物灌溉制度的成果汇总 ·· 7
2.1.1　生育期灌溉制度成果汇总 ·· 7
2.1.2　秋浇灌溉定额和春灌灌溉定额成果汇总 ·· 13
2.2　河套灌区生育期灌溉制度成果分析 ·· 15
2.2.1　河套灌区主要作物现状净灌溉定额 ·· 15
2.2.2　主要作物灌溉定额时空分布特征 ·· 18
2.3　不同作物的生育期灌溉定额比 ·· 19
2.4　本章小结 ·· 20

第 3 章　**河套灌区典型区灌溉定额分析** ·· 21
3.1　皂火分干渠典型研究区灌溉定额分析 ·· 21
3.2　永刚分干渠典型研究区灌溉定额分析 ·· 24
3.3　建设二分干渠典型研究区灌溉定额分析 ·· 27
3.4　永联典型测试区灌溉定额分析 ·· 29
3.4.1　永联典型测试区介绍 ·· 29
3.4.2　永联典型测试区生育期灌溉定额分析 ·· 31
3.4.3　永联典型测试区秋浇灌溉定额分析 ·· 32
3.4.4　其他测试区灌溉定额测试结果 ·· 33
3.5　本章小结 ·· 35

第 4 章　**河套灌区基础数据分析** ·· 36
4.1　河套灌区引黄灌溉水量数据分析 ·· 36
4.2　灌溉面积数据分析 ·· 38

4.3 种植结构数据分析 ... 40
4.4 灌溉水利用效率成果分析 ... 44
4.4.1 河套灌区灌溉水利用效率成果分析 ... 44
4.4.2 河套灌区灌溉水利用效率成果汇总 ... 49
4.4.3 年度灌溉水利用系数的确定 ... 51
4.5 本章小结 ... 55

第5章 基于水量平衡分析的河套灌区灌溉定额研究 ... 56
5.1 研究方法 ... 56
5.1.1 灌溉定额空间尺度和时间尺度的划分 ... 56
5.1.2 综合灌溉定额研究方法 ... 58
5.1.3 秋浇和春灌灌溉定额研究方法 ... 58
5.1.4 不同作物净灌溉定额的确定方法 ... 59
5.1.5 计算方法修正与合理性分析 ... 60
5.2 河套灌区秋浇和春灌灌溉定额分析 ... 61
5.2.1 秋浇灌溉定额分析 ... 61
5.2.2 春灌灌溉定额分析 ... 64
5.3 河套灌区综合灌溉定额分析 ... 64
5.3.1 全年综合灌溉定额 ... 64
5.3.2 春灌及生育期综合灌溉定额 ... 66
5.3.3 生育期综合灌溉定额 ... 67
5.4 河套灌区典型作物灌溉定额分析及验证 ... 69
5.5 河套灌区主要作物灌溉定额分析 ... 73
5.6 区域地下水位下降及其对灌溉定额的影响 ... 76
5.6.1 地下水埋深、引水量和降雨量的年际变化 ... 76
5.6.2 地下水埋深与引水量及降雨量的关系 ... 78
5.6.3 限制引水条件下地下水埋深及潜水蒸发量分析 ... 83
5.6.4 河套灌区潜水蒸发量分析 ... 87
5.6.5 未来引水条件下地下水埋深及潜水蒸发量计算 ... 89
5.6.6 考虑未来引水条件下灌溉定额的变化 ... 93
5.7 作物净灌溉定额的参数敏感性分析 ... 94
5.7.1 参数敏感性分析的典型年确定 ... 94
5.7.2 作物灌溉定额比对主要作物净灌溉定额的影响 ... 95
5.7.3 种植结构对典型作物净灌溉定额的影响 ... 96
5.7.4 灌溉面积对典型作物净灌溉定额的影响 ... 98

  5.7.5 灌溉水利用系数对典型作物净灌溉定额的影响 ················· 99
 5.8 本章小结 ··· 100

第6章 河套灌区农业灌溉地下水可开采量 ································· 102
 6.1 基于可开采系数法的河套灌区地下水可开采量 ······················· 102
  6.1.1 研究方法 ·· 102
  6.1.2 地下水总补给量计算 ·· 102
  6.1.3 可开采系数确定 ··· 104
  6.1.4 地下水可开采量计算 ·· 106
  6.1.5 小结 ·· 112
 6.2 基于动力学模型的地下水可开采量计算 ······························ 112
  6.2.1 研究工具 ·· 112
  6.2.2 研究方法 ·· 113
  6.2.3 基础资料 ·· 113
  6.2.4 地下水数值模型构建 ·· 113
  6.2.5 模型率定验证 ··· 123
  6.2.6 井渠结合实施后灌区地下水位的预测分析 ····················· 128
  6.2.7 矿化度 2 g/L 下方案选择 ······································· 133
  6.2.8 矿化度 3 g/L 下方案选择 ······································· 141
  6.2.9 开采方案分析 ··· 147
 6.3 本章小结 ··· 151

第7章 河套灌区水资源供需平衡分析 ···································· 152
 7.1 河套灌区可供水量 ·· 152
  7.1.1 河套灌区引水量 ··· 152
  7.1.2 河套灌区分洪分凌水量 ··· 153
  7.1.3 河套灌区淖尔水量 ·· 153
  7.1.4 河套灌区水库水量 ·· 154
  7.1.5 河套灌区退水量 ··· 154
  7.1.6 河套灌区再生水量 ·· 155
  7.1.7 河套灌区地下水可开采量 ······································· 156
  7.1.8 可供水量供水状况分析 ··· 156
 7.2 河套灌区用水现状分析 ··· 158
  7.2.1 河套灌区生活用水 ·· 158
  7.2.2 河套灌区第一产业用水 ··· 160

7.2.3　河套灌区第二产业用水 ································161
　　　7.2.4　河套灌区第三产业用水 ································163
　　　7.2.5　河套灌区生态用水 ····································164
　　　7.2.6　河套灌区用水总量 ····································165
　7.3　河套灌区水资源供需平衡预测分析 ································166
　　　7.3.1　河套灌区现状水量供需平衡分析 ····························166
　　　7.3.2　河套灌区生产用水量预测 ································167
　　　7.3.3　河套灌区生活与生态用水量预测 ····························169
　　　7.3.4　河套灌区用水量预测及未来供需平衡分析 ······················170
　7.4　本章小结 ··172

第8章　河套灌区农业灌溉用水量与发展模式研究 ······························173
　8.1　河套灌区农业灌溉用水量与发展模式预测内容 ························173
　8.2　基于不同时空尺度的灌区引水量预测方法 ····························173
　　　8.2.1　基于年灌溉定额的灌区和灌域尺度引水量计算 ··················173
　　　8.2.2　基于年内两灌期的灌区和灌域尺度引水量计算 ··················174
　　　8.2.3　基于年内三灌期的灌区和灌域尺度引水量计算 ··················175
　　　8.2.4　考虑地下水开发利用的灌区最小引水量计算 ····················177
　8.3　规划年关键数据预测分析 ······································177
　　　8.3.1　规划年灌溉定额的预测分析 ································178
　　　8.3.2　规划年作物种植结构的预测分析 ····························182
　　　8.3.3　规划年灌溉水利用效率分析 ································185
　　　8.3.4　规划年灌溉面积的预测分析 ································190
　　　8.3.5　规划年地下水可利用量分析 ································193
　8.4　现状灌溉面积条件下的灌区引水量 ································193
　　　8.4.1　不同预测方案引水量计算结果比较 ····························193
　　　8.4.2　推荐方案灌区引水量计算结果 ······························196
　8.5　限制引水条件下的灌区发展模式 ··································197
　　　8.5.1　农业限制引水量为 40 亿 m^3 时的灌区发展模式 ··············198
　　　8.5.2　农业限制引水量为 38.8 亿 m^3 时的灌区发展模式 ············200
　　　8.5.3　农业限制引水量为 36.4 亿 m^3 时的灌区发展模式 ············203
　　　8.5.4　限制引水条件下灌区发展模式汇总 ··························205
　8.6　本章小结 ··208

参考文献 ··209

第1章 绪 论

河套灌区地处干旱半干旱地区，降雨量少，蒸发量大，灌区多年平均降雨量为 120～300 mm，多年平均蒸发量约为 2 400 mm，为降雨量的 8～20 倍，从客观条件上决定了该区没有灌溉就没有农业。按照国务院分水方案，河套灌区引黄水量限制值为 40 亿 m^3，目前，灌区年均引黄水量约为 46 亿 m^3，超过限制值约 6 亿 m^3，面临水资源短缺的严峻形势。此外，随着社会经济发展，河套灌区部分水权由农业向工业转让，总计需将 3.6 亿 m^3 的引黄水量转移到其他用水更为迫切的地区。灌区引黄水量的减少必将对灌区农业、工业和城镇的发展带来制约性的影响，届时用水矛盾将更加突出。河套灌区是典型的干旱盐渍化灌区，引黄水量的减少也会改变灌区水盐循环过程，影响耕地可持续发展。现阶段，灌区一方面面临引黄水量大幅度减少的问题，另一方面灌区种植面积在不断扩大，灌区需水量增加。因此，对河套灌区适宜的农业灌溉用水量和发展模式的研究迫在眉睫。

河套灌区的水资源绝大部分是黄河引水和引黄灌溉水补给形成的地下水，引黄水量下降导致部分城乡居民的生活用水受到影响。农业是河套灌区的基础产业，也是第一用水大户，灌溉用水量占区内用水总量的 90%以上。近十多年来，河套灌区开展了节水改造工程和节水灌溉技术示范与推广，这些工程技术显著减少了无效蒸发和深层渗漏，提高了区内灌溉水利用效率，但总体而言，河套灌区农业用水效率不高，农业节水跟不上经济发展的步伐，水资源效益不高。近年来，随着经济社会的不断发展，河套灌区其他行业的用水量也在日益增加，农业用水与其他行业的用水矛盾日益突出。同时，随着黄河沿线地区水资源需求的增长，黄河水资源日趋紧缺，河套灌区引黄灌溉分配水量逐年减少（李继超和王玲，2018）。因此，合理预测需水总量及需水结构，提高水资源利用效率，对于当地的经济发展具有重要意义。

由于灌区的主要用水行业是农业，农业需水量预测尤为重要。农业需水量的预测大约开始于 100 年前的美国（黄修桥，2005），由于水资源短缺及需水量的迅速增加，水资源的规划愈加重要，农业需水量的预测得到了迅速发展（耿曙萍 等，2006）。准确分析预测用水需求对区域水量精细调度与经济社会发展至关重要（王玮，2019；王明新，2010），国内外许多学者对此进行了深入研究，许多先进的预测方法也被应用于需水预测（Pulido-Calvo and Gutiérrez-Estrada，2009；Amir and Fisher，1999）。在灌区农业需水预测方面，国内外学者使用的预测方法主要有以下几种：①彭曼（Penman）公式法。首先利用彭曼公式得到作物蒸发蒸腾量，在此基础上考虑降雨量等因素，预测灌区的灌溉需水量。该方法需要大量气象资料、种植结构及水资源量等资料的支撑（张宝泉 等，2008）。部分学者根据参考作物需水量的变化规律总结了一些经验公式（李彦 等，2004；刘晓英 等，2003；刘钰和Pereira，2001；汪志农 等，2001；刘绍民，1998），这些公式简化了计算过程并降低了对气象数据的要求，在一定程度上弥补了彭曼公式的缺点。②时间序列法。对于一些用水资料较齐全的灌区，可以采用时间序列法对灌区的农业需水量进行预测。例如，邵东国等（1998）基于时间序列法，建立了区域农业灌溉用水量长期预报分解模型；郑世宗等（1999）用自回归模型对霍泉灌区出流量进行了预测；李靖等（2000）基于周期性变化时间序列的分析预报方法，针对灌区需水量变化规律建立了灌区需水预报模型；刘小花等（2002）以开封历年引黄水、地下水与地表水的系列资料为基础，采用时间序列法，预测了开封农业灌溉需水量；王立坤等（2004）采用时间序列法，建立了水稻需水量预报模型。③定额法。定额法具有简便、直观、便于考虑因素变化等特点，在农业需水预测时经常被采用。由于定额法只考虑作物用水量的特点，预测结果明显偏大（刘迪 等，2008）。李智慧和周之豪（1995）利用线性规划法得出了种植结构，并采用定额法对海河流域的农业需水量进行了预测；徐中民和程国栋（2000）与王大正等（2002）利用宏观经济模型、定额法分别对黑河流域中游和海河流域进行了农业需水量预测。④人工神经网络方法。针对常规需水量预测模型在预测中存在的拟合精度较差并且在预测时容易出现失真的情况，刘洪波（2005）引入人工神经网络方法，建立了非线性人工神经网络预测模型。黄国如和胡和平（2000）建立了基于神经网络的黄河下游引黄灌区引水量预估模型。⑤以灰色理论为基础的灰色预测模型。灰色理论是指根据系统的行为特征数据，找出因素之间和因素自身的数学关系或变化规律，建立一种描述被研究系统的动态变化特征的模型（宋巧娜和唐德善，2007；朱春江 等，2006；董振兴 等，2001）。郭宗楼等（1995）利用灰色理论进行了作物需水量的预测；李振全等（2005）使用灰色预测模型对西安的农业需水量进行了预测；王福林（2013）使用灰色预测模型和定额法对辽宁的需水量进行了预测。

  由于需水预测涉及社会、经济、人口及环境等多方面，目前常用预测方法的预测结果与实际用水量存在一定的差距（郭晓玲，2007；傅金祥和马兴冠，2002）。人工神经网络方法与时间序列法只需要较少的数据即可得到较好的拟合结果，但是它们并不是具有实际物理意义的模型，当某些基础条件发生改变（如国家政策对农业用水量做出了新规定）时，其预测结果的精度将会受到很大影响。定额法通过气象、作物等的观测试验和理论公式将灌溉用水量计算出来，适用于作物的种类、面积参数明确，灌溉水利用系数准确的情况，具有简便、直观、概念清晰的特点，但是这些基础数据基于某一个具体的试验点，无法将其不加验证地扩展到更大的区域。由于灌溉用水量具有一定的尺度效应，预测结果的精度难以保证。同时，灌溉定额会随着气候条件、作物品种、种植结构、农艺管理等措施变化，涉及的灌溉水利用系数也难以确定，尤其是在大型灌区（次旦卓嘎，2015；马灵玲 等，2005；黄修桥 等，2004）。由于工业及生活用水不断增加，以及20世纪末全国开展的大型灌区节水改造，一些灌区的灌溉用水量呈现下降趋势，如何比较准确地估算不同条件下的灌溉需水量是灌溉管理中需要解决的关键问题（张凯 等，2006）。

确定作物的灌溉定额是进行灌区农业需水量预测的基础。作物的灌溉制度是指作物播种前及全生育期内的灌水次数，以及每次的灌水日期、灌水定额及灌溉定额。灌溉制度包括充分灌溉和非充分灌溉两种。充分灌溉条件下灌溉供水能够充分满足作物各生育阶段的需水量，而非充分灌溉条件下允许作物在一定程度水分亏缺条件下产量亏缺。非充分灌溉不完全追求作物在单位面积上获得最大产量，但可以大幅提高农业用水的利用率，因此非充分灌溉可能更加适用于我国水资源短缺的干旱半干旱地区。灌水定额是指一次灌水单位灌溉面积上的灌溉水量，各次灌水定额之和为灌溉定额。净灌溉定额是作物正常生长所需灌溉的水量，可依据作物需水量、有效降雨量、地下水利用量确定。田间灌溉定额及毛灌溉定额是以净灌溉定额为基础的，田间灌溉定额是考虑田间灌水损失后（一般认为农渠以下的渠系为田间渠系，田间灌水损失包括农渠以下的渠道输水损失和田间灌溉入渗损失），折算到田口的亩[①]均灌溉需水量，毛灌溉定额是考虑输水损失和田间灌水损失后，折算到渠首的亩均灌溉需水量。

灌溉制度的确定方法主要包括以下四种。

（1）总结群众丰产灌水经验。多年来农业生产的实践经验是制定灌溉制度的重要依据。调查收集实际情况下不同年份、不同生育期的作物田间耗水量及灌水次数、灌水时间间距、灌水定额和灌溉定额。

（2）田间实测法。测定灌水前后的土壤含水率，通过灌溉前后田间实测土壤剖面的水量差值来计算净灌水定额。

$$m = 667\gamma H(\theta_2 - \theta_1) \tag{1.0.1}$$

式中：m 为净灌水定额，m^3/亩；γ 为土壤容重，g/cm^3；H 为土壤计划湿润层深度，m；θ_1、θ_2 分别为灌水前后的土壤含水率。将作物生育期所有的净灌水定额加起来得到作物净灌溉定额。

（3）水量平衡法。由水量平衡法计算灌溉制度，通常将作物主要根系吸水层作为灌水时的土壤计划湿润层，并要求该土层内的储水量保持在作物所要求的范围内。对于旱作物，整个生育期中任何一个时段土壤计划湿润层内储水量的变化可以用下列水量平衡方程表示：

$$W_t - W_0 = P_e + K + M - \text{ET} \tag{1.0.2}$$

式中：W_0、W_t 为时段初和任一时间 t 时的土壤计划湿润层内的储水量；P_e 为在土壤计划湿润层内的有效降雨量；K 为时段内的地下水补给量，$K=kt$，k 为时段内平均每昼夜的地下水补给量；M 为时段内的灌溉水量（净灌溉定额）；ET 为时段内的作物需水量，即 ET=et，e 为时段内平均每昼夜的作物需水量。

实际计算灌溉制度时，作物需水量可通过灌溉试验监测数据或公式计算得到。计算作物需水量的方法是彭曼-蒙蒂思（Penman-Monteith）公式及作物系数法，通过扣除生育期有效降雨量及作物地下水利用量等可得到灌溉定额。

$$\text{ET} = K_c \times \text{ET}_0 \tag{1.0.3}$$

---

① 1 亩≈666.7 m^2。

$$M = \mathrm{ET} - P_e - G_e - \Delta W \qquad (1.0.4)$$

式中：ET 为作物需水量；K_c 为作物系数；ET_0 为参考作物腾发量，通过彭曼-蒙蒂思公式计算；M 为净灌溉定额；P_e 为有效降雨量；G_e 为作物生育期内的地下水利用量；ΔW 为时段始末土壤储水量的变化量。

（4）灌溉制度优化方法。灌溉制度优化方法主要有以下两种：一是通过不同组灌溉定额的试验和作物水分生产函数得到最优效益，选择出最优灌溉定额；二是通过建立数学模型及物理模型进行分析，或者结合动态规划法、遗传算法等优化算法计算得到。

目前，针对主要作物的灌溉定额已开展了大量研究。吕宁等（2019）通过不同滴灌量对北疆玉米生长和产量因子影响的试验，确定了适宜新疆滴灌玉米高产栽培的最佳灌水定额。薛德鹏等（2024）和杨凡等（2023）分别采用元分析（meta-analysis）法分析了多年花生和葡萄的田间灌溉试验数据，得到了我国北方地区花生和葡萄的高效灌溉制度。张紫森（2023）基于水量平衡法确定了拉萨河谷双季饲草各生育阶段喷灌灌溉制度和农业用水管理方法。王二英和刘小山（2008）采用动态规划法模拟确定了河北主要粮食作物的灌溉用水定额。王红霞等（2007）采用多目标混沌优化算法进行了作物灌溉制度优化。于芷婧（2014）基于农田水量平衡模型和詹森（Jensen）模型，利用多目标优化和遗传算法，对作物灌溉制度进行了优化，分别确定了华北地区冬小麦和夏玉米最佳的灌水时期。河套灌区除了面临水资源短缺的挑战外，还面临着土壤盐渍化等诸多问题，除生育期灌溉以外，还存在非生育期秋浇或春灌，对土壤进行洗盐保墒，河套灌区灌溉制度分析更为复杂。朱敏等（2012）应用遗传算法得到了内蒙古河套灌区对于番茄而言高产、节水、高效的灌溉制度。范雅君（2014）和田德龙等（2015）通过建立詹森模型，分别优化了河套灌区膜下滴灌玉米、井渠结合小麦和葵花的灌溉制度。刘美含（2021）通过田间试验和模型分析，确定了河套灌区中上游地区节水抑盐条件下适宜的地下水埋深，制定了不同水文年型下精确考虑地下水补给量的优化灌溉制度。郑倩（2021）基于改进后的土水评估工具（soil and water assessment tool，SWAT）模型，得到了现状条件下针对葵花、玉米、小麦的优化灌溉制度。李瑞平等（2010）利用水热耦合（simultaneous heat and water，SHAW）模型模拟确定了河套灌区不同盐渍化土壤合理的秋浇节水灌溉制度。

上述方法可得到点尺度（或小区尺度）的灌溉定额，为灌区农业用水预测提供了宝贵的资料。在灌区尺度，由于不同位置的土壤类型、地下水位、降雨蒸发、作物品种、管理方式等有很大的差异，即便是对于同一种作物，所得到的灌溉定额也会差别很大。本书灌区引水量分析所需要的是区域面上的灌溉定额，可以通过点灌溉定额的加权平均确定，但灌区不同点的测量数据较少，很难得到较为可靠的面上平均灌溉定额。面上平均灌溉定额也可以利用灌区不同分区的引水量、灌溉面积、灌溉水利用系数确定，根据所得到的各分区综合灌溉定额，进一步研究不同作物的灌溉定额。总之，灌区尺度灌溉定额分析与点尺度差异较大，确定河套灌区农业用水量的关键是确定其适宜的灌溉定额。

在水资源匮乏地区，种植结构调整是深化农业节水、缓解水资源紧缺、解决水资源供需矛盾的重要途径，也深刻影响着区域的水循环过程。如何更加精细化地管理、优化水资源，如何定量化表达种植结构变化与各水量平衡要素的关系将会是接下来重要的研究方向。近30年来，由于市场导向和水资源限制，河套灌区的种植结构发生了明显变化，由以小麦为主的种植结构演变成现今葵花、玉米、小麦等并重的多元化种植结构。在进行地区种植结构调整和规划时，既要考虑地区水资源的限制，又要考虑地区的特色。在河套灌区进一步减少引黄水量和开发利用地下水的条件下，如何调整灌区种植结构，确定灌区适宜的发展模式，减少灌区作物耗水，同时保障灌区的粮食生产和生态安全，是需要研究的重要问题。

中国幅员辽阔，各地的自然地理条件、社会经济状况、农业生产发展水平差异较大，因此，灌区的发展模式需要因地制宜。王建成等（2014）总结了白银高扬程灌区农业高产高效间作模式，包括粮粮型间作模式、粮油型间作模式等。王浩等（2004）从工程更新改造、低产农田改造配套、地表水和地下水联合运用、优化种植结构和灌溉制度、现代化管理、水价改革等六方面提出了宁夏河套灌区市场经济条件下农业水资源高效利用模式。陈小兵等（2008）以水热平衡和水盐平衡理论为基础分别计算了渭干河灌区适宜的绿洲规模与耕地面积。孟江丽（2012）利用供需分析法，根据新疆孔雀河灌区的农业生产实际和水资源开发利用现状，确定出规划水平年灌区的适宜灌溉面积。宗洁等（2014）结合北方地区的实际情况，探讨了适宜小麦种植的节水灌溉技术及发展模式。粟晓玲等（2016）通过构建水资源时空优化与地下水数值模拟耦合的模型体系，获得了不同水文年地表水和地下水的时空优化配置方案。代锋刚等（2012）应用 ArcGIS 和地下水模拟软件建立了泾惠渠灌区地下水分布模型，模拟了不同灌溉情景下地下水位的变化趋势，确定了适宜的井渠灌水比例。

多年来，针对河套灌区的适宜发展模式也开展了大量研究，获得了不少宝贵经验。彭世彰等（1992）针对河套灌区地表水与地下水联合运用问题，提出了井渠结合优化灌溉模型，认为地表水与地下水之比为 7∶3 是最优工程运行策略，可达到控制地下水位、防治土壤盐碱化、作物稳产高产的目的。杨松等（2009）利用对小麦生长发育有重要影响的气候因素建立了回归模型，通过地理信息系统（geographical information system，GIS）将河套灌区小麦种植区依次分为沙区、最适宜种植区、适宜种植区、基本适宜种植区和不适宜种植区五个种植类型区。霍轶珍等（2020）通过设置不同滴灌灌溉定额和漫灌对照试验，验证了滴灌在河套灌区玉米种植过程中的适宜性，并得到该地区玉米膜下滴灌灌溉定额以 240 mm 为最优。王璐瑶（2018）依据地下水补给量与开采量之间的均衡关系，在河套灌区建立了井渠结合区地下水均衡模型，提出渠井结合面积比以 2.3～3.4 为宜。杨威等（2021）以井灌区地下水平均埋深不超过 3 m 为标准，确定了乌兰布和灌域、解放闸灌域、永济灌域、义长灌域井渠结合井灌区面积分别不宜超过 12.25 km^2、12.25 km^2、9 km^2 和 6.25 km^2。以上研究成果为灌区的发展提供了宝贵的经验和指导，对于解决中国北方地区水资源短缺、土壤盐碱化等问题具有重要意义。

总体而言，河套灌区引黄水量的减少必将对灌区发展带来制约性的影响，灌区水盐循环过程将发生变化，依靠黄河水维持的灌区脆弱的生态系统也将面临挑战。如何在有限的引黄水量条件下，保障灌区的生态和粮食安全，维持灌区可持续发展，是我们必须面对和解决的重要问题。

针对以上问题，本书通过对河套灌区水资源现状与开发利用情况进行水资源平衡分析，确定不同产业的用水定额，从而分析计算各个产业的用水情况。由于灌区农业用水占比最大，本书的主要内容为研究确定灌区适宜的农业需水量。在农业需水方面，通过测量的灌区多年引水量、灌溉水利用效率和种植结构等数据，研究灌区尺度的水量平衡，得到不同作物的平均灌溉定额，并由此预测灌区的引黄水量。尽管灌溉面积、种植结构、灌溉水利用系数、灌溉定额都有一定的误差，但是它们在年内的组合能保证计算值与实际灌溉引水量对应，这就保证了未来预测引水量的精度。影响灌区引水量的因素错综复杂，灌区的种植条件、土壤条件、地质条件、气候条件、水利条件等差异很大，在什么样的空间尺度和时间尺度上得到可靠的数据，以便分析精度要求较高的引水量是首先要解决的问题。进行河套灌区引水量预测的一大优势是灌区积累了长期的引水量、灌溉面积和种植结构等观测数据，这些数据也是目前了解灌区灌溉用水规律的基础。同时，数据中也蕴含了很多噪声和不确定性。挖掘数据所蕴含的信息，提取数据中具有规律性的内容，通过更小尺度的田间监测和局部测试，论证规律性信息的可靠性，进而建立模型进行引水量预测，确定未来限制引水条件下的发展模式，是从宏观角度分析河套灌区在未来变化条件下引黄水量和发展模式的可靠方法，该方法将为管理部门的宏观决策提供数据和技术支持。

第 2 章 河套灌区灌溉定额确定方法

本章通过总结现有河套灌区灌溉制度研究成果，分析河套灌区各作物在不同水文年型、不同盐碱地情况和不同灌溉方式下的灌溉定额，确定了河套灌区各灌域不同作物平水年的净灌溉定额，并以小麦为典型作物，得到了河套灌区各灌域不同作物的净灌溉定额比。

2.1 河套灌区作物灌溉制度的成果汇总

2.1.1 生育期灌溉制度成果汇总

本节对不同学者在河套灌区通过田间试验等方法得到的生育期灌溉制度进行了分析。不同的水文年型、不同的盐碱地情况及不同的灌溉方式（如井灌、渠灌、膜下滴灌等）都会影响作物生育期的灌溉制度。

1. 河套灌区现状实测及优化灌溉定额

1）单作灌溉制度

河套灌区主要单作作物包括小麦、玉米和葵花。汇总文献及科研报告中三种单作作物的田间实测及优化灌溉定额于表 2.1.1 中。小麦、玉米和葵花灌溉定额的一般规律是，小麦最大，玉米次之，葵花最小。表 2.1.2 为其他单作作物（番茄、瓜菜、甜菜及林牧地）的灌溉制度总结。

2）套种灌溉制度

套种是指在同一块土地上同时种植 2 种或 2 种以上的作物，是作物在时间和空间上的集约化，可以提高土壤和水分的利用率。河套灌区主要套种方式为小麦套葵花和小麦套玉米，其田间灌溉定额汇总如表 2.1.3 所示。

2. 不同水文年型下的灌溉定额

在不同的水文年型下，降雨量会有较大差别，而作物生长的总需水量不会有太大变

表 2.1.1 河套灌区主要单作作物（小麦、玉米、葵花）的灌溉制度

地区	是否实测	年份	小麦 灌水次数	小麦 净灌溉定额/(m³/亩)	小麦 田间灌溉定额/(m³/亩)	玉米 灌水次数	玉米 净灌溉定额/(m³/亩)	玉米 田间灌溉定额/(m³/亩)	葵花 灌水次数	葵花 净灌溉定额/(m³/亩)	葵花 田间灌溉定额/(m³/亩)	数据来源
乌兰布和灌域	实测	2013~2014	4	235	285	3	172	208	2	133	161	内蒙古自治区水利科学研究院（2015）
	实测	2010~2014	—	263	—	—	221	—	—	230	—	清华大学（2015）
	实测	2013~2014	4	—	259	3	—	194	3	—	194	张作为（2016）
	实测	2014~2015	4	198	240	—	—	—	—	—	—	李照婷（2016）
	实测	2012	—	—	140	—	64	—	—	136	—	孙文（2014）
	—	1979	4	—	277	—	—	—	—	—	—	内蒙古河套灌区管理总局（2007）
	—	1980	4	—	298	—	—	—	—	—	—	
	—	1981	4	190~220	—	4	200	—	4	200	—	王伦平和陈亚新（1993）
解放闸灌域	实测	1979~1984	4	196	226	4	145	168	2	100	115	内蒙古自治区水利科学研究院（2015）
	实测	2013~2014	4	290	—	—	240	—	—	175	—	清华大学（2015）
	实测	2010~2014	4	—	—	—	—	—	—	—	193	程献恒（2017）
	实测	2015~2016	—	—	—	—	—	193	—	—	—	秦智通（2016）
	2015	实测	4	203	—	4	150	—	2	113	—	杨秀花等（2017）
	实测	2014	4	165	—	—	80	—	—	63	—	孙文（2014）
	实测	2012	4	260	—	4	240	—	3	175	—	清华大学（2015）
	计算现状	2010~2014	4	—	274	4	—	250~320	—	—	—	内蒙古河套灌区管理总局（2007）
永济灌域	—	1959	4	—	240~260	3	—	150	2	—	85	
	—	1956	4	182	216	—	126	—	—	72	—	内蒙古自治区水利科学研究院（2015）
	实测	2013~2014	4	190~220	—	—	200	—	—	200	—	清华大学（2015）
	实测	2010~2014	4	—	220	—	—	—	—	—	—	于泳等（2010）

· 8 ·

第 2 章 河套灌区灌溉定额确定方法

续表

地区	是否实测	年份	小麦 灌水次数	小麦 净灌溉定额/(m³/亩)	小麦 田间灌溉定额/(m³/亩)	玉米 灌水次数	玉米 净灌溉定额/(m³/亩)	玉米 田间灌溉定额/(m³/亩)	葵花 灌水次数	葵花 净灌溉定额/(m³/亩)	葵花 田间灌溉定额/(m³/亩)	数据来源
永济灌域	实测	2012	—	203	—	—	197	—	—	113	—	孙文（2014）
	—	1979~1981	4	—	255	4	—	264	4	—	165	内蒙古河套灌区管理总局（2007）
	实测	2013~2014	3	188	227	3	182	221	2	73	88	内蒙古自治区水利科学研究院（2015）
义长灌域	实测	2010~2014	—	220	—	—	—	—	—	—	—	清华大学（2015）
	实测	2012	—	155	—	—	117	—	—	60	—	孙文（2014）
	—	1956	4	—	240~250	4	—	250~300	—	—	—	内蒙古河套灌区管理总局（2007）
	实测	2019	—	—	—	—	—	—	1	126	—	作者及其研究团队实测
乌拉特灌域	实测	2013~2014	3	192	236	3	131	160	1	68	83	内蒙古自治区水利科学研究院（2015）
	实测	2010~2014	—	265	—	—	193	—	—	65	—	清华大学（2015）
	实测	2012	—	—	—	—	—	—	—	75	—	孙文（2014）
河套灌区	实测	2013~2014	4	198	238	3	151	181	2	89	107	内蒙古自治区水利科学研究院（2015）
	—	1990~2000	4	—	285	4	—	280	—	—	—	内蒙古河套灌区管理总局（2007）
乌兰布和灌域	优化	2014	—	—	—	—	200	—	—	140	—	常春龙（2015）
	优化	2010~2014	4	230	—	4	220	—	3	175	—	清华大学（2015）
解放闸灌域	优化	2003	—	—	170~210	—	—	—	—	—	—	刘晓志（2003）
	优化	2015~2016	—	—	—	—	—	—	—	—	—	程载恒（2017）
	优化	2015	—	—	—	3	—	137	2	—	73	秦智通（2016）
	优化	2006~2007	2	—	100~140	—	—	—	—	—	—	张永平等（2013）
河套灌区	优化（充分）	2003	4	190	—	4	—	208	6	—	225	石贵余等（2003）
	优化（非充分）	2003	3	167	—	3	—	181	4	—	194	

表 2.1.2 河套灌区其他单作作物的灌溉制度

地区	是否实测	年份	番茄 灌水次数	番茄 净灌溉定额/(m³/亩)	瓜菜 灌水次数	瓜菜 净灌溉定额/(m³/亩)	甜菜 灌水次数	甜菜 净灌溉定额/(m³/亩)	林牧地 灌水次数	林牧地 净灌溉定额/(m³/亩)	数据来源
乌兰布和灌域	实测	2013	—	—	2	83	—	—	2	133	内蒙古自治区水利科学研究院（2015）
解放闸灌域	实测	2014	—	—	1	56	—	—	—	—	杨秀花等（2017）
	实测	1979~1984	—	—	—	—	4	205	—	—	王伦平和陈亚新（1993）
	实测	2013	—	—	2	41	—	—	2	113	内蒙古自治区水利科学研究院（2015）
	实测	2014	—	—	—	—	—	—	1	80	杨秀花等（2017）
永济灌域	实测	2013	—	—	2	96	—	—	2	124	内蒙古自治区水利科学研究院（2015）
	实测	2012	—	110	—	55	—	—	—	—	孙文（2014）
	优化	2009	2	40	—	—	—	—	—	—	朱敏（2010）
义长灌域	实测	2013	—	—	1	65	—	—	2	88	内蒙古自治区水利科学研究院（2015）
乌拉特灌域	实测	2013	—	—	2	71	—	—	2	97	内蒙古自治区水利科学研究院（2015）
河套灌区	—	1990~2000	—	—	—	—	4	285	3	210	内蒙古河套灌区管理总局（2007）
	优化(充分)	2003	—	—	—	—	5	233	—	—	石贵余等（2003）
	优化(非充分)	2003	—	—	—	—	3	187	—	—	

第2章 河套灌区灌溉定额确定方法

表 2.1.3 河套灌区主要套种作物田间灌溉定额

地区	是否实测	年份	小麦套葵花 灌水次数	小麦套葵花 田间灌溉定额 /(m³/亩)	小麦套玉米 灌水次数	小麦套玉米 田间灌溉定额 /(m³/亩)	数据来源
永济灌域	实测	2008	3	345	—	—	朱敏（2010）
	实测	2008	—	—	4	220	于泳等（2010）
乌兰布和灌域	优化	2014	—	—	4	218	常春龙（2015）
	优化	2012	4	260	6	390	贾锦凤等（2012）
	优化	2012	4	207~220	—	—	李生勇等（2017）
	优化	2013~2014	5	253	5	275	张作为（2016）
永济灌域	优化	2008	3	289	—	—	朱敏（2010）
	优化	2007~2009	3	167	5	300	朱敏（2010）
	优化	2009	—	167	—	—	朱敏等（2011）
	优化	2012	—	—	5	307~323	李生勇等（2016）
义长灌域	优化	2013	3	180	—	—	王立雪等（2015）

化，因此，在降雨量丰富的年份里，作物所需要的灌溉水量将会减少。不同水文年型，作物的灌溉水量差异较大，为了计算河套灌区未来的引水量，考虑未来水文年型为平水年，将平水年现状及其优化后的净灌溉定额汇总，如表2.1.4所示。

表 2.1.4 平水年河套灌区主要作物净灌溉定额

地区	年份	小麦 灌水次数	小麦 净灌溉定额 /(m³/亩)	玉米 灌水次数	玉米 净灌溉定额 /(m³/亩)	葵花 灌水次数	葵花 净灌溉定额 /(m³/亩)	数据来源
乌兰布和灌域	2010	—	180	—	165	—	170	内蒙古河套灌区管理总局（2015）
解放闸灌域	2010	4	289	3	204	2	182	郝爱枝等（2014）
	2010	—	195	—	180	—	185	内蒙古河套灌区管理总局（2015）
永济灌域	1999	4	216	4	211	4	200	张建国等（2005）
	2010	—	—	—	142	—	—	马金慧等（2014）

3. 不同盐碱地情况下的灌溉定额

盐碱化越严重的地块，由于有洗盐、淋盐的需求，灌溉定额越大，秋浇灌溉定额也越大。童文杰（2014）给出了不同盐碱地主要作物的净灌溉定额，如表2.1.5所示。

表 2.1.5　河套灌区不同盐碱地主要作物净灌溉定额　　（单位：m³/亩）

项目	非盐碱地			轻度盐碱地			中度盐碱地		重度盐碱地
	小麦	玉米	葵花	小麦	玉米	葵花	玉米	葵花	葵花
生育期灌溉	186	230	259	230	261	299	265	296	287
秋浇灌溉	108	108	108	127	127	127	142	142	166
周年灌水	294	338	368	357	388	426	407	438	453

4. 井灌、渠灌下的灌溉定额

田德龙等（2015，2013）、张义强（2013）给出的井渠双灌条件下主要作物的净灌溉定额成果如表 2.1.6 所示。武汉大学（2005）总结分析了河套灌区 2000 年各灌域主要作物在黄灌和井灌条件下的毛灌溉定额和净灌溉定额，结果如表 2.1.7 所示。

表 2.1.6　河套灌区主要作物在井渠双灌条件下的净灌溉定额

地区	小麦		玉米		葵花		数据来源
	灌水次数	净灌溉定额/(m³/亩)	灌水次数	净灌溉定额/(m³/亩)	灌水次数	净灌溉定额/(m³/亩)	
乌兰布和灌域	4	190	4	200	4	175	田德龙等（2015，2013）
永济灌域	—	220	—	240	—	200	张义强（2013）

表 2.1.7　河套灌区主要作物 2000 年黄灌与井灌条件下灌溉定额统计（单位：m³/亩）

地区		全年综合	作物分类										
			小麦	套种	夏杂	秋杂	油料	甜菜	复种	籽瓜	林地	牧草	秋浇
乌兰布和灌域	黄灌区（净灌溉定额）	232	165	235	100	125	150	150	150	130	145	145	80
	黄灌区（毛灌溉定额）	658	469	667	284	355	426	426	426	369	412	412	227
	井灌区（净灌溉定额）	252	175	245	110	140	160	160	160	140	160	160	90
	井灌区（毛灌溉定额）	316	219	306	138	175	200	200	200	175	200	200	113
解放闸灌域	黄灌区（净灌溉定额）	234	150	205	80	110	125	125	110	105	125	130	80
	黄灌区（毛灌溉定额）	533	342	467	182	251	285	285	251	239	285	296	182
	井灌区（净灌溉定额）	255	165	225	100	130	145	145	125	125	145	145	80
	井灌区（毛灌溉定额）	318	206	281	125	163	181	181	156	156	181	181	100
永济灌域	黄灌区（净灌溉定额）	216	150	205	80	110	125	125	110	105	125	125	80
	黄灌区（毛灌溉定额）	671	467	638	249	342	389	389	342	327	389	389	249
	井灌区（净灌溉定额）	250	180	235	110	150	155	150	140	140	160	160	80
	井灌区（毛灌溉定额）	312	225	294	138	188	194	200	175	175	200	200	100
义长灌域	黄灌区（净灌溉定额）	214	145	200	75	105	130	120	105	105	125	125	80
	黄灌区（毛灌溉定额）	656	445	614	230	322	399	368	322	322	383	383	245

续表

地区		全年综合	作物分类										
			小麦	套种	夏杂	秋杂	油料	甜菜	复种	籽瓜	林地	牧草	秋浇
义长灌域	井灌区（净灌溉定额）	236	165	220	100	130	150	140	125	125	140	145	80
	井灌区（毛灌溉定额）	295	206	275	125	163	188	175	156	156	175	181	100
乌拉特灌域	黄灌区（净灌溉定额）	209	155	205	85	110	110	110	105	105	135	115	80
	黄灌区（毛灌溉定额）	764	568	751	311	403	403	403	385	385	495	421	293
	井灌区（净灌溉定额）	236	180	230	110	140	135	135	130	130	160	140	80
	井灌区（毛灌溉定额）	296	225	288	138	175	169	169	163	163	200	175	100
河套灌区	黄灌区（净灌溉定额）	220	151	206	83	110	126	122	110	107	132	129	80
	黄灌区（毛灌溉定额）	643	442	600	242	323	367	357	321	311	386	378	234
	井灌区（净灌溉定额）	243	174	231	109	141	146	146	134	131	157	152	80
	井灌区（毛灌溉定额）	304	217	288	136	176	183	183	167	164	197	189	100

5. 膜下滴灌灌溉定额

膜下滴灌可以显著提高田间水利用率，减少无效蒸发和深层渗漏，改善灌溉管理水平。河套灌区膜下滴灌主要作物的田间灌溉定额研究成果汇总如表 2.1.8 所示。

表 2.1.8 河套灌区膜下滴灌主要作物田间灌溉定额

地区	小麦		玉米		葵花		数据来源
	灌水次数	田间灌溉定额/(m³/亩)	灌水次数	田间灌溉定额/(m³/亩)	灌水次数	田间灌溉定额/(m³/亩)	
永济灌域	—	—	12	246	—	—	孙贯芳等（2017）
	—	—	14	205~233	9	132~150	杜斌（2015）
乌兰布和灌域	—	—	—	183~200	—	150~183	范雅君（2014）
	—	—	—	183~217	—	—	范雅君等（2015）
	7	180	—	—	—	—	李熙婷（2016）
	—	—	11~13	220~260	8~11	150~217	于健（2014）
解放闸灌域	—	—	11	220	10	180	水利部·中国水科院牧区水利科学研究所实测提供

注：乌兰布和灌域番茄膜下滴灌田间灌溉定额为 180 m³/亩，灌水 12 次；解放闸灌域番茄膜下滴灌田间灌溉定额为 150 m³/亩，灌水 10 次（于健，2014）。

2.1.2 秋浇灌溉定额和春灌灌溉定额成果汇总

秋浇是河套灌区特殊的灌水制度，有淋盐保墒的作用，但如果灌水定额过大，不仅浪费水资源，还会造成土壤潮塌返浆，并在水分蒸发后助长土壤表土积盐，影响小麦播种。秋浇在作物非生长期实施,但同样有灌水定额的优选问题。作用良好的秋浇可以淋溶一部分土壤盐分,营造根层适宜的土壤水盐环境,为翌年的作物播种、出苗、生长打下良好的基础。

秋浇的时间及秋浇灌溉定额对翌年春季墒情和盐分有重要影响。表2.1.9和表2.1.10是对文献中秋浇制度的总结,主要结论如下。①非、轻度盐碱地所需秋浇净灌溉定额小,因为非、轻度盐碱地秋浇的主要任务是储水保墒,使得翌年春季播种期有适宜的墒情,淋盐效果如何对作物影响较小。根据大多数文献的结果,非、轻度盐碱地的秋浇净灌溉定额一般在90~120 m³/亩。②中度盐碱地需要淋洗盐分,应采用较大的秋浇净灌溉定额,文献中一般取110~130 m³/亩。③重度盐碱地可采用比中度盐碱地秋浇净灌溉定额稍大的值,但不宜过大,特别是在排水不畅的地区,采用轮作、耕翻晒垡、以伏水浇盐的措施效果较好,秋浇净灌溉定额以130~150 m³/亩比较适宜。同时,根据巴盟水科所等单位1982~1986年在乌拉特前旗长胜试验站的试验结果,在当地有排水的情况下,秋浇净灌溉定额相对于以上推荐值可以适当减小。整体来看,河套灌区的平均秋浇净灌溉定额在100~130 m³/亩。春灌净灌溉定额比秋浇净灌溉定额略小,春灌净灌溉定额在80~90 m³/亩。

表2.1.9 不同盐碱程度下秋浇净灌溉定额文献总结

年份	试验地区 (条件)	秋浇净灌溉定额/(m³/亩) 非、轻度盐碱地	中度盐碱地	重度盐碱地	数据来源
1982~1986	解放闸灌域 (无排水)	90~110	110~130	130~150	巴盟水科所等(1988)
1982~1986	乌拉特灌域 (有排水)	90~100	110	—	巴盟水科所等(1988)
1982~1986	乌拉特灌域 (无排水)	100	110~120		巴盟水科所等(1988)
1982~1986	义长灌域 (有排水,低洼地)	110~130	110~130		巴盟水科所等(1988)
2000~2001	义长灌域	100~120	—		武汉大学等(2001)
1996~1999	义长灌域	100~120	110~130		孟春红和杨金忠(2002)
1995~2006	解放闸灌域 (模型优化)	95~122	120~133	133~150	李瑞平等(2010)
—	解放闸灌域 (模型优化)	100~120	120~150		刘晓志(2003)
1982~1986	解放闸灌域	90~100	120~150	120~150	范晓元和张凌梅(2000)
2011	河套灌区	90~110	110~130	—	巴彦淖尔市水务局(2011)

表2.1.10 未交代盐碱情况文献的秋浇净灌溉定额总结

年份	试验地区(条件)	秋浇净灌溉定额/(m³/亩)	数据来源
2013	河套灌区各灌域 (农田)	100~130(乌兰布和灌域、解放闸灌域120,永济灌域104,义长灌域、乌拉特灌域130)	内蒙古自治区水利科学研究院(2015)
2013	河套灌区各灌域 (林牧)	100	内蒙古自治区水利科学研究院(2015)

续表

年份	试验地区（条件）	秋浇净灌溉定额/（m³/亩）	数据来源
2015	解放闸灌域	120	清华大学（2015）
2000	河套灌区（黄灌区）	80（计算采用值为100）	武汉大学（2005）
2015	河套灌区	110～120	内蒙古农业大学（2015）
1990～2000	河套灌区	100	内蒙古河套灌区管理总局（2007）
2006	解放闸灌域	128	李亮等（2012）
2014～2016	河套灌区	113	刘媛超（2017）
2000～2001	义长灌域	100	罗玉丽等（2012）
2012	乌兰布和灌域	100	倪东宁等（2015）
2013～2015	解放闸灌域	100	卢星航等（2017）
2014	解放闸灌域（秋浇农田）	120	杨秀花等（2017）
2014	解放闸灌域（秋浇林牧）	100	杨秀花等（2017）

2.2 河套灌区生育期灌溉制度成果分析

2.2.1 河套灌区主要作物现状净灌溉定额

作为现状及未来条件下引黄水量计算分析的基础数据，本节汇总分析了河套灌区实测灌溉定额、水文年型中平水年的灌溉定额及井渠结合灌溉条件下的渠灌灌溉定额。

根据表 2.1.1 的结果，主要选取不同灌域中实测的净灌溉定额进行分析。部分文献给出了主要作物的田间灌溉定额，未给出净灌溉定额，为了进行灌溉定额的比较和汇总，在本次计算中进行了换算。《巴彦淖尔市水利志》中推荐的部分结果因时间久远，未纳入汇总计算。孙文（2014）的结果为利用 2012 年测定的灌水前后土壤含水率变化得到的净灌溉定额，当年河套灌区为丰水年，部分值较其他文献给出的数值明显偏小，包括乌兰布和灌域玉米的净灌溉定额（64 m³/亩），解放闸灌域玉米和葵花的净灌溉定额（80 m³/亩、63 m³/亩）等，这些成果不参与灌域作物净灌溉定额的汇总计算分析。另外，注意到乌拉特灌域的实测数据较少，清华大学采用的玉米的净灌溉定额比内蒙古自治区水利科学研究院实测的结果高出很多，从数值大小上采用内蒙古自治区水利科学研究院实测结果。不同灌域主要作物净灌溉定额的结果如表 2.2.1 所示。

由表 2.2.1 中的数据可知，乌兰布和灌域小麦、玉米和葵花三种主要作物的平均净灌溉定额分别为 221 m³/亩、184 m³/亩、165 m³/亩；解放闸灌域三种主要作物的平均净

表 2.2.1　河套灌区不同灌域主要作物净灌溉定额的结果　　（单位：m³/亩）

地区	年份	小麦 净灌溉定额	小麦 田间灌溉定额	玉米 净灌溉定额	玉米 田间灌溉定额	葵花 净灌溉定额	葵花 田间灌溉定额	数据来源
乌兰布和灌域	2013~2014	235	285	172	208	133	161	内蒙古自治区水利科学研究院（2015）
	2010~2014	263	—	221	—	230	—	清华大学（2015）
	2013~2014	214	259	160	194	160	194	张作为（2016）
	2014~2015	198	240	—	—	—	—	李熙婷（2016）
	2012	198	—	—	—	136	—	孙文（2014）
	平均值	**221**		**184**		**165**		
解放闸灌域	1979~1984	190~220	—	200		200		王伦平和陈亚新（1993）
	2013~2014	196	226	145	168	—	—	内蒙古自治区水利科学研究院（2015）
	2015~2016	—	—	—	—	168	193	程载恒（2017）
	2015	—	—	167	193	—	—	秦智通（2016）
	2014	203	—	150	—	113	—	杨秀花等（2017）
	2012	—	—	—	—	—	—	孙文（2014）
	2010~2014	260	—	240	—	175	—	清华大学（2015）
	平均值	**220**		**180**		**164**		
永济灌域	2013~2014	—	—	126	150	72	85	内蒙古自治区水利科学研究院（2015）
	2010~2014	190~220	—	200	—	200	—	清华大学（2015）
	2012	203	—	197	—	113	—	孙文（2014）
	平均值	**205**		**174**		**128**		
义长灌域	2013~2014	188	227	182	221	—	—	内蒙古自治区水利科学研究院（2015）
	2010~2014	220	—	—	—	—	—	清华大学（2015）
	2012	—	—	117	—	—	—	孙文（2014）
	2019	—	—	—	—	126	—	作者及其研究团队实测
	平均值	**204**		**150**		**126**		
乌拉特灌域	2013~2014	192	236	131	160	68	83	内蒙古自治区水利科学研究院（2015）
	2010~2014	—	—	193	—	65	—	清华大学（2015）
	2012	—	—	—	—	75	—	孙文（2014）
	2000	155	—	—	—	—	—	武汉大学（2005）
	平均值	**174**		**131**		**69**		

注：表中数据均采用原始值计算，但此表中未保留小数，且进行了四舍五入，因此，部分值存在少许出入。

灌溉定额分别为 220 m³/亩、180 m³/亩、164 m³/亩；永济灌域三种主要作物的平均净灌溉定额分别为 205 m³/亩、174 m³/亩、128 m³/亩；义长灌域三种主要作物的平均净灌溉定额分别为 204 m³/亩、150 m³/亩、126 m³/亩；乌拉特灌域三种主要作物的平均净灌溉定额分别为 174 m³/亩、131 m³/亩、69 m³/亩。表 2.2.1 中数据表明，同一灌域同一作物不同学者得到的实测净灌溉定额的结果相差较大，如乌兰布和灌域小麦的净灌溉定额的变化范围为 198~263 m³/亩，尽管根据算术平均得到的灌域平均净灌溉定额为 221 m³/亩，由于测量数据分散，平均净灌溉定额的误差会达到 10%~20%，甚至更大。实测灌溉定额主要是灌溉试验的数据，而灌溉试验的实测灌溉面积一般较小（几平方米或几亩）。不同试验研究区土壤性质不同，不同测试年度的降雨量不同，研究区地下水埋深不同导致地下水利用量不同等，这些差异导致了灌溉定额的实测结果差异较大。但是测量结果大致给出了灌域灌溉定额的可能变化范围（如乌兰布和灌域小麦的净灌溉定额可能介于 190~270 m³/亩），为实际平均灌溉定额的选取提供了基准。

根据表 2.2.1 河套灌区主要作物的净灌溉定额，汇总河套灌区生育期常取的净灌溉定额，如表 2.2.2 所示。

表 2.2.2 河套灌区各灌域主要作物生育期常取的净灌溉定额　　（单位：m³/亩）

作物	灌域					河套灌区（算术平均）	河套灌区（加权平均）
	乌兰布和灌域	解放闸灌域	永济灌域	义长灌域	乌拉特灌域		
小麦	221	220	205	204	174	205	209
玉米	184	180	174	150	131	164	165
葵花	165	164	128	126	69	130	124

根据各灌域主要作物实测净灌溉定额，给出主要作物生育期净灌溉定额的高值和低值结果，如表 2.2.3 所示。

表 2.2.3 根据实测结果确定的各灌域主要作物的净灌溉定额的取值区间　　（单位：m³/亩）

地区	小麦			玉米			葵花		
	采用值	高值	低值	采用值	高值	低值	采用值	高值	低值
乌兰布和灌域	221	263	198	184	221	160	165	230	133
解放闸灌域	220	260	165	180	200	145	164	200	113
永济灌域	205	220	182	174	200	126	128	200	72
义长灌域	204	220	155	150	182	117	126	126	60
乌拉特灌域	174	192	155	131	193	131	69	75	65
河套灌区	205	263	155	164	221	117	130	230	60

根据目前收集到的净灌溉定额实测结果，采用置信区间的概念给出河套灌区主要作

物的净灌溉定额取值区间。各灌域实测结果较少,样本少,计算出来的值意义不大,因此只计算整个河套灌区的净灌溉定额的置信区间,其结果如表 2.2.4 所示。对于小麦而言,其净灌溉定额标准差为 29 m³/亩,取值区间为[190, 220] m³/亩;对于玉米,其净灌溉定额标准差为 34 m³/亩,取值区间为[146, 182] m³/亩;对于葵花,其净灌溉定额标准差为 53 m³/亩,取值区间为[103, 157] m³/亩。

表 2.2.4　根据置信区间方法计算的河套灌区主要作物净灌溉定额取值区间（单位:m³/亩）

地区	作物	采用值	置信区间低值	置信区间高值
河套灌区	小麦	205	190	220
	玉米	164	146	182
	葵花	130	103	157

2.2.2　主要作物灌溉定额时空分布特征

根据收集总结的资料,解放闸灌域的研究时间跨度较大,因此以解放闸灌域主要作物净灌溉定额为例来分析净灌溉定额在时间上的变化趋势。从表 2.2.5 可以得到,田间测得的灌域净灌溉定额具有逐年减小的趋势,但数据跳动较大,主要由不同学者给出值之间的差别所致。

表 2.2.5　解放闸灌域主要作物净灌溉定额时间分布　　　　（单位:m³/亩）

年份	小麦	玉米	葵花	数据来源
1959	274	—	—	内蒙古河套灌区管理总局（2007）（该值为田间灌溉定额）
1956	240～260	250～320	—	内蒙古河套灌区管理总局（2007）（该值为田间灌溉定额）
1979～1984	190～220	200	200	王伦平和陈亚新（1993）
2012	165	—	—	孙文（2014）
2013～2014	196	145	100	内蒙古自治区水利科学研究院（2015）
2014	203	150	113	杨秀花等（2017）
2015	—	167	—	秦智通（2016）
2015～2016	—	—	168	程载恒（2017）

河套灌区地处中国西北地区,各灌域从西往东,降雨量逐渐增加,作物的净灌溉定额有减少的趋势,以葵花最为明显,如图 2.2.1 所示。

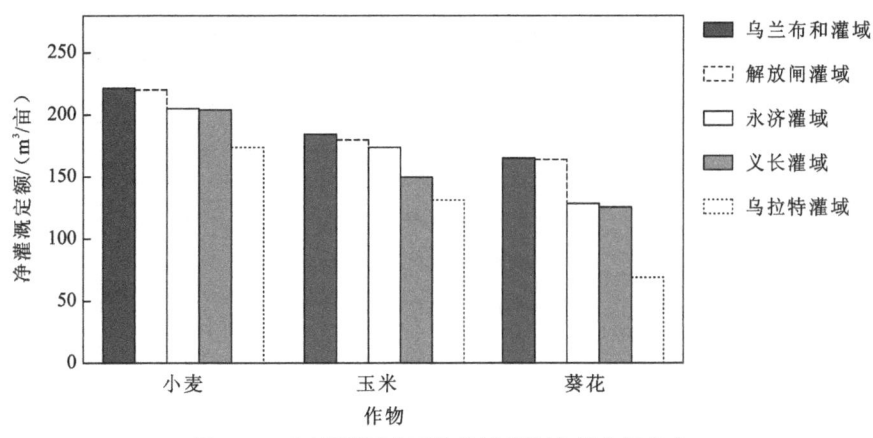

图 2.2.1 河套灌区主要作物净灌溉定额空间分布

2.3 不同作物的生育期灌溉定额比

净灌溉定额比定义为两种作物净灌溉定额之间的比例。对于某一特定研究区，首先选取典型作物，某种作物的灌溉定额比为该作物与典型作物灌溉定额之间的比例。典型作物应尽量选取研究区内广泛种植的作物，且种植面积较大，便于灌溉定额之间的比较。河套灌区的主要作物有小麦、玉米、葵花，本节选择小麦作为典型作物。

小麦、玉米和葵花的净灌溉定额比采用表 2.2.2 的结果进行计算。番茄、甜菜、瓜菜、夏杂等作物的净灌溉定额比采用表 2.1.2 和表 2.1.7 的结果进行计算。最终得到河套灌区各作物生育期的净灌溉定额比（表 2.3.1）。从河套灌区加权平均结果来看，选取小麦为典型作物，在生育期玉米的净灌溉定额比为 0.79，葵花为 0.59。利用最终确定的小麦、玉米和葵花的净灌溉定额（表 2.2.2）及已经得到的净灌溉定额比（表 2.3.1），最终得到河套灌区各作物生育期的净灌溉定额结果，如表 2.3.2 所示。

表 2.3.1 以小麦为典型作物时各作物生育期的净灌溉定额比

地区	作物										
	小麦	玉米	葵花	番茄	甜菜	瓜菜	夏杂	秋杂	油料	林地	牧草
乌兰布和灌域	1.00	0.83	0.74	0.54	0.93	0.42	0.61	0.76	0.91	0.88	0.88
解放闸灌域	1.00	0.82	0.75	0.54	0.93	0.43	0.53	0.73	0.83	0.83	0.87
永济灌域	1.00	0.85	0.62	0.54	0.93	0.47	0.53	0.73	0.83	0.83	0.83
义长灌域	1.00	0.74	0.62	0.54	0.93	0.42	0.52	0.72	0.90	0.86	0.86
乌拉特灌域	1.00	0.75	0.40	0.54	0.93	0.43	0.55	0.71	0.71	0.87	0.74
河套灌区（算术平均）	1.00	0.80	0.64	0.54	1.00	0.43	0.55	0.73	0.84	0.86	0.84
河套灌区（加权平均）	1.00	0.79	0.59	0.53	0.98	0.43	0.55	0.73	0.83	0.89	0.87

注：表中数据采用原始值计算，表 2.2.2、表 2.1.2、表 2.1.7 中呈现的数据未保留小数，且进行了四舍五入，因此，部分计算值存在少许出入。

表 2.3.2　河套灌区各作物生育期的净灌溉定额结果　　　　　（单位：m³/亩）

地区	小麦	玉米	葵花	番茄	甜菜	瓜菜	夏杂	秋杂	油料	林地	牧草
乌兰布和灌域	221	184	165	120	206	93	134	168	201	195	195
解放闸灌域	220	180	164	119	205	95	117	161	183	183	191
永济灌域	205	174	128	110	191	96	109	150	171	171	171
义长灌域	204	150	126	110	190	85	106	148	183	176	176
乌拉特灌域	174	131	69	94	162	75	95	123	123	152	129
河套灌区（算术平均）	205	164	130	110	205	89	112	150	171	175	171
河套灌区（加权平均）	209	165	124	110	205	91	115	153	173	186	183

2.4　本章小结

本章整理总结了文献中关于河套灌区灌溉制度的研究成果，确定了平水年各灌域的平均净灌溉定额及各灌域作物净灌溉定额比，主要结论有：①乌兰布和灌域小麦、玉米和葵花的平均净灌溉定额分别为 221 m³/亩、184 m³/亩、165 m³/亩，解放闸灌域三种主要作物的平均净灌溉定额分别为 220 m³/亩、180 m³/亩、164 m³/亩，永济灌域三种主要作物的平均净灌溉定额分别为 205 m³/亩、174 m³/亩、128 m³/亩，义长灌域三种主要作物的平均净灌溉定额分别为 204 m³/亩、150 m³/亩、126 m³/亩，乌拉特灌域三种主要作物的平均净灌溉定额分别为 174 m³/亩、131 m³/亩、69 m³/亩；②以小麦为典型作物，确定了各灌域不同作物生育期的净灌溉定额比。从河套灌区整体来看，生育期玉米的净灌溉定额比为 0.79，葵花为 0.59。

第3章 河套灌区典型区灌溉定额分析

本章将义长灌域皂火分干渠、永济灌域永刚分干渠、乌兰布和灌域建设二分干渠作为典型研究区,以义长灌域永联基地为典型测试区,搜集引水量资料及灌溉面积资料,计算并分析典型研究区及测试区的灌溉定额。

3.1 皂火分干渠典型研究区灌溉定额分析

由 2017 年 7 月 8 日义长灌域皂火分干渠直口渠普查情况登记表可知,皂火分干渠共有 70 条直口渠,总灌溉面积达约 36.96 万亩。以各直口渠的桩号、长度、灌溉面积等资料为参考,基于 Google Earth 确定各直口渠的空间位置,其中 5 条直口渠未找到(兴丰六队渠、陈五渠、云贵渠、东羊场头道渠、西羊场三渠)。计算灌溉定额时,将未找到的直口渠水量和灌溉面积合并至同一岸边且最近的直口渠中,兴丰六队渠合并至蒙民渠,陈五渠合并至西边渠,云贵渠合并至东边渠,东羊场头道渠合并至东羊场二道渠,西羊场三渠合并至三道渠。基于 Google Earth 确定每一条直口渠的控制面积,计算得到皂火分干渠的土地利用系数为 0.64。

利用皂火分干渠直口渠水量之和与在义长灌域收集到的皂火分干渠口部水量数据,分析皂火分干渠渠道水利用系数,皂火分干渠渠道水利用系数计算结果如表 3.1.1 所示。由于 2015 年干渠渠道水利用系数较小,与一般概念上的干渠渠道水利用系数相差较大,所以这里的平均值不考虑 2015 年。由表 3.1.1 可知,皂火分干渠年均渠道水利用系数为 0.82,与在皂火分干渠收集到的水量决算统计中的渠道水利用系数相同,且该渠道水利用系数在合理的范围之内,因此可以认为皂火分干渠直口渠 2012 年、2013 年、2017 年的引水量较为准确。

表 3.1.1 皂火分干渠渠道水利用系数计算

项目	2012	2013	2014	2015	2016	2017	平均值
口部水量/(亿 m^3)	1.50	1.88	1.70	1.93	2.18	1.93	1.77
直口渠水量之和/(亿 m^3)	1.25	1.59	—	1.35	—	1.54	1.46
渠道水利用系数	0.83	0.85	—	0.70	—	0.80	0.82

根据合并后 2012 年、2013 年、2015 年、2017 年各直口渠的水量和灌溉面积，计算 4 年年均各直口渠生育期、秋浇及全年灌溉定额，其结果如表 3.1.2 所示。皂火分干渠年引水量约为 1.43 亿 m³，秋浇水量约为 0.48 亿 m³，占全年引水量的 33.6%。各直口渠生育期灌溉定额在 76~459 m³/亩，秋浇灌溉定额在 12~332 m³/亩，全年灌溉定额在 130~737 m³/亩，不同直口渠灌溉定额差别很大。各直口渠生育期、秋浇、全年的灌溉定额平均值分别为 235 m³/亩、142 m³/亩和 335 m³/亩，95%置信区间分别为[213, 257] m³/亩、[121, 163] m³/亩、[306, 364] m³/亩，标准差为 90 m³/亩、85 m³/亩和 120 m³/亩，变异系数为 0.38、0.60 和 0.36，属于中等变异。皂火分干渠典型研究区多年平均生育期、秋浇、全年的灌溉定额分别为 257 m³/亩、130 m³/亩、387 m³/亩。

表 3.1.2 皂火分干渠直口渠年均灌溉定额计算

序号	直口渠	灌溉面积/亩	灌溉水量/(万 m³) 生育期	秋浇	全年	灌溉定额/(m³/亩) 生育期	秋浇	全年
1	兴丰一社渠	1 750	34	—	34	193	—	193
2	兴丰二社渠	2 201	38	12	50	171	54	225
3	兴丰二社小渠	230	4	1	5	170	45	215
4	兴丰三社渠	3 001	61	—	61	203	—	203
5	兴丰四社南渠	1 300	26	—	26	200	—	200
6	兴丰四社北渠	1 300	36	—	36	273	—	273
7	兴丰四社小渠	236	6	—	6	274	—	274
8	兴丰五社渠	5 203	164	34	197	315	64	379
9	新顺利渠	457	15	2	17	323	47	370
10	蒙民渠	10 475	305	175	480	291	167	458
11	旧顺利渠	2 013	86	3	89	428	12	441
12	敖庆渠	4 158	127	87	213	304	210	511
13	鄂二仁渠	808	15	—	13	183	—	163
14	倒扬渠	1 102	29	2	30	267	17	269
15	树园渠	1 421	44	—	44	312	—	312
16	史二保渠	2 736	119	12	131	435	42	477
17	旧皂火渠	63 404	2 027	207	2 234	320	33	352
18	春联渠	15 120	612	180	792	405	119	524
19	李贵渠	510	7	4	11	131	81	212
20	十字渠	1 205	55	7	63	459	60	519
21	金联二社渠	500	7	5	12	135	96	231
22	六八渠	480	13	—	13	264	—	264
23	烂渠	102	3	—	3	307	—	307
24	云贵渠	900	35	—	35	386	—	386
25	交界渠	1 220	11	8	18	88	63	151

续表

序号	直口渠	灌溉面积/亩	灌溉水量/(万 m³) 生育期	秋浇	全年	灌溉定额/(m³/亩) 生育期	秋浇	全年
26	老苗渠	2 680	74	—	74	277	—	276
27	八里生工渠	11 840	302	226	527	255	191	445
28	高家渠	1 281	18	22	39	140	168	308
29	西樊贵渠	720	16	—	16	227	—	227
30	东樊贵渠	329	10	—	10	316	—	316
31	同庆渠	380	10	—	10	251	—	251
32	新渠	250	6	—	6	257	—	257
33	杨米渠	1 381	36	—	36	257	—	257
34	老当渠	1 200	29	—	29	241	—	241
35	南边渠	2 050	45	—	45	217	—	217
36	庆丰渠	2 530	87	—	87	342	—	342
37	人民渠	29 690	770	523	1 293	259	176	436
38	曹桂渠	41 795	717	626	1 343	172	150	321
39	团结渠	43 733	1 336	128	1 464	305	29	335
40	元如渠	675	14	14	28	206	203	409
41	永旺七社渠	1 700	70	55	125	412	326	737
42	李官渠	686	18	22	40	263	320	583
43	西边渠	14 937	399	403	803	267	270	537
44	鸭子图渠	25 767	478	856	1 334	185	332	518
45	东边渠	11 916	150	225	377	126	189	316
46	贾三仁渠	3 300	52	63	115	156	192	348
47	生产渠	1 721	28	28	57	165	164	329
48	梅家渠	4 370	80	68	148	182	156	338
49	新永渠	7 100	125	191	316	177	269	445
50	二庆渠	4 736	127	98	225	269	206	475
51	半家渠	1 100	16	22	38	144	201	345
52	交界渠	1 410	11	8	18	76	54	130
53	房后渠	430	6	5	11	137	115	252
54	西羊场一渠	150	2	1	3	110	96	206
55	西羊场二渠	480	5	6	11	114	124	238
56	郭家渠	340	10	8	18	287	245	532
57	新福渠	7 703	130	190	320	168	247	415
58	东羊场二道渠	2 443	35	40	75	144	164	309
59	三道渠	1 199	25	7	31	208	54	262
60	四道渠	1 314	37	21	58	282	162	444

续表

序号	直口渠	灌溉面积/亩	灌溉水量/(万 m³)			灌溉定额/(m³/亩)		
			生育期	秋浇	全年	生育期	秋浇	全年
61	渡槽渠	376	5	6	11	125	168	293
62	刘八小渠	2 777	63	24	87	226	86	312
63	刘二仁渠	360	4	3	7	104	80	184
64	南圪卜渠	310	4	4	8	123	119	242
65	正稍	10 565	285	178	462	269	168	437
	皂火分干渠	369 556	9 509	4 809	14 313	257	130	387

注：表中数值均采用原始值计算，但此表中未保留小数，且进行了四舍五入，因此，部分值存在少许出入。

3.2 永刚分干渠典型研究区灌溉定额分析

永刚分干渠位于临河东郊，承担乌兰克图、八一、曙光三个乡镇的农田灌溉任务，总控制面积达 2.3×10^5 亩，现引黄灌溉面积达 1.7×10^5 亩，共有公管节制闸 5 座，直口渠 39 条，公路桥 10 座，生产桥 8 座，渠道总长度达 28.9 km。永刚分干渠从永济干渠一闸引水，1998～2009 年共完成分干渠衬砌 15.1 km。

对永刚灌溉所提供的 2006～2017 年永刚灌域水位和流量记录表、永刚分干渠 1997～2015 年年内引水次数和引水流量数据、永济灌域分干渠引水流量日值数据三份资料互相进行分析验证，校核永刚分干渠及直口渠引水量，如表 3.2.1 所示。永刚分干渠各直口渠合计引水量与永刚分干渠引水量之比为永刚分干渠的渠道水利用系数，由表 3.2.1 可见，永刚分干渠各年的渠道水利用系数在 0.58～0.94，平均为 0.76，年际变化无明显规律，作者及其研究团队计算的河套灌区分干渠级别的渠道水利用系数为 0.79 左右，两者比较接近。

表 3.2.1　永刚分干渠 2006～2016 年直口渠引水量　　（单位：万 m³）

序号	直口渠	2006	2008	2009	2011	2012	2013	2014	2015	2016	平均值
1	赵来渠	49	53	74	22	9	2	4	13	—	28
2	南中渠	236	131	227	131	191	172	269	242	234	204
3	西召渠	29	18	61	19	153	61	102	71	108	69
4	公安渠	99	99	180	125	140	111	219	184	181	149
5	东召渠	360	230	323	245	160	181	346	342	425	290
6	西渠	5	12	—		31					16
7	民主渠	31	32	33	26	41	7	63	45	78	40
8	西济渠	2 041	2 273	2 325	2 569	2 609	3 025	3 001	2 757	2 660	2 585
9	长丰一社毛渠	—	—	—	—	—	—	—	—	—	

续表

序号	直口渠	年份 2006	2008	2009	2011	2012	2013	2014	2015	2016	平均值
10	长丰一社渠	3	—	—	—	9	—	—	—	—	6
11	东济渠	1 413	1 402	1 468	1 476	1 234	1 556	1 539	1 357	1 118	1 396
12	长丰七社渠	3	—	—	—	11	—	—	—	—	7
13	长丰二社渠	—	—	—	—	11	—	—	—	—	11
14	星光三社渠	—	—	—	—	—	—	—	—	—	—
15	联丰新道渠	11	—	—	—	14	—	11	—	—	12
16	右二支渠	706	604	849	725	582	452	724	741	683	674
17	小东渠	—	—	—	—	—	—	—	—	—	—
18	东丈渠	64	39	18	—	4	79	37	45	56	43
19	小公安渠	—	—	—	—	—	—	—	—	—	—
20	旧人民渠	60	39	13	—	7	59	50	57	73	45
21	新民八社渠	56	78	31	—	8	96	56	97	96	65
22	新义五社渠	—	35	18	—	—	82	63	33	44	46
23	团结一社渠	20	36	10	—	6	22	47	64	91	37
24	新义五社旧渠	—	—	—	—	—	—	—	4	4	4
25	双渠	39	28	—	—	67	—	38	68	95	56
26	新义四社渠	48	36	14	—	65	32	34	48	58	42
27	新人民渠	167	167	43	—	274	29	250	288	263	185
28	新义四社新渠	—	—	—	—	—	—	—	319	233	276
29	新义三社渠	—	—	—	—	—	—	—	—	—	—
30	退水渠	43	40	—	—	—	15	—	—	6	26
31	西河渠	97	128	35	—	226	73	141	254	314	159
32	东河渠	794	1 119	184	—	638	388	586	1 427	1 237	797
33	旧西召渠	207	45	44	—	—	—	—	—	—	98
34	二连渠	92	28	46	—	—	—	—	—	—	56
35	建丰渠	15	16	31	—	—	—	—	—	—	21
36	胜利渠	157	—	—	—	—	—	—	—	—	157
37	王润渠	—	—	—	—	—	—	—	—	—	—
38	长丰及联丰	—	—	—	—	—	—	—	—	—	—
39	秋林渠	—	—	41	—	—	—	—	—	—	41
	合计	6 844	6 686	6 069	5 340	6 491	6 444	7 582	8 459	8 057	6 886
	永刚分干渠	9 073	9 054	9 733	9 231	8 611	9 458	9 010	8 960	8 634	9 085
	渠道水利用系数	0.75	0.74	0.62	0.58	0.75	0.68	0.84	0.94	0.93	0.76

注：表中数值均采用原始值计算，但此表中未保留小数，且进行了四舍五入，因此，部分值存在少许出入。

根据 2006~2016 年修正后的引水量和永刚分干渠直口渠灌溉面积可计算出各直口渠的年均灌溉定额，如表 3.2.2 所示，只有 32 条直口渠有灌溉面积数据，其中的 5 条没有引水量数据，因此表 3.2.2 中只统计了既有灌溉面积又有引水量的直口渠，共 27 条。同一条渠道不同年份的灌溉定额差别很大，这可能是由不同年份之间渠道的灌溉面积及种植结构不同导致的。各直口渠生育期灌溉定额在 52~566 m^3/亩，秋浇灌溉定额在 26~364 m^3/亩，全年灌溉定额在 78~930 m^3/亩，不同直口渠灌溉定额差别很大。各直口渠生育期、秋浇、全年的灌溉定额平均值分别为 189 m^3/亩、117 m^3/亩和 306 m^3/亩，95%置信区间分别为[142，236] m^3/亩、[87，147] m^3/亩、[229，383] m^3/亩，标准差为 125 m^3/亩、81 m^3/亩和 205 m^3/亩，变异系数为 0.66、0.69 和 0.67，均属于中等变异。永刚分干渠典型研究区多年平均生育期、秋浇、全年的灌溉定额分别为 239 m^3/亩、144 m^3/亩、383 m^3/亩。

表 3.2.2　永刚分干渠直口渠年均灌溉定额计算

序号	直口渠	灌溉面积/亩	灌溉水量/（万 m^3）			灌溉定额/（m^3/亩）		
			生育期	秋浇	全年	生育期	秋浇	全年
1	赵来渠	1 859	18	10	28	97	54	151
2	南中渠	3 883	129	75	204	332	193	525
3	西召渠	6 987	44	26	70	63	37	100
4	公安渠	2 174	93	56	149	428	258	685
5	东召渠	14 903	182	108	290	122	72	195
6	西渠	1 064	10	6	16	94	56	150
7	民主渠	1 994	24	15	39	120	75	196
8	西济渠	42 999	1 622	963	2 585	377	224	601
9	长丰一社渠	600	4	2	6	67	33	100
10	东济渠	24 918	881	515	1 396	354	207	560
11	长丰七社渠	750	5	2	7	67	27	93
12	长丰二社渠	1 244	8	4	12	64	32	96
13	联丰新道渠	1 544	8	4	12	52	26	78
14	右二支渠	23 718	424	250	674	179	105	284
15	东丈渠	2 594	27	16	43	104	62	166
16	旧人民渠	1 709	28	17	45	164	99	263
17	新民八社渠	1 994	40	25	65	201	125	326
18	新义五社渠	495	28	18	46	566	364	930
19	团结一社渠	1 394	22	15	37	158	108	265
20	新义五社旧渠	105	2	2	4	191	191	381
21	双渠	2 204	34	21	55	154	95	250
22	新义四社渠	2 684	26	15	41	97	56	153
23	新人民渠	7 406	114	71	185	154	96	250

续表

序号	直口渠	灌溉面积/亩	灌溉水量/(万 m³)			灌溉定额/(m³/亩)		
			生育期	秋浇	全年	生育期	秋浇	全年
24	新义四社新渠	5 622	162	114	276	288	203	491
25	退水渠	735	17	9	26	231	123	354
26	西河渠	4 693	97	62	159	207	132	339
27	东河渠	29 370	484	312	796	165	106	271
	永刚分干渠	189 640	4 533	2 733	7 266	239	144	383

注：表中数值均采用原始值计算，但此表中未保留小数，且进行了四舍五入，因此，部分值存在少许出入。

3.3 建设二分干渠典型研究区灌溉定额分析

根据乌兰布和灌域建设二分干渠情况摸底调查可知，建设二分干渠一共有直口渠 112 条，分为两部分。第一部分为渠域水权工程投资建设的渠道，共 44 条直口渠，其中有 7 条支渠（共含 73 条斗渠），37 条干斗渠，灌溉面积为 86 931 亩，第二部分为渠域其他投资建设的渠道，共 68 条直口渠，灌溉面积为 17 431 亩，建设二分干渠总灌溉面积为 104 362 亩。建设二分干渠控制面积较大的直口渠大部分都在第一部分，少部分控制面积较大的渠道在第二部分。计算得到建设二分干渠的土地利用系数为 0.36。建设二分干渠有七道闸，将闸与闸之间的渠道的灌溉面积相加得到该闸域所灌溉的面积。闸与闸之间的灌溉面积统计结果如表 3.3.1 所示。

表 3.3.1 闸域灌溉面积

闸域	灌溉面积/亩
口部至一闸	2 870
一闸至二闸	17 462
二闸至三闸	18 491
三闸至四闸	11 475
四闸至五闸	29 914
魏均渠	2 000
九连渠	12 050
八连渠	5 600
治沙渠	4 500

收集到建设二分干渠各闸口的每日流量数据，计算生育期和秋浇时流过每一闸口的总水量。相邻闸的水量之差即闸与闸之间直口渠的引水量之和（不考虑水量损失）。建设

二分干渠三闸、四闸的每日流量数据较少,2016年每日流量数据大多缺失,均除去。统计各时期流经每道闸的水量,结果如表3.3.2所示。

表3.3.2　建设二分干渠过闸水量统计表　　　　　（单位:万 m³）

年份	时期	建设二分干渠渠首	一闸	二闸	八连渠	九连渠	治沙渠
2009	生育期	5 679	4 410	2 645	173	542	112
	秋浇	1 960	1 676	786	79	266	33
	全年	7 638	6 086	3 431	252	808	145
2010	生育期	6 026	4 509	2 754	262	668	364
	秋浇	1 749	1 534	884	181	273	0
	全年	7 775	6 043	3 638	443	940	364
2011	生育期	6 098	4 575	2 686	281	636	236
	秋浇	2 255	1 716	847	100	311	14
	全年	8 352	6 291	3 532	381	948	250
2012	生育期	5 119	3 975	2 497	222	471	186
	秋浇	2 042	1 746	919	107	338	0
	全年	7 161	5 721	3 417	329	809	186
2013	生育期	6 072	4 547	2 502	262	681	302
	秋浇	1 845	1 568	995	141	286	42
	全年	7 917	6 115	3 497	403	967	344
2014	生育期	5 596	4 373	2 902	252	578	358
	秋浇	2 375	1 979	1 150	118	320	14
	全年	7 972	6 353	4 052	370	898	371
2017	生育期	3 703	2 971	1 753	244	461	83
	秋浇	3 125	2 378	1 313	201	452	22
	全年	6 828	5 350	3 066	445	913	105
平均	生育期	5 470	4 194	2 534	242	577	234
	秋浇	2 193	1 800	985	132	321	18
	全年	7 663	5 994	3 519	375	898	252

注:表中数值均采用原始值计算,但此表中未保留小数,且进行了四舍五入,因此,部分值存在少许出入。

计算各闸域的面积、水量、灌溉定额,最终结果如表3.3.3所示。各闸域生育期灌溉定额在436～628 m³/亩,秋浇灌溉定额在172～272 m³/亩,全年灌溉定额在631～826 m³/亩,不同闸域灌溉定额差别很大。建设二分干渠不同闸域生育期、秋浇、全年的灌溉定额平均值分别为 528 m³/亩、208 m³/亩和 736 m³/亩,95%置信区间分别为[459,598] m³/亩、[171,245] m³/亩、[650,823] m³/亩,标准差为 71 m³/亩、38 m³/亩和 88 m³/亩,变异系数为 0.13、0.18 和 0.12,变异程度较小。建设二分干渠典型研究区多年平均生育期、秋浇、全年的灌溉定额分别为 524 m³/亩、210 m³/亩、734 m³/亩。建设二分干渠计算的灌溉定额较皂火分干渠和永刚分干渠偏大,这可能由种植结构不同导致,另外在计算各个闸域灌溉水量时,将相邻闸口水量之差作为两闸口中间直口渠的总引水量,没有考虑两闸口之间的输水损失,因此闸域灌溉定额也偏大。

表 3.3.3 建设二分干渠不同闸域灌溉定额计算表

项目		闸域（灌溉面积/亩）				
		口部至二闸 (20 332)	二闸至四闸 (29 966)	四闸至五闸 (29 914)	六闸后 (24 150)	建设二分干渠 (104 362)
灌溉水量 /(万 m³)	生育期	1 276	1 660	1 481	1 053	5 470
	秋浇	393	815	514	471	2 193
	全年	1 669	2 475	1 995	1 524	7 663
灌溉定额 /(m³/亩)	生育期	628	554	495	436	524
	秋浇	193	272	172	195	210
	全年	821	826	667	631	734

3.4 永联典型测试区灌溉定额分析

3.4.1 永联典型测试区介绍

永联典型测试区位于内蒙古河套灌区义长灌域永联试验站（五原永联），测试区中有 8 条农渠及 7 条田间路,北部有林地及坑渠。如图 3.4.1 所示,亮绿色地标定位点为灌溉耕地定位点,蓝色线框内区域表示测试区耕地区域,蓝色线条为农渠（共 8 条,从东至西依次为农 1 渠~农 8 渠,农 1 渠为衬砌渠道）,亮绿色线条为田间路（共 7 条,从东至西依次为路 1~路 7）,灌溉地北部红色线框内的区域为林地,北侧绿色线框内的区域为坑渠。东部邻近试验站的粉红色涂色地块共 4 块。

1. 测量参数

渠道控制灌溉面积：渠道控制灌溉面积指渠道可以控制的灌溉区域的面积,可以通过渠道和排水沟的关系确定。渠道控制灌溉面积包括了其中可以进行灌溉的面积、荒地面积、村庄面积、道路所占面积、田埂面积等。

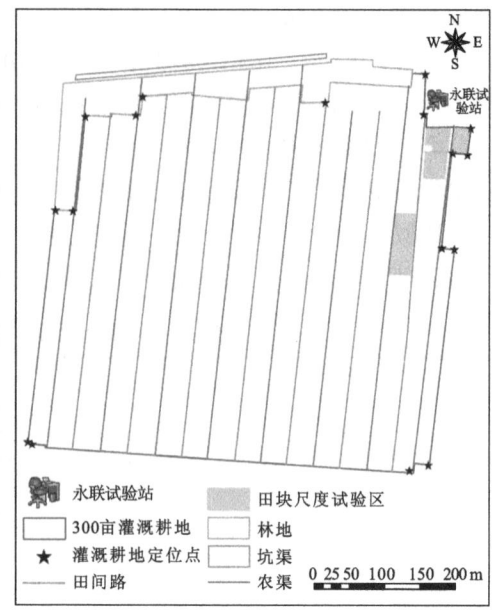

(a) 永联典型测试区边界　　　　　　　　(b) 田块尺度试验区

图 3.4.1　永联典型测试区概况

作物种植面积：根据渠道控制灌溉面积的边界，将该渠道灌溉区域控制的大村庄、大片荒地、湖泊、水库、大于遥感地图识别精度的河流、渠道、公路等非种植区域扣除掉，即得到作物种植面积。

实际灌溉面积：在通过灌溉试验确定灌溉定额的测试过程中，实际灌溉面积一般是指灌溉水实际灌溉的作物种植面积，其中不包括任何沟渠、田埂、田间路等。在作物种植面积中去掉遥感可识别的荒地、非灌溉土地、道路、渠沟、田埂等得到实际种植作物的农田灌溉面积。由于在大面积区域识别种植面积过程中，所采用的遥感图片的精度有限，这部分面积通过遥感进行识别难度较大，只能通过实地测量确定面积大小。

作物种植面积比和实际灌溉面积比：

$$\theta_1 = \frac{A_1}{A_2} \tag{3.4.1}$$

$$\theta_2 = \frac{A_3}{A_1} \tag{3.4.2}$$

$$\theta_3 = 1 - \theta_2 \tag{3.4.3}$$

式中：θ_1 为作物种植面积比；θ_2 为实际灌溉面积比；θ_3 为田间非实际灌溉面积比；A_1 为作物种植面积，亩；A_2 为渠道控制灌溉面积，亩；A_3 为实际灌溉面积，亩。

2. 测量结果

2018 年 9 月实地测量了永联典型测试区的渠道控制灌溉面积、作物种植面积、实际灌溉面积，具体结果见表 3.4.1，进一步可以得到作物种植面积比、实际灌溉面积比及田间非实际灌溉面积比，如表 3.4.2 所示。区域种植作物的面积及比例见表 3.4.3。

第3章 河套灌区典型区灌溉定额分析

表 3.4.1 永联典型测试区面积测量结果　　　　　　　　　　（单位：亩）

项目	渠道控制灌溉面积 A_2	作物种植面积 A_1	实际灌溉面积 A_3
值	421.14	368.64	322.23

表 3.4.2 永联典型测试区面积测量参数

项目	作物种植面积比 θ_1	实际灌溉面积比 θ_2	田间非实际灌溉面积比 θ_3
值	0.88	0.87	0.13

表 3.4.3 永联典型测试区种植作物的面积及比例

项目	林地	玉米	葫芦	葵花	合计
面积/亩	41.85	7.41	19.29	253.67	322.23
比例/%	13.0	2.3	6.0	78.7	100

注：各作物种植面积之和与合计值不一致由原始数据修约导致。

3.4.2 永联典型测试区生育期灌溉定额分析

生育期试验于 2019 年 5～8 月开展，灌溉水量的监测采用巴歇尔槽进行，巴歇尔槽具有水头损失不大、不易淤积、量水精度较高等优点，在含沙量大而比降较小的渠道上仍适用。根据测试区内种植结构的不同，分别对各作物生育期内的灌溉定额进行监测。测试区内共种植了小麦、葵花、玉米、蜜瓜、葫芦 5 种作物，种植结构概况如图 3.4.2 所示。绿

(a) 巴歇尔槽　　　　　　　　　　(b) 测试区种植结构概况

图 3.4.2 巴歇尔槽及测试区种植结构概况

①号田块为小麦种植区，②号田块为葵花种植区，③号田块为蜜瓜种植区，④号田块为玉米种植区，⑤号田块为葫芦种植区

色线条所围区域为小麦种植区，主要分布在农 4 渠～农 8 渠左右两侧田块及农 2 渠西侧田块，面积大小分别为 200 亩、20 亩，共 220 亩；黄色线条所围区域为葵花种植区，主要分布在农 1 渠～农 3 渠东西两侧 6 个面积大小不等的田块，面积分别为 38.5 亩、1.5 亩、5 亩、2.5 亩、1 亩、6.5 亩，共 55 亩；品红色线条所围区域为玉米种植区，分布在农 1 渠西侧和农 2 渠东侧，三个田块的面积大小分别为 4 亩、3.5 亩、11.5 亩，共 19 亩；蓝色线条所围区域为蜜瓜种植区，位置为农 2 渠东侧第一个田块，面积为 3.5 亩；橙色线条所围区域为葫芦种植区，位于农 2 渠、农 3 渠的最北部，面积为 4 亩；红色线条所围区域为测流田块，三角形标记处为田块的测流位置。如图 3.4.2 所示，三角形标记处为 3 号巴歇尔槽安装处。

将 2019 年 5～8 月巴歇尔槽所测各作物的灌水定额进行累加，可以得到各作物生育期的灌溉定额，如表 3.4.4 所示，不同作物灌溉定额差别很大，小麦和玉米生育期灌水 3 次、蜜瓜、葫芦和葵花整个生育期只灌 1 次水，蜜瓜和葫芦生育期灌溉定额较为接近，在 60～70 m³/亩内，葵花生育期灌溉定额为 140 m³/亩，小麦生育期灌溉定额为 259 m³/亩，玉米生育期灌溉定额最大，为 365 m³/亩。

表 3.4.4　不同作物生育期灌溉定额

作物	灌水次数	灌水时间	灌溉定额/(m³/亩)
蜜瓜	1	2019 年 5 月 13 日	61
葫芦	1	2019 年 6 月 27 日	67
葵花	1	2019 年 5 月 16 日	140
小麦	3	2019 年 5 月 15 日、6 月 5 日、6 月 24 日	259
玉米	3	2019 年 6 月 27 日、7 月 17 日、8 月 5 日	365

3.4.3　永联典型测试区秋浇灌溉定额分析

秋浇试验于 2018 年 10 月开展，试验布置有两个尺度：田块尺度[图 3.4.1（b）中 4 块粉红色田块]及试区尺度[图 3.4.1（a）中蓝色线框和灌溉耕地定位点围绕区域]。分别于 2018 年 10 月 24 日、2018 年 10 月 26～31 日开展田块尺度和试区尺度秋浇灌水试验。在左四斗渠口安装多普勒仪（Starflow 6526H-2）监测灌溉水量，渠道尾水水量通过关闭渠口闸门，待水流停止、水位不变后实测渠道滞水体积得到。灌溉面积由 Google Earth 圈测提取的区域面积减去田间路面面积得到。实际灌溉水量采用多普勒仪实测水量减去滞留渠内尾水水量计算。试验中所有田块均采取同样的方式翻耕，深度大约为 30 cm，平整程度类似，灌水停止后有 20～30 cm 的积水，根据高程不同，田块积水深度不同。

田块尺度：田块尺度试验通过两条农渠（农 1 渠、农 2 渠）引水至 4 块田块，左四斗渠口总共引水 962 m³，两条农渠以水量体积计算的无流动时的水量约为 55 m³（积水按 10 cm 计）。田块尺度试验实际田间灌溉水量为 907 m³。4 块田块的面积总和为 5.7 亩，计算得出田块秋浇灌溉定额为 159 m³/亩（表 3.4.5）。

第3章 河套灌区典型区灌溉定额分析

表3.4.5 田块尺度秋浇灌溉定额计算

日期	灌溉水量/m³	渠道尾水/m³	实际田间灌溉水量/m³	灌溉面积/亩	灌溉定额/(m³/亩)
2018-10-24	962	55	907	5.7	159

试区尺度：试验总共通过8条农渠（农1渠～农8渠）引水至16块田块，左四斗渠口总共引水83 010 m³，进入林地的水量按照淹没深度与面积相乘计算，约为7 793 m³，另外坑渠水量按照体积法（同田块尺度农渠尾水计算）计算，约为1 538 m³。总灌溉水量需要包括上述田块尺度的实际田间灌溉水量（907 m³）。因此，得出试区尺度试验实际田间灌溉水量为74 586 m³。将农田间路面积除去后（未除去田间渠的面积），农田的灌溉面积总和为312亩，计算得出试区秋浇灌溉定额为239 m³/亩（表3.4.6）。

表3.4.6 试区尺度秋浇灌溉定额计算

日期	灌溉水量/m³	林地及无效灌溉水量/m³	实际田间灌溉水量/m³	灌溉面积/亩	灌溉定额/(m³/亩)
2018-10-26～2018-10-31	83 010	9 331	74 586	312	239

注：因为水流是经过灌溉农田后进入北侧林地和坑渠，所以无法用流速仪单独测量其水量，只能根据实测深度和面积估算水量。林地面积为20 714 m²，积水深度为37.62 cm，灌溉水量估算为7 793 m³。北部坑渠为下底1 m、上底6 m、高1.5 m的梯形，长度为293 m，最后被灌水全部淹没，计算水量为1 538 m³。

田块尺度试验相对好控制，本次试验原定设计田块为3块，但是灌水结束后渠道尾水过高，试验田块闸口关闭后仍会有渠道水通过闸口漏入试验田块。因此，选相邻1块田块承泄渠道尾水，并将其同样作为秋浇试验田块。本次选择的试验田块距离测流点较远，需要通过长距离渠道引水，带来了一些误差。关于尾水的处理，如果出现跑水或渗漏损失，水量损失难以估计。田块尺度试验左四斗渠口闸门开度较大田小，因此渠道水位较大田放水时低，导致进入田块的水量相对于大田少，加上另选1块承泄尾水的田块作为试验田块，灌溉水量较大田小。田间实际灌水计算过程中，将渠道水深为10 cm的尾水减去，但该部分尾水除了渠道渗漏及蒸发损失外，随着田块灌水入渗，积水深度下降，仍漏入试验田块，可能造成计算结果偏小。综上，田块尺度试验得出的秋浇灌溉定额较试区尺度试验小（较实际秋浇水量同样偏小）。

3.4.4 其他测试区灌溉定额测试结果

在河套灌区上、中、下游选取建设二分干渠的西三斗渠、沙壕分干渠的一斗渠、皂火分干渠的人民支渠作为典型测试区，2018～2020年进行了田块尺度和试区尺度的灌溉用水监测，计算了各测试区的秋浇及春灌灌溉定额。除此之外，在曙光、长胜试验站针对不同作物开展了灌溉试验，研究合理的秋浇、春灌灌溉定额。

1. 建设二分干渠西三斗渠典型测试区

西三斗渠典型测试区主要的种植作物是玉米和葵花，其次是葫芦、籽瓜、番茄等。

田块尺度秋浇灌溉定额的监测结果为 113～157 m³/亩，平均值为 130 m³/亩；试区尺度秋浇灌溉定额为 323 m³/亩。

西三斗渠典型测试区田块尺度春灌灌溉定额 2019 年的监测结果为 87 m³/亩，2020 年的监测结果为 229 m³/亩，这是由于 2019 年测试区因水费问题未进行秋浇，所以 2020 年春灌水量较大；试区尺度 2019 年春灌灌溉定额为 218 m³/亩。

2. 沙壕分干渠一斗渠典型测试区

一斗渠典型测试区的种植作物以玉米、葵花、小麦、瓜类为主。监测了测试区中斗渠尺度（一斗渠）、农渠尺度（四六渠）、毛渠尺度（一毛渠）和田块尺度的秋浇灌溉定额。不同尺度秋浇灌溉定额的监测结果如表 3.4.7 所示。

表 3.4.7 沙壕分干渠一斗渠典型测试区不同尺度秋浇灌溉定额监测结果（单位：m³/亩）

年份	斗渠尺度（一斗渠）	农渠尺度（四六渠）	毛渠尺度（一毛渠）	田块尺度
2018	312	172	125	134
2019	288	183	180	187

一斗渠典型测试区田块尺度春灌灌溉定额 2020 年的监测结果为 99～195 m³/亩，平均值为 155 m³/亩。

3. 皂火分干渠人民支渠典型测试区

人民支渠典型测试区主要的种植作物有葵花、玉米、葫芦、饲草、小麦、瓜类等。田块尺度秋浇灌溉定额的监测结果为 130～202 m³/亩，平均值为 178 m³/亩；试区尺度秋浇灌溉定额 2018 年监测结果为 276 m³/亩，2019 年监测结果为 346 m³/亩。

人民支渠典型测试区田块尺度春灌灌溉定额 2019 年的监测结果为 129～131 m³/亩，平均值为 130 m³/亩。

4. 曙光、长胜试验站典型测试区

在曙光、长胜试验站分别针对小麦、玉米、葵花开展了不同定额的秋浇及春灌灌溉试验。其中，小麦、玉米生育期均灌水 3 次，小麦生育期灌溉定额为 160～190 m³/亩，玉米生育期灌溉定额为 180～200 m³/亩，葵花生育期灌水 2 次，灌溉定额为 120～140 m³/亩。该试验葵花生育期灌溉定额与永联典型测试区的监测结果相近，小麦和玉米的灌溉定额均小于永联典型测试区的监测结果。

从不同典型测试区灌溉定额的监测结果可以看出，田块尺度的灌溉定额较试区尺度普遍偏小，监测尺度越大，灌溉定额越大。不同测试区灌溉定额的监测结果差别较大，在田块尺度上，秋浇灌溉定额在 113～202 m³/亩，春灌灌溉定额在 87～229 m³/亩，数据较为分散；从试区尺度来看，永联典型测试区的秋浇灌溉定额为 239 m³/亩，较其他

测试区偏小，其他测试区的监测结果在 276~346 m³/亩，与试区面积、土壤盐分情况等有关。

3.5 本章小结

本章分析了义长灌域皂火分干渠、永济灌域永刚分干渠、乌兰布和灌域建设二分干渠典型研究区及义长灌域永联典型测试区的灌溉定额，主要有以下结论。

（1）不同典型研究区灌溉定额差别较大，皂火分干渠典型研究区多年平均生育期、秋浇、全年的灌溉定额分别为 257 m³/亩、130 m³/亩、387 m³/亩；永刚分干渠典型研究区多年平均生育期、秋浇、全年的灌溉定额分别为 239 m³/亩、144 m³/亩、383 m³/亩；建设二分干渠典型研究区多年平均生育期、秋浇、全年的灌溉定额分别为 524 m³/亩、210 m³/亩、734 m³/亩。

（2）同一典型研究区所研究分干渠的不同直口渠得到的灌溉定额差别也较大：皂火分干渠各直口渠生育期、秋浇、全年的灌溉定额平均值分别为 235 m³/亩、142 m³/亩和 335 m³/亩，95%置信区间分别为[213，257] m³/亩、[121，163] m³/亩、[306，364] m³/亩；永刚分干渠各直口渠生育期、秋浇、全年的灌溉定额平均值分别为 189 m³/亩、117 m³/亩和 306 m³/亩，95%置信区间分别为[142，236] m³/亩、[87，147] m³/亩、[229，383] m³/亩；建设二分干渠不同闸域生育期、秋浇、全年的灌溉定额平均值分别为 528 m³/亩、208 m³/亩和 736 m³/亩，95%置信区间分别为[459，598] m³/亩、[171，245] m³/亩、[650，823] m³/亩。由此可见，分干渠直口渠灌溉定额的数据分散程度较大，置信区间也很大，因此在分干渠直口渠尺度上计算的灌溉定额可靠度比较小，用于水量预测可信度差。

（3）在田块尺度上，不同测试区秋浇灌溉定额在 113~202 m³/亩，春灌灌溉定额在 87~229 m³/亩，数据较为分散；从试区尺度来看，永联典型测试区的秋浇灌溉定额为 239 m³/亩，其他测试区的监测结果在 276~346 m³/亩，与试区面积、土壤盐分情况等有关。田块尺度的灌溉定额普遍偏小，监测尺度越大，灌溉定额越大。

（4）综上，研究的尺度越小，所得到的灌溉定额的空间变异性越大，很难得到可靠的灌溉定额结果，将直接影响引水量的预测精度。因此，对于灌区尺度最小引黄水量的研究，为了得到更为可靠的宏观研究成果，应以大于干渠级别的研究尺度为宜，在所收集到的观测数据精度的限制条件下，研究尺度越小，得到的结果越不稳定。

第4章 河套灌区基础数据分析

本章对用于区域平均作物净灌溉定额计算的 1998~2018 年的基础数据进行分析和校核，以验证不同来源基础数据的合理性。基础数据主要包括引黄灌溉水量数据、灌溉面积数据、种植结构数据、灌溉水利用系数等。

4.1 河套灌区引黄灌溉水量数据分析

根据目前收集到的河套灌区引水量数据，引水期可划分为夏灌引水（4~6 月）、秋灌引水（7~9 月）和秋浇引水（10 月及以后），将夏灌引水和秋灌引水合并为作物生育期引水（4~9 月），则每年可以划分为作物生育期引水和秋浇引水两个引水期。除秋浇引水外，作物非生育期引水还包括春灌（也称为春汇）引水，但由于目前的数据中不能将春灌引水分开，只能将春灌引水合并到生育期引水中。河套灌区和各灌域 1998~2018 年的生育期引水量（4~9 月）、秋浇引水量（10 月及以后）、全年引水量如图 4.1.1~图 4.1.4 所示。其中，河套灌区的引水量是指河套灌区在黄河上的引水量，也就是总干渠引水口的引水量和乌兰布和灌域沈乌干渠的引水量之和；灌域的引水量，对于乌兰布和

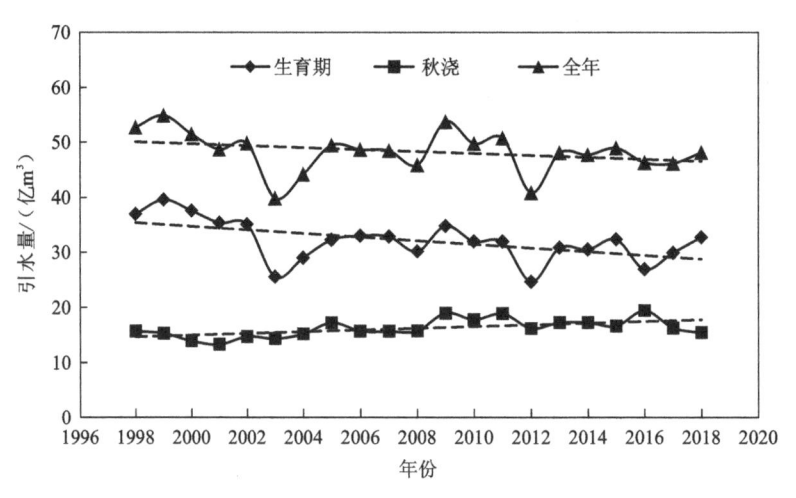

图 4.1.1 河套灌区不同阶段引水量

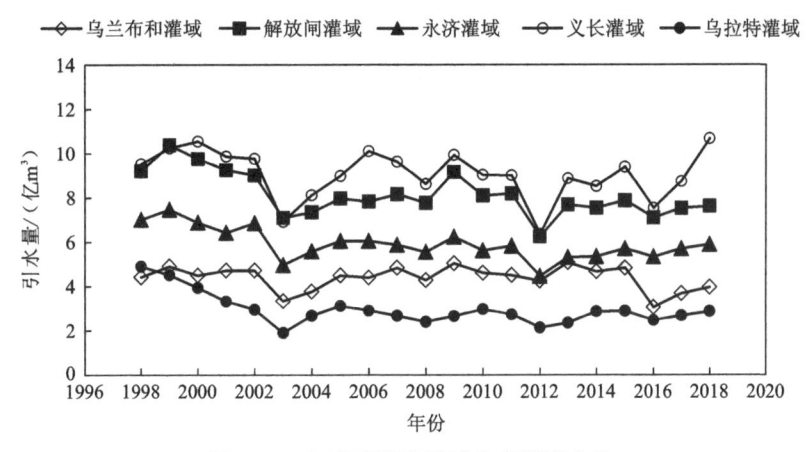

图 4.1.2　河套灌区各灌域生育期引水量

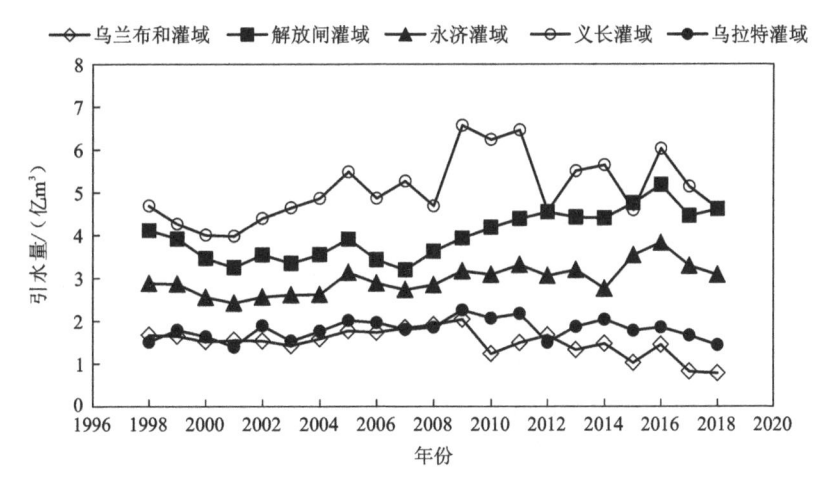

图 4.1.3　河套灌区各灌域秋浇引水量

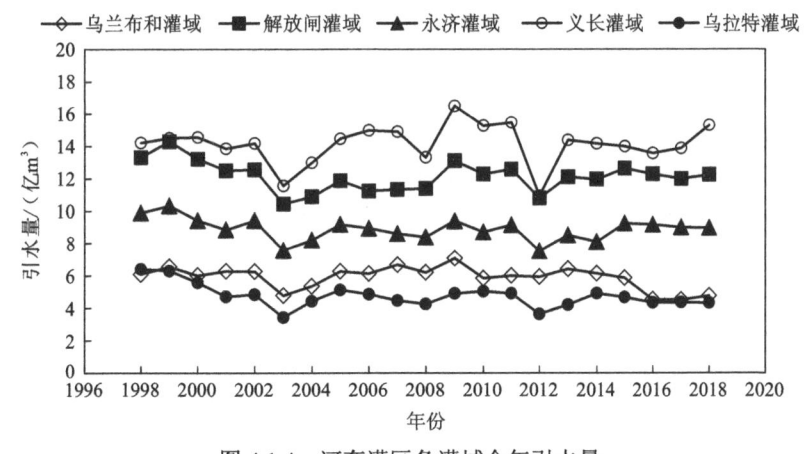

图 4.1.4　河套灌区各灌域全年引水量

灌域是沈乌干渠在黄河上的引水量和大滩渠在总干渠的引水量，由于大滩渠的引水量相对于沈乌干渠的引水量很小（大滩渠的引水量为沈乌干渠引水量的 1/10），可认为乌兰布和灌域主要在黄河上引水；其他灌域的引水量是指该灌域在总干渠的引水量。

由图 4.1.1 可见，虽然河套灌区生育期引水量、全年引水量存在上下波动的变化特征，但其整体呈现下降的趋势。年引水量最大值出现在 1999 年，为 54.87 亿 m^3，年引水量最小值出现在 2003 年，为 39.86 亿 m^3，最大值与最小值相差约 15 亿 m^3。河套灌区之所以年际引水量波动较大，主要原因有以下几个方面：①各年份水文年型不同，不同年份黄河来水量及降雨量差别大；②各年份作物的种植比例不同，呈现出高耗水、低效益的粮食作物种植面积逐步减小，低耗水、高效益的经济作物种植面积大幅增加的趋势；③灌区续建配套与节水改造工程的实施、灌区节水灌溉管理措施的加强、科研成果的应用，使得灌溉水利用效率也呈现逐年提高的趋势。

秋浇在降雨量小、蒸发量大的河套灌区是农业生产用水的重要环节，秋浇一方面可以淋洗耕作层盐分，另一方面可以在土壤中储存一定的水分，为来年春季播种和幼苗生长提供必要的水分条件，同时秋浇与土壤的冻融现象起到了松土的作用。自 1980 年开始，秋浇引水量缓慢增加。近些年，秋浇引水量约为 16.92 亿 m^3，约占全年引水量的 1/3。

从灌域的角度看，除乌兰布和灌域秋浇引水量被节水控水条约限制减少外，其余灌域引水量的情况与河套灌区的情况基本相同，生育期引水量与全年引水量减少而秋浇引水量增加。义长灌域的灌溉面积在五个灌域中最大，灌溉面积达 370 万亩，占河套灌区总灌溉面积的 33%，因此义长灌域引水量最多，全年引水量约为 14 亿 m^3；乌拉特灌域的灌溉面积虽然比乌兰布和灌域的灌溉面积大 45 万亩，但是乌拉特灌域降雨量大，且处于河套灌区的末梢，用水受限，因此乌拉特灌域的全年引水量在五个灌域中最少，近些年平均引水量为 4.23 亿 m^3。总干直口为在总干渠直接取黄河水灌溉作物的渠道，引水量较少，近些年全年引水量约为 0.44 亿 m^3，约占河套灌区全年引水量的 1%，为了与后面的灌溉面积数据相统一，计算中将总干直口的引水量均分给在总干渠上引水的四个灌域。

4.2 灌溉面积数据分析

遥感识别的 2000～2018 年河套灌区的总灌溉面积、秋浇面积、春灌面积如图 4.2.1 所示。2000～2018 年，河套灌区的总灌溉面积先增大到稳定水平，后又有小幅度的减小，2013～2017 年河套灌区平均总灌溉面积为 1 113.66 万亩。从 2003 年开始，河套灌区的秋浇面积整体呈现出下降的趋势，而春灌面积整体呈现出上升的趋势，主要原因为河套灌区经过种植结构调整之后，葵花种植面积不断增加而小麦种植面积不断减小，葵花地如进行早秋浇（10 月底浇完），且没有采取适当的保墒措施，第二年由于失墒无法满足种植葵花的墒情需求，部分葵花地在进行秋浇后，仍然需要春灌保墒，在此情况下，部分农民选择葵花地不秋浇、仅进行春灌的方式。总体来说，由于葵花地面积的增加，春灌面积总体呈现出增大的趋势，秋浇面积有减小趋势。2013～2017 年河套灌区的春灌面积为 496 万亩，秋浇面积为 567 万亩，秋浇灌溉比例为 0.51，春灌灌溉比例为 0.45。

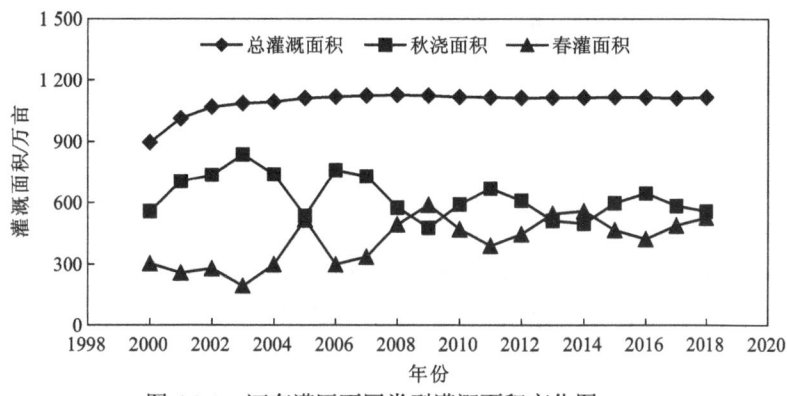

图 4.2.1　河套灌区不同类型灌溉面积变化图

各灌域总灌溉面积、秋浇面积、春灌面积的年际变化见图 4.2.2～图 4.2.4。各灌域的总灌溉面积与河套灌区总灌溉面积的变化趋势相同，先增大到稳定水平，后又有小幅度的减小。在 2013～2017 年，义长灌域平均总灌溉面积最大，为 370 万亩，解放闸灌域次之，为 268 万亩，其次为永济灌域，为 201 万亩，乌拉特灌域与乌兰布和灌域平均总

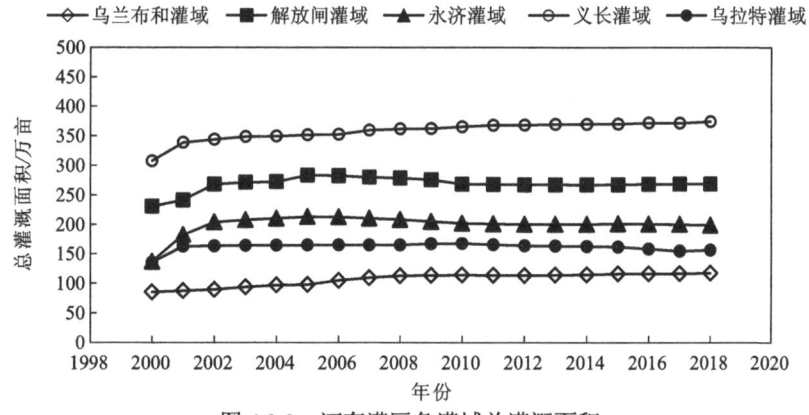

图 4.2.2　河套灌区各灌域总灌溉面积

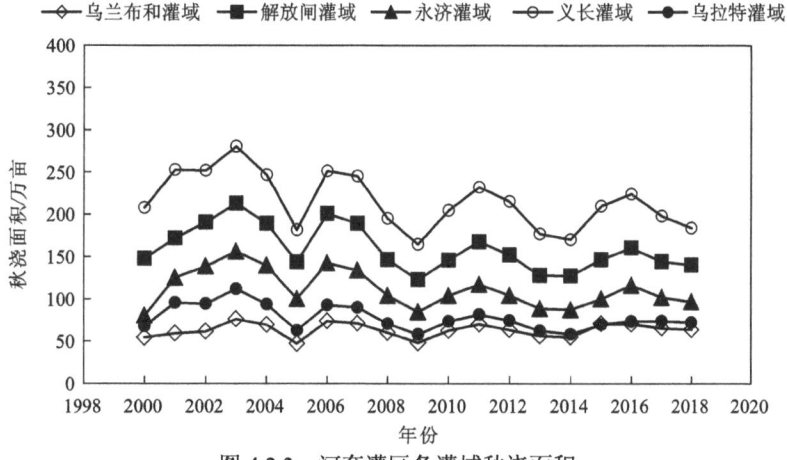

图 4.2.3　河套灌区各灌域秋浇面积

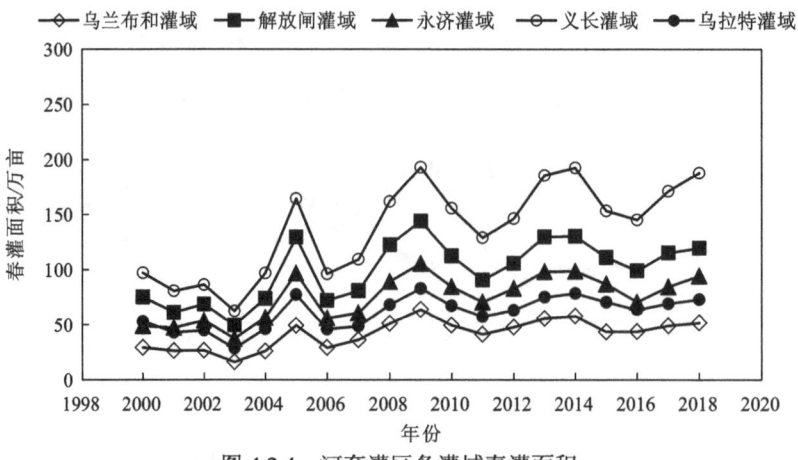

图 4.2.4 河套灌区各灌域春灌面积

灌溉面积较小，分别为 160 万亩、115 万亩。在各灌域中，由于义长灌域葵花种植比例改变较大，其秋浇与春灌面积变化较明显，秋浇面积快速减少而春灌面积快速增加，2013~2017 年其平均秋浇与春灌面积分别为 196 万亩、170 万亩。

4.3 种植结构数据分析

河套灌区种植的作物种类繁多，包括：小麦、玉米、葵花、番茄、甜菜、瓜菜、夏杂、秋杂、油料、林地、牧草，其中小麦、玉米、葵花为主要作物，小麦、玉米为河套灌区的粮食作物，葵花、番茄、甜菜、瓜菜、夏杂、秋杂、油料为经济作物，林地、牧草则为林牧作物。当前种植结构数据主要有以下三个来源。

（1）遥感识别的 2000~2018 年河套灌区种植结构，该套数据中区分出了小麦、玉米、葵花三种主要作物及西葫芦的种植面积，其他种植面积较小的作物统一归类到其他作物中，因此其成果可作为分析种植面积的参考。

（2）内蒙古河套灌区管理总局统计的五个灌域 1998~2016 年的种植结构。2017 年的数据来源于项目收集资料，但是其中缺少了永济灌域 2017 年的种植结构，因此永济灌域 2017 年的种植结构与 2016 年取为一致，河套灌区的种植结构通过累加各个灌域的种植面积得到，该套数据包含了 11 种作物，是最为完整的种植结构数据。

（3）巴彦淖尔市农牧局公布的河套灌区 1998~2015 年的种植结构，该套数据仅有 1998~2015 年的作物种植面积数据，2015 年以后无数据。

为了确保种植结构数据的可靠性，需要对不同来源的种植结构数据进行相互校核。因此，以下对遥感识别的数据、内蒙古河套灌区管理总局统计的数据、巴彦淖尔市农牧局统计的数据进行对比校核。由于不同来源的数据统计的灌区总种植面积不同，且巴彦淖尔市农牧局统计的作物种植面积包括了整个巴彦淖尔，不仅仅是河套灌区内的作物种植面积，所以仅关注三套数据中不同作物种植比例的差异，不对比其种植面积。由于三套数据中对于除小麦、玉米、葵花三种主要作物以外的非主要作物的分类有较大差别,所以仅对河套灌区三种主要作物(三者种植面积之和约为河套灌区种植面积的80%)的种植结构进行对比,如图4.3.1所示。结果表明:遥感、内蒙古河套灌区管理总局、巴彦淖尔市农牧局统计的三种主要作物种植比例的变化趋势较为接近,小麦的种植比例总体呈现下降趋势,玉米、葵花的种植比例总体呈现升高趋势。2007年以前,内蒙古河套灌区管理总局统计的小麦种植比例明显高于巴彦淖尔市农牧局提供的小麦种植比例;2007年以后,两者的小麦种植比例较为接近。巴彦淖尔市农牧局统计的葵花的种植比例明显大于内蒙古河套灌区管理总局统计的葵花的种植比例,这是在巴彦淖尔市农牧局统计的数据中,葵花的种植面积包含了葵花籽、油葵及油料这三类,而灌区的油料作物除葵花外还有花生、油菜籽等,从而导致统计的葵花种植面积较大。遥感和内蒙古河套灌区管理总局提供的作物种植比例的大小和变化趋势基本一致,仅葵花种植比例在2013~2017年有所不同。

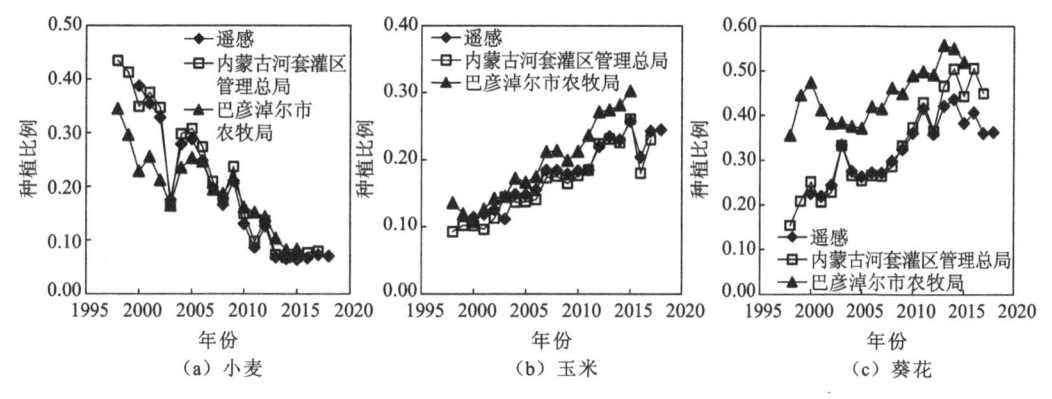

图4.3.1 河套灌区不同来源主要作物种植比例对比

经过以上对比,可以认为遥感和内蒙古河套灌区管理总局统计的灌区作物种植结构的变化趋势是准确的,且三套数据的作物种植比例在近几年有逐渐接近的趋势,说明近几年不同来源的统计数据更接近真实值,误差更小。因此,选用年份齐全、作物种植种类齐全的内蒙古河套灌区管理总局统计的种植结构数据进行后续分析计算。

河套灌区主要作物种植比例的变化如图4.3.2所示。20年间,小麦种植比例迅速下降,葵花种植比例翻倍增长,玉米种植比例稳步增加。从1998年开始,由于引黄水量受限和市场种植要求,灌区葵花种植比例快速上升,与此同时小麦种植比例开始下降。2003年黄河上游的来水量减少,导致灌区小麦种植比例突然下降,种植比例为0.16,同时,葵花种植比例大幅增加,2003年达到了0.33。至2017年小麦的种植比例仅有0.08,而葵花种植比例为0.45,玉米种植比例为0.23。目前葵花为河套灌区的第一大种植作物,玉米次之。

1998~2017年河套灌区粮食作物、经济作物的种植比例变化较大,见图4.3.3。20年间,河套灌区的种植结构发生剧烈变化,从以小麦和玉米等粮食作物为主快速转变为以葵花和瓜菜等经济作物为主,林牧作物的种植比例较小,一直保持在0.1以内。2013~2017年经济作物已经占到灌区作物的64%,而粮食作物只占30%。其中,义长灌域、乌拉特灌域的经济作物种植面积已经达到了总灌溉面积的70%以上,是灌域中经济作物种

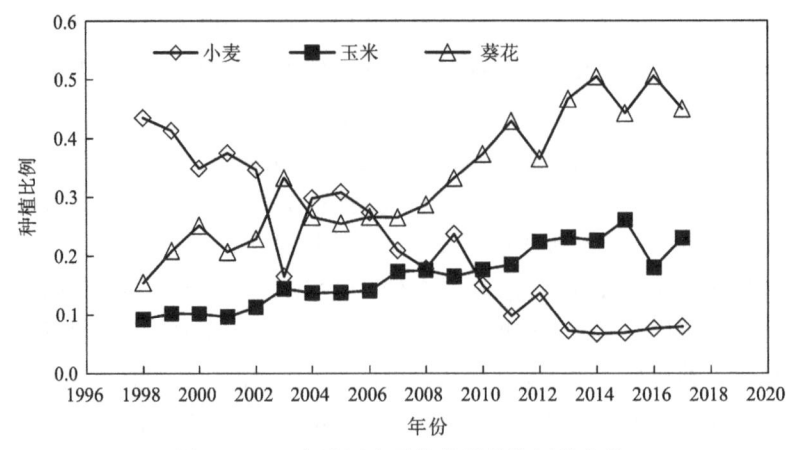

图 4.3.2　河套灌区主要作物种植比例的变化

植比例最大的两个灌域。永济灌域经济作物种植比例次之，为 0.61，解放闸灌域与乌兰布和灌域经济作物种植比例最小，约为 0.48。结果表明，河套灌区的种植结构变化趋势为：①经济作物（耗水量较低）的种植面积逐渐增加；②粮食作物（耗水量较高）的种植面积逐渐减少。

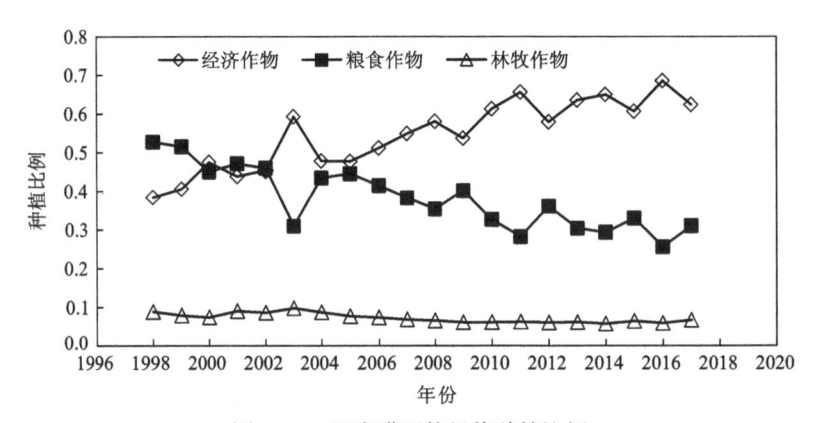

图 4.3.3　河套灌区粮经牧种植比例

2013～2017 年河套灌区和各灌域各作物的种植比例见表 4.3.1。各灌域的小麦种植比例均小于玉米和葵花，除乌兰布和灌域玉米和葵花的种植比例基本一致外，其他灌域均为葵花种植比例最大，尤其是义长灌域与乌拉特灌域，葵花的种植比例达到了 0.63 和 0.60。下游灌域葵花种植比例高，主要是因为下游盐碱程度高且相对缺水而葵花耐盐碱并且需水量较小。

表 4.3.1　河套灌区和各灌域 2013～2017 年各作物的种植比例

地区	作物											合计
	小麦	玉米	葵花	番茄	甜菜	瓜菜	夏杂	秋杂	油料	林地	牧草	
乌兰布和灌域	0.05	0.26	0.25	0.04	0.00	0.08	0.02	0.02	0.08	0.13	0.07	1.00
解放闸灌域	0.18	0.25	0.30	0.05	0.00	0.10	0.00	0.00	0.01	0.04	0.07	1.00

续表

地区	作物											合计
	小麦	玉米	葵花	番茄	甜菜	瓜菜	夏杂	秋杂	油料	林地	牧草	
永济灌域	0.08	0.29	0.44	0.06	0.01	0.07	0.02	0.00	0.01	0.01	0.01	1.00
义长灌域	0.03	0.16	0.63	0.02	0.00	0.10	0.01	0.01	0.01	0.01	0.01	1.00
乌拉特灌域	0.01	0.22	0.60	0.01	0.02	0.04	0.00	0.03	0.03	0.04	0.00	1.00
河套灌区	0.07	0.23	0.47	0.04	0.01	0.09	0.01	0.01	0.02	0.03	0.03	1.00

注：义长灌域、河套灌区各作物种植比例之和不为1.00由四舍五入导致。

河套灌区1998~2017年作物种植比例和不同阶段引水量见表4.3.2，经济作物与粮食作物种植面积的比（以下简称"经粮比"）由1998年的0.73增加至2017年的2.01，经济作物的种植已经远超粮食作物。1998年经粮比最小，为0.73，全年引水量为52.69亿 m^3；2016年经粮比最大，为2.67，全年引水量为46.32亿 m^3，全年引水量正不断减小。20年间，河套灌区的种植结构已经从以灌溉依赖程度高、耗水量大的粮食作物为主转向以灌溉依赖程度低、耗水量小的经济作物为主，此类型的种植结构调整将会对引水量产生较大的影响。种植结构调整后，春灌及生育期引水量与全年引水量均随经粮比的增加而减少，如图4.3.4所示。春灌及生育期引水量、秋浇引水量与经粮比的相关程度较高，决定系数分别为0.45、0.41，而全年引水量与经粮比的相关程度较差，决定系数只有0.16。种植结构的调整不仅影响了生育期引水量，而且影响了秋浇引水量，种植不同作物的农田对秋浇的需水量也存在较大差异。从概念上考虑，葵花的种植面积增加，秋浇引水量应该减少（变为春灌），但是数据显示秋浇引水量一直在增加，可能与用水管理和农民用水习惯有关。

表4.3.2 河套灌区作物种植比例与引水量

年份	比例			引水量		
	经济作物种植比例	粮食作物种植比例	经粮比	全年引水量/（亿 m^3）	秋浇引水量/（亿 m^3）	春灌及生育期引水量/（亿 m^3）
1998	0.38	0.53	0.73	52.69	15.71	36.98
1999	0.41	0.52	0.79	54.87	15.29	39.58
2000	0.47	0.45	1.05	51.50	13.91	37.59
2001	0.44	0.47	0.93	48.69	13.29	35.40
2002	0.45	0.46	0.99	49.82	14.71	35.11
2003	0.59	0.31	1.92	39.86	14.33	25.53
2004	0.48	0.43	1.10	44.18	15.19	28.99
2005	0.48	0.45	1.07	49.47	17.23	32.25
2006	0.51	0.41	1.23	48.68	15.70	32.98
2007	0.55	0.38	1.43	48.47	15.64	32.82
2008	0.58	0.35	1.64	45.89	15.74	30.15
2009	0.54	0.40	1.34	53.75	18.97	34.77

续表

年份	比例			引水量		
	经济作物种植比例	粮食作物种植比例	经粮比	全年引水量/（亿 m³）	秋浇引水量/（亿 m³）	春灌及生育期引水量/（亿 m³）
2010	0.61	0.33	1.88	49.74	17.79	31.95
2011	0.66	0.28	2.32	50.74	18.85	31.89
2012	0.58	0.36	1.61	40.87	16.20	24.67
2013	0.63	0.30	2.09	48.08	17.26	30.81
2014	0.65	0.29	2.22	47.71	17.24	30.47
2015	0.61	0.33	1.84	48.93	16.62	32.32
2016	0.68	0.26	2.67	46.32	19.41	26.91
2017	0.62	0.31	2.01	46.17	16.28	29.89

注：表中数值均采用原始值计算，但此表中数据进行了修约，因此，部分值存在少许出入。

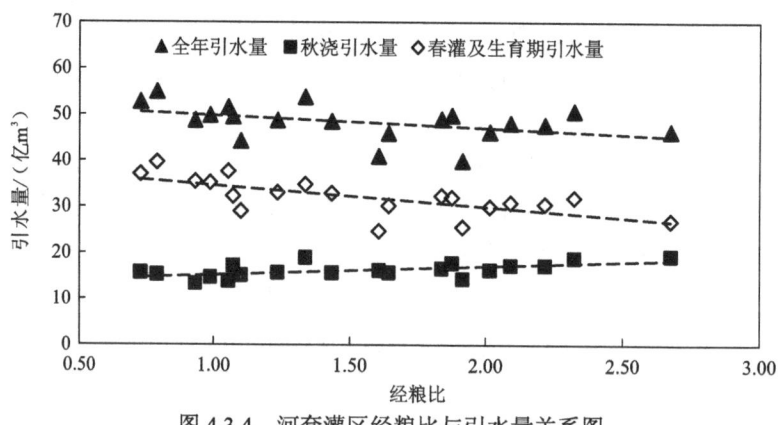

图 4.3.4 河套灌区经粮比与引水量关系图

4.4 灌溉水利用效率成果分析

本节通过总结分析不同学者在河套灌区进行的灌溉水利用效率研究，得到历年的灌溉水利用效率，并分析规划年灌溉水利用效率变化趋势。

4.4.1 河套灌区灌溉水利用效率成果分析

1. 内蒙古农牧学院成果[下面称为农牧学院（1989 年）]

1986~1989 年，由内蒙古农牧学院陈亚新教授主持的项目"河套灌区灌溉效率测试与评估研究"（内蒙古农牧学院 等，1989）对河套灌区灌溉水利用效率做了较为全面的测试和研究工作。在河套灌区的东部和西部，分别选取不同的渠系系统，对灌溉系统中不同级别的渠道引水量进行了测试，确定了典型的渠道系统，根据水量和面积加权的方法，得到了总干渠、河套灌区渠系水和灌溉水利用系数。研究中选取测试面积140万亩，干渠2条，分干渠2条，支渠6条，斗渠9条，农渠11条，毛渠10条，建立了统一的标准化水量测量方法，对取得的数据进行统计分析，确定测量数据的精度，同时在有条件的试验站（沙壕试验站和长胜试验站）进行了田间水利用效率测试。这是河套灌区开展灌溉水利用效率研究以来最为系统的研究成果。主要的研究结果如表4.4.1所示。其中，总干渠渠道水利用系数是利用1973~1985年的引水量数据得到的，平均值为0.940 8；根据动态评估法得到的田间水利用系数为0.710 0，由东部和西部典型渠系系统平均得到的河套灌区渠系水利用系数（干渠到农渠的输水系统）为0.430 1，由整个总干渠供水的灌溉系统的灌溉水利用系数为0.305 4。

表4.4.1 1986年河套灌区灌溉水利用效率总成果表

不同灌溉系统的灌溉水利用效率		西部		东部		河套灌区
		永济渠	黄济渠	通济渠	付恒兴渠	
渠系水利用系数	标准化方法	0.468 3	0.467 6	0.451 4	—	0.430 1
渠道水利用系数	干渠	0.856 1	0.853 8	0.716 3	—	0.786 2
	分干渠	0.896 7	0.771 4	—		0.827 5
	支渠	0.805 1	0.841 5	0.826 2	—	
	斗渠	0.851 7	0.911 6	0.811 5	0.809 0	0.824
	农渠	0.851 7	0.867 1	0.814 5	0.865 8	0.855
	毛渠	0.865 6	0.920 0	0.797 8		
总干渠渠道水利用系数		—	—	—	—	0.940 8
田间水利用系数		—	—	—	—	0.710 0
灌溉水利用系数		—	—	—	—	0.305 4

2. 河套灌区水量决算结果[下面称为水量决算（1996年）]

由《巴彦淖尔市水利志》（内蒙古河套灌区管理总局，2007）中1996年的水量平衡结果，得到各灌域的渠系水利用系数。同时，根据各灌域的引水量进行加权平均，得到河套灌区的平均渠系水利用系数；取总干渠的渠道水利用系数为0.96，得到整个河套灌区的渠系水利用系数0.456 2。研究认为，单靠水量平衡法计算河套灌区渠系水利用系数，有很多误差因素难以解决，计算结果明显偏大。因此，又对河套灌区的典型渠道进行了分析计算，确定河套灌区现状渠系水利用系数为0.420 0，灌溉水利用系数为0.36。综合典型渠道分析后的灌域渠系水利用系数如表4.4.2所示。

表 4.4.2 1996 年河套灌区灌溉水利用效率测量与典型渠道分析结果

处理方案	灌域渠系水利用系数				
	乌兰布和灌域	解放闸灌域	永济灌域	义长灌域	乌拉特灌域
1996 年水量决算	0.431	0.477	0.550	0.453	0.433
典型渠道分析	0.397	0.439	0.506	0.417	0.399

处理方案	不计总干渠的河套灌区水量加权平均渠水利用系数	总干渠渠道水利用系数	河套灌区渠系水利用系数	河套灌区灌溉水利用系数	河套灌区田间水利用系数
1996 年水量决算	0.475 2	0.96	0.456 2	—	—
典型渠道分析	0.437 5	0.96	0.420 0	0.36	0.86

3. 《内蒙古自治区巴彦淖尔市水资源综合规划报告》成果[下面称为河套规划（2000 年）]

根据《内蒙古自治区巴彦淖尔市水资源综合规划报告》（武汉大学，2005）中提供的"河套灌区节水改造与续建配套规划"研究成果，得到河套灌区 2000 年灌溉水、渠系水、田间水利用系数，成果如表 4.4.3 所示。河套规划（2000 年）主要参考了 1986 年内蒙古农牧学院陈亚新教授的测量数据，同时考虑了田间水利用系数的控制数据，结合了灌区水量平衡的决算数据，基本代表了当时的灌区水分利用状况。

表 4.4.3 河套灌区 2000 年灌溉水、渠系水、田间水利用系数

各利用系数	地区					
	河套灌区	乌兰布和灌域	解放闸灌域	永济灌域	义长灌域	乌拉特灌域
黄灌灌溉水利用系数	0.344	0.352	0.385	0.383	0.319	0.264
黄灌渠系水利用系数	0.459	0.470	0.513	0.511	0.425	0.353
黄灌田间水利用系数	0.750	0.750	0.750	0.750	0.750	0.750
井灌灌溉水利用系数	0.800	0.800	0.800	0.800	0.800	0.800

4. 内蒙古河套灌区管理总局测定结果[下面称为灌区综合测试（2002 年）]

内蒙古河套灌区管理总局于 2001 年 4 月～2012 年 11 月，对国管的总干渠 1 条、干渠 13 条、分干渠 40 条、支渠 2 条及群管的分干渠 8 条、支渠 200 条，全部采用全渠直测法进行了测定，并以此为基础，分别推求水量法和流量法的渠道水利用系数。按照夏灌、秋灌、秋浇三个阶段，在相应的大、中、小三种运行流态及输水和配水两种情况下进行测试。另外，从 2 496 条斗渠和 72 471 条毛渠中选择有代表性的典型渠道或渠段按不同流量、不同长度、不同渠床土质、不同比降、不同地下水埋深几种系列进行测试。对田间水利用系数也进行了较为详细的测定，每个灌域根据不同种植结构，选择大小为 0.5～4 亩的田块，共计对 200 多个田块进行了测定。整个测试研究在内蒙古河套灌区管理总局的直接领导和主持下实施，聘请陈亚新教授和内蒙古自治区水文总局李经遗总工

第4章 河套灌区基础数据分析

为技术指导,测量规模和数量巨大。主要的研究成果如表4.4.4所示。

表4.4.4 河套灌区各灌域2002年灌溉水利用效率测定成果表

项目	灌域						各灌域加权平均	干渠		河套灌区加权平均
	乌兰布和灌域	解放闸灌域	永济灌域	义长灌域	乌拉特灌域	总干渠灌域		沈乌干渠	总干渠	
引水量/(亿 m³)	6.17	12.63	9.11	14.07	4.93	0.42	—	5.61	41.41	—
权重	0.13	0.27	0.19	0.30	0.10	0.01	—	0.12	0.88	—
总干渠渠道水利用系数	—	—	—	—	—	—	—	—	0.927 0	0.927 0
干渠渠道水利用系数	0.868 0	0.848 8	0.882 0	0.760 2	0.772 0	—	0.814 9	0.868 0	0.811 8	0.818 5
分干渠渠道水利用系数	0.710 0	0.793 1	0.833 0	0.791 8	0.740 0	—	0.776 2	0.700 0	0.798 6	0.786 8
支渠渠道水利用系数	0.877 0	0.816 9	0.859 0	0.832 0	0.807 0	—	0.828 1	0.778 0	0.822 3	0.817 0
斗渠渠道水利用系数	0.883 0	0.894 1	0.875 0	0.867 0	0.824 0	0.934 0	0.874 3	0.872 0	0.875 2	0.874 8
农渠渠道水利用系数	0.896 0	0.912 8	0.893 0	0.887 0	0.848 0	0.938 0	0.892 9	0.887 0	0.894 5	0.893 6
毛渠渠道水利用系数	0.925 0	0.944 4	0.932 0	0.908 2	0.889 0	0.953 0	0.923 0	0.925 0	0.922 0	0.922 4
渠系水利用系数	0.440 0	0.567 4	0.564 1	0.525 2	0.440 2	—	0.519 0	0.418 0	0.494 5	0.485 3
田间水利用系数	0.770 0	0.856 8	0.746 0	0.752 0	0.739 0	—	0.772 7	0.770 0	0.774 2	0.773 7
灌溉水利用系数	0.340 0	0.486 1	0.420 8	0.395 0	0.325 3	—	0.406 4	0.322 0	0.382 8	0.375 5

5. 武汉大学分析成果[下面称为武大(2020年)]

武汉大学在内蒙古自治区科技重大专项"引黄灌区多水源滴灌高效节水关键技术研究与示范"中利用河套规划(2000年)、"河套灌区灌溉效率测试与评估研究"等中的测试成果和水量平衡的分析成果,给出了河套灌区及其不同灌域的渠道水利用系数、渠系水利用系数、田间水利用系数和灌溉水利用系数(朱焱 等,2020)(表4.4.5)。该研究成果代表了2010年前后河套灌区的用水效率状况。

表4.4.5 河套灌区及各灌域2010年灌溉水利用效率成果

各利用系数	地区					
	河套灌区	乌兰布和灌域	解放闸灌域	永济灌域	义长灌域	乌拉特灌域
总干渠渠道水利用系数	0.946	—	—	—	—	—
干渠渠道水利用系数	0.829	0.820	0.826	0.830	0.831	0.833
分干渠渠道水利用系数	0.794	0.785	0.791	0.795	0.796	0.798
支渠渠道水利用系数	0.903	0.893	0.900	0.905	0.905	0.908
斗渠渠道水利用系数	0.934	0.923	0.931	0.936	0.936	0.939
农渠渠道水利用系数	0.947	0.937	0.944	0.949	0.950	0.952
渠灌区(井渠结合渠灌区)渠系水利用系数	0.497	0.497	0.517	0.530	0.532	0.539

续表

各利用系数	地区					
	河套灌区	乌兰布和灌域	解放闸灌域	永济灌域	义长灌域	乌拉特灌域
渠灌区（井渠结合渠灌区）田间水利用系数	0.823	0.819	0.855	0.824	0.813	0.796
渠灌区灌溉水利用系数	0.409	0.407	0.442	0.437	0.433	0.429
井渠结合渠灌区灌溉水利用系数	0.409	0.407	0.442	0.437	0.433	0.429
井渠结合井灌区灌溉水利用系数	0.900	0.900	0.900	0.900	0.900	0.900

6. 清华大学分析成果[下面称为清华（2015年）]

清华大学根据河套灌区2001~2003年实测的灌溉水利用效率成果和孙文（2014）在河套灌区的研究成果，结合灌区引水量等数据进行分析，得到了河套灌区灌溉水利用效率成果，如表4.4.6所示（清华大学，2015）。该研究以河套灌区解放闸灌域为主要研究对象，调研和收集了灌区的数据，利用模型分析了灌区的灌溉耗水量，研究成果反映了2012年前后灌区灌溉定额和灌溉水利用效率。

表4.4.6 清华大学采用的河套灌区灌溉水利用效率成果

各利用系数	地区					
	乌兰布和灌域	解放闸灌域	永济灌域	义长灌域	乌拉特灌域	河套灌区
田间水利用系数	0.82	0.84	0.82	0.81	0.80	0.82
灌溉水利用系数	0.39	0.42	0.42	0.41	0.41	0.39
渠系水利用系数	0.48	0.50	0.51	0.51	0.51	0.48

7. 内蒙古自治区水利科学研究院分析成果[下面称为水科院（2016年）]

内蒙古自治区水利科学研究院和巴彦淖尔市水利科学研究所（2016）结合河套灌区的综合灌溉水利用系数测试数据和已有的研究成果，得到了河套灌区各灌域2013年的灌溉水利用系数成果，如表4.4.7所示。

表4.4.7 河套灌区及各灌域2013年实测灌溉水利用系数成果

地区	净用水量/（亿 m³）		毛用水量/（亿 m³）		灌溉水利用系数
	农田	林牧	农田	林牧	
乌兰布和灌域	2.03	0.21	5.32	0.54	0.382 3
解放闸灌域	4.29	0.28	11.20	0.73	0.382 8
永济灌域	3.59	0.14	7.93	0.32	0.452 0
义长灌域	5.15	0.08	12.85	0.21	0.400 7
乌拉特灌域	1.71	0.04	3.96	0.10	0.431 7

续表

地区	净用水量/（亿 m³）		毛用水量/（亿 m³）		灌溉水利用系数
	农田	林牧	农田	林牧	
河套灌区	16.77	0.76	41.27	1.89	0.410 0

注：表中数值均采用原始值计算，但此表中数据进行了修约，因此，部分值存在少许出入。

8. 内蒙古农业大学分析成果[下面称为内农大（2015 年）]

内蒙古农业大学（2015）利用不同的方法，得到了河套灌区渠道、渠系、灌域和整个灌区的灌溉水利用系数。在该研究中，渠系水利用系数采用间接首尾反算法和田间实测反算法两种方法进行测定与计算；田间水利用系数采用田间实测含水率法进行测定。另外，选取不同级别的渠道进行了水量测量，用于渠道水利用系数测量的渠道为：总干渠 1 条，干渠 5 条（未衬砌 3 条，衬砌 2 条），分干渠 6 条（未衬砌 4 条，衬砌 2 条），斗渠 4 条，农渠 3 条，共计 19 条。用于田间水利用系数测量的监测点有 13 处，包括相应的支渠、斗渠、农渠、毛渠、田口。最后得到的河套灌区的综合测试结果如表 4.4.8 所示，其中，河套灌区平均田间水利用系数为 0.818 2，渠系水利用系数为 0.510 4，灌溉水利用系数为 0.417 6。

表 4.4.8 《内蒙古引黄灌区灌溉水利用效率测试分析与评估》采用的灌溉水利用效率成果

地区	各利用系数			
	田间水利用系数	渠系水利用系数	灌溉水利用系数	渠道水利用系数
乌兰布和灌域	0.818 9	0.519 6	0.425 5	—
解放闸灌域	0.834 7	0.532 3	0.444 3	—
永济灌域	0.823 6	0.555 4	0.457 5	—
义长灌域	0.813 0	0.556 4	0.452 3	—
乌拉特灌域	0.795 9	0.527 9	0.420 2	—
总干渠控制区	0.818 2	0.542 7	0.444 0	—
河套灌区	0.818 2	0.510 4	0.417 6	—
总干渠渠道	—	—	—	0.940 5

4.4.2 河套灌区灌溉水利用效率成果汇总

通过分析 4.4.1 小节中不同学者对河套灌区灌溉水利用效率的研究成果，汇总得到河套灌区及各灌域不同年份的灌溉水利用系数、渠系水利用系数和田间水利用系数，分别见表 4.4.9～表 4.4.11。其中，灌域的灌溉水利用系数是灌域所控制灌溉面积上作物可以利用的净水量与灌域引水量的比值。乌兰布和灌域的灌溉水利用系数主要代表了该灌域在黄河引水的水利用效率，由于乌兰布和灌域的大滩渠在总干渠上引水，但其引水量相对于灌域的引水量很小，可以认为其对乌兰布和灌域灌溉水利用系数计算结果的影响很小；解放闸灌域、永济灌域、义长灌域、乌拉特灌域的灌溉水利用系数是灌域在总干渠引水的水利用效率；总干渠所控制面积的灌溉水利用系数是在总干渠引水的灌域的灌溉水利用系数按照灌域引水量的加权平均值（乌兰布和灌域的大滩渠按其灌溉水利用系数和引水量参与加权平均）；河套灌区的灌溉水利用系数是总干渠控制的灌溉面积的灌溉水利用系数与沈乌干渠的灌溉水利用系数按引水量的加权平均值。

表 4.4.9　不同学者得到的灌溉水利用系数

研究尺度	农牧学院（1989年）	水量决算（1996年）	河套规划（2000年）	灌区综合测试（2002年）	武大（2020年）	清华（2015年）	水科院（2016年）	内农大（2015年）	平均值
年份	1986	1996	2000	2002	2010	2012	2013	2015	—
乌兰布和灌域	—	—	0.352	0.340	0.407	0.390	0.382	0.426	0.383
解放闸灌域	—	—	0.385	0.486	0.442	0.420	0.383	0.444	0.427
永济灌域	—	—	0.383	0.421	0.437	0.420	0.452	0.458	0.428
义长灌域	—	—	0.319	0.395	0.433	0.410	0.401	0.452	0.402
乌拉特灌域	—	—	0.264	0.325	0.429	0.410	0.432	0.420	0.380
河套灌区	0.305	0.360	0.344	0.376	0.409	0.390	0.410	0.418	0.376

注：本表统一修约至小数点后第三位。表中数值均采用原始值计算，但表中数据进行了修约，因此，部分值存在少许出入。

表 4.4.10　不同学者得到的渠系水利用系数

研究尺度	农牧学院（1989年）	水量决算（1996年）	河套规划（2000年）	灌区综合测试（2002年）	武大（2020年）	清华（2015年）	水科院（2016年）	内农大（2015年）	平均值
年份	1986	1996	2000	2002	2010	2012	2013	2015	—
乌兰布和灌域	—	0.397	0.470	0.440	0.497	0.480	0.467	0.520	0.467
解放闸灌域	—	0.439	0.513	0.567	0.517	0.500	0.457	0.532	0.504
永济灌域	—	0.506	0.511	0.564	0.530	0.510	0.550	0.555	0.532
义长灌域	—	0.417	0.425	0.525	0.532	0.510	0.494	0.556	0.494
乌拉特灌域	—	0.399	0.353	0.440	0.539	0.510	0.541	0.528	0.473
河套灌区	0.430	0.438	0.459	0.485	0.497	0.480	0.500	0.510	0.475

注：本表统一修约至小数点后第三位。表中数值均采用原始值计算，但表中数据进行了修约，因此，部分值存在少许出入。

表 4.4.11　不同学者得到的田间水利用系数

研究尺度	农牧学院（1989年）	水量决算（1996年）	河套规划（2000年）	灌区综合测试（2002年）	武大（2020年）	清华（2015年）	水科院（2016年）	内农大（2015年）	平均值
年份	1986	1996	2000	2002	2010	2012	2013	2015	—
乌兰布和灌域	—	—	0.750	0.770	0.819	0.820	0.819	0.819	0.799
解放闸灌域	—	—	0.750	0.857	0.855	0.840	0.837	0.835	0.829
永济灌域	—	—	0.750	0.746	0.824	0.820	0.822	0.824	0.798

续表

研究尺度	农牧学院（1989年）	水量决算（1996年）	河套规划（2000年）	灌区综合测试（2002年）	武大（2020年）	清华（2015年）	水科院（2016年）	内农大（2015年）	平均值
义长灌域	—	—	0.750	0.752	0.813	0.810	0.812	0.813	0.792
乌拉特灌域	—	—	0.750	0.739	0.796	0.800	0.798	0.796	0.780
河套灌区	0.710	0.860	0.750	0.774	0.823	0.820	0.819	0.818	0.797

注：本表统一修约至小数点后第三位。表中数值均采用原始值计算，但此表中数据进行了修约，因此，部分值存在少许出入。

从表 4.4.9～表 4.4.11 可知，田间水利用系数的测量结果偏差较大，可能与田间水分利用、土壤、作物、地下水位、进水量大小有关。近年来，田间水利用系数的测量结果在 0.820 左右，表明田间水利用效率已经达到很高的水平。提水灌区的渠系水利用系数一般在 0.680～0.880，但是河套灌区的渠系水利用系数在 2015 年却只有 0.510，其原因之一是河套灌区灌溉面积大，渠道级别较多，所以渠系水利用系数较小；另外，这也说明河套灌区的渠系水利用系数仍有很大的提升空间，灌区应该大力加强各级渠道及建筑物的维修养护，改善水量调配工作，实行计划用水和合理的灌溉方式。

整体来看，田间水利用系数、渠系水利用系数和灌溉水利用系数在 1986～2015 年整体呈现增加的趋势，但在部分年份存在一些跳动。

4.4.3 年度灌溉水利用系数的确定

1. 平滑处理灌区及灌域灌溉水利用系数

由于各灌域及整个灌区的灌溉水利用系数测量结果在不同年份存在跳动现象，需要对灌区和灌域的灌溉水利用系数结果进行适度的平滑，使得到的结果符合人们对灌溉水利用系数变化趋势的认识，同时年际数值的跳动不宜太过剧烈（这些数值跳动的原因主要是测量误差），最后得到各灌域和河套灌区 1998～2017 年灌溉水利用系数的平滑结果，见图 4.4.1。

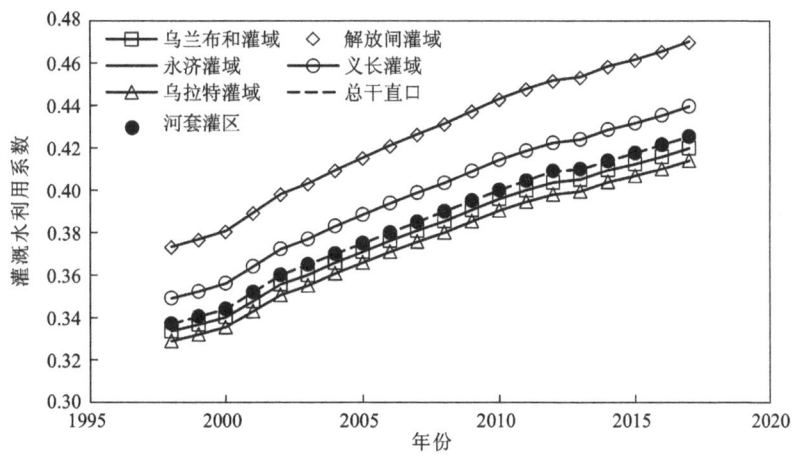

图 4.4.1 光滑处理后 1998～2017 年河套灌区和各灌域灌溉水利用系数采用结果

河套灌区各灌域的灌溉水利用系数与河套灌区的灌溉水利用系数在趋势上基本一致，年际比例大小变化不大。本节将灌域灌溉水利用系数均值与灌区灌溉水利用系数均值的比值作为计算灌域灌溉水利用系数的重要数据支撑，结果如表 4.4.12 所示。由表 4.4.12 可知，解放闸灌域、永济灌域和义长灌域的灌溉水利用系数均值大于河套灌区的结果，乌兰布和灌域和乌拉特灌域的灌溉水利用系数均值小于河套灌区的结果。

表 4.4.12　各灌域的灌溉水利用系数均值与灌区灌溉水利用系数均值的比值

灌域	乌兰布和灌域	解放闸灌域	永济灌域	义长灌域	乌拉特灌域
比值	0.979 2	1.094 9	1.096 3	1.025 0	0.965 6

2. 修正处理灌域灌溉水利用系数方法

图 4.4.2 为河套灌区的主要干渠和灌域的分布及引水位置。由图 4.4.2 可知，解放闸灌域、永济灌域、义长灌域和乌拉特灌域都是在总干渠上引水，乌兰布和灌域的沈乌干渠直接在黄河上引水，大滩渠在总干渠上引水，大滩渠的引水量约为沈乌干渠的 1/10，可以认为其对乌兰布和灌域灌溉水利用系数计算结果的影响很小。通过数据平滑得到的灌溉水利用系数是对试验结果直接进行外推得到的，不一定能满足灌域灌溉水利用系数与灌区灌溉水利用系数之间的关系，为了使不同尺度（灌区尺度和灌域尺度）的引水量分析和灌溉定额分析结果更为精细，需对原来得到的灌溉水利用系数结果进行修正。

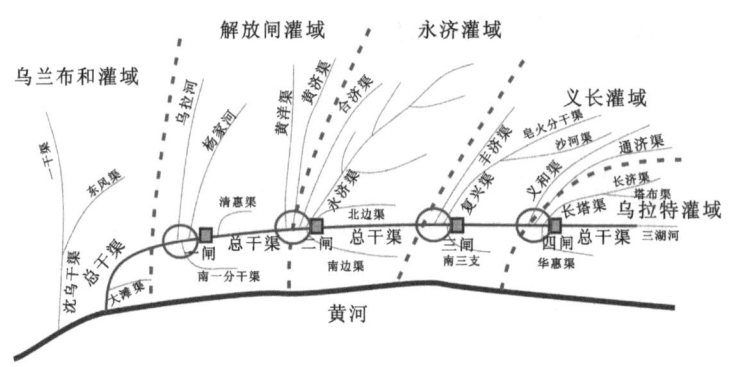

图 4.4.2　河套灌区主要渠系分布示意图

河套灌区总干渠控制的灌溉面积的灌溉水利用系数与控制的灌溉面积范围内各灌域的灌溉水利用系数的关系可以表示为

$$\eta^{总干渠}=\sum_{j=2}^{5}(\eta^{j}\xi^{j})\eta_{渠道-总干} \tag{4.4.1}$$

式中：$\eta^{总干渠}$ 为河套灌区总干渠控制的灌溉面积的灌溉水利用系数（包括总干渠的渠道水量损失）；η^{j} 为灌域 j 的灌溉水利用系数，j 的范围是 1~5，分别代表乌兰布和灌域、解放闸灌域、永济灌域、义长灌域和乌拉特灌域，此处 j 的取值范围为 2~5，这是因为乌兰布和灌域不在总干渠上引水；ξ^{j} 为在总干渠上引水的灌域的引水量占总干渠引水量的比例；$\eta_{渠道-总干}$ 为河套灌区总干渠的渠道水利用系数。

为证明式（4.4.1）的正确性，在等号两边同时乘以总干渠的毛引水量，得到式（4.4.2）和式（4.4.3）。式（4.4.3）等号左边表示总干渠引到控制面积上的净水量，等号右边表示了在总干渠上引水的各灌域引到控制面积上的净水量之和，式（4.4.3）等号左右两边概念一致，说明式（4.4.1）是正确的。

$$Q^{总干毛}\eta^{总干渠}=\sum_{j=2}^{5}(\eta^{j}Q^{总干毛}\eta_{渠道-总干}\xi^{j}) \qquad (4.4.2)$$

$$Q^{总干毛}\eta^{总干渠}=\sum_{j=2}^{5}(\eta^{j}Q^{j}) \qquad (4.4.3)$$

$$Q^{j}=Q^{总干净}\xi^{j} \qquad (4.4.4)$$

$$Q^{总干净}=Q^{总干毛}\eta_{渠道-总干} \qquad (4.4.5)$$

式中：$Q^{总干毛}$ 为总干渠毛引水量；Q^{j} 为灌域 j 的毛引水量；$Q^{总干净}$ 为总干渠的净引水量。

河套灌区灌溉水利用系数是总干渠控制的灌溉面积的灌溉水利用系数与乌兰布和灌域灌溉水利用系数按各自占河套灌区引黄水量的比例加权得到的，计算公式如下：

$$\eta=\eta^{总干渠}\omega_{2}+\eta^{1}\omega_{1} \qquad (4.4.6)$$

式中：η 为河套灌区的灌溉水利用系数；ω_2 为总干渠的引黄水量占整个灌区引黄水量的比例；ω_1 为乌兰布和灌域的引黄水量占整个灌区引黄水量的比例。

将式（4.4.1）代入式（4.4.6），得

$$\eta=\sum_{j=2}^{5}(\eta^{j}\xi^{j}\eta_{渠道-总干}\omega_{2})+\eta^{1}\omega_{1} \qquad (4.4.7)$$

令

$$\rho^{1}=\omega_{1} \qquad (4.4.8)$$

$$\rho^{j}=\xi^{j}\eta_{渠道-总干}\omega_{2}, \quad j=2,3,4,5 \qquad (4.4.9)$$

则式（4.4.7）可以变形为

$$\eta=\sum_{j=1}^{5}(\eta^{j}\rho^{j}) \qquad (4.4.10)$$

各灌域的灌溉水利用系数与河套灌区的灌溉水利用系数的比值计算见式（4.4.11），其取值见表4.4.13。

$$\alpha^{j}=\frac{\eta^{j}}{\eta}, \quad j=1,2,\cdots,5 \qquad (4.4.11)$$

式中：α^{j} 为各灌域的灌溉水利用系数与河套灌区灌溉水利用系数的比值。

表 4.4.13　河套灌区和各灌域的灌溉水利用系数

年份	乌兰布和灌域	解放闸灌域	永济灌域	义长灌域	乌拉特灌域	河套灌区
1998	0.333 5	0.372 9	0.373 4	0.349 1	0.328 8	0.337 0
1999	0.336 6	0.376 4	0.376 9	0.352 3	0.331 9	0.340 5
2000	0.340 2	0.380 3	0.380 8	0.356 1	0.335 4	0.344 0

续表

年份	地区					
	乌兰布和灌域	解放闸灌域	永济灌域	义长灌域	乌拉特灌域	河套灌区
2001	0.347 8	0.388 9	0.389 4	0.364 1	0.343 0	0.352 0
2002	0.355 7	0.397 7	0.398 2	0.372 3	0.350 7	0.360 0
2003	0.360 1	0.402 7	0.403 2	0.377 0	0.355 1	0.365 0
2004	0.365 9	0.409 1	0.409 6	0.383 0	0.360 8	0.370 0
2005	0.371 0	0.414 9	0.415 4	0.388 4	0.365 9	0.375 0
2006	0.376 2	0.420 6	0.421 2	0.393 8	0.371 0	0.380 0
2007	0.381 0	0.426 0	0.426 5	0.398 8	0.375 7	0.385 0
2008	0.385 4	0.430 9	0.431 5	0.403 4	0.380 1	0.390 0
2009	0.390 7	0.436 9	0.437 4	0.409 0	0.385 3	0.395 0
2010	0.395 9	0.442 6	0.443 2	0.414 4	0.390 4	0.400 0
2011	0.400 0	0.447 3	0.447 9	0.418 7	0.394 5	0.404 5
2012	0.403 6	0.451 2	0.451 8	0.422 4	0.397 9	0.409 0
2013	0.405 1	0.452 9	0.453 5	0.424 0	0.399 4	0.409 9
2014	0.409 5	0.457 9	0.458 5	0.428 6	0.403 8	0.413 8
2015	0.412 4	0.461 1	0.461 7	0.431 7	0.406 7	0.417 6
2016	0.415 8	0.464 9	0.465 5	0.435 3	0.410 0	0.421 5
2017	0.419 9	0.469 5	0.470 1	0.439 5	0.414 0	0.425 3

平滑处理计算的不同时间各灌域灌溉水利用系数是灌区相应时间的灌溉水利用系数与 α^j 之积，但是这样得到的灌域灌溉水利用系数 η^j 不一定能满足式（4.4.10），为使式（4.4.10）所表示的灌区灌溉水利用系数 η 与灌域灌溉水利用系数 η^j 的关系得到满足，对 α^j 乘以一个修正参数 c：

$$\eta_{新}^j = c\alpha^j \eta \tag{4.4.12}$$

式中：$\eta_{新}^j$ 为修正计算后的灌域灌溉水利用系数；c 为修正参数。

将 $\eta_{新}^j$ 代替 η^j 代入式（4.4.10）得

$$\eta = \sum_{j=1}^{5}(c\alpha^j \eta \rho^j) \tag{4.4.13}$$

从而修正系数 c 满足：

$$1 = c\sum_{j=1}^{5}(\alpha^j \rho^j) \tag{4.4.14}$$

对于任意时间，修正系数 c 由式（4.4.15）确定：

$$c = \frac{1}{\sum_{j=1}^{5}(\alpha^j \rho^j)} \tag{4.4.15}$$

平滑处理后得到的灌域灌溉水利用系数 η^j，乘以相应时间的修正系数 c，可以得到新的各灌域灌溉水利用系数 $\eta^j_{新}$。这样既满足了灌域灌溉水利用系数与灌区灌溉水利用系数之间的比例要求，又满足了灌域灌溉水利用系数与灌区灌溉水利用系数之间的关系式 [式（4.4.10）] 的要求。

3. 最终采用的年度灌溉水利用系数

1998~2017 年灌区和各灌域灌溉水利用系数的最终采用结果如表 4.4.13 所示。表 4.4.13 中不同年份的河套灌区灌溉水利用系数结果表明，1998 年以来，所有的灌溉水利用系数在逐年增加，说明灌区的管理水平和用户对灌溉水高效利用的意识在逐年提高。

4.5 本章小结

本章分析了用于作物净灌溉定额计算的基础数据，得到了以下结论。

（1）1998~2017 年，河套灌区生育期引水量、全年引水量整体呈现下降趋势，秋浇引水量缓慢增加，约占全年引水量的 1/3。除乌兰布和灌域秋浇引水量被节水控水条约限制减少外，其余灌域引水量的情况与河套灌区的情况基本相同，义长灌域引水量最大，乌拉特灌域引水量最小。2013~2017 年河套灌区全年引水量、生育期引水量、秋浇引水量分别为 47.44 亿 m^3、30.08 亿 m^3、17.36 亿 m^3。

（2）1998~2017 年，河套灌区的总灌溉面积先增大到稳定水平，后又有小幅度的减小，2013~2017 年河套灌区平均总灌溉面积为 1 113.66 万亩，秋浇面积为 567 万亩，春灌面积为 496 万亩。从 2003 年开始，河套灌区的秋浇面积整体呈现出下降的趋势，而春灌面积整体呈现出上升的趋势。各灌域的总灌溉面积与河套灌区总灌溉面积的变化趋势相同。在 2013~2017 年，义长灌域平均总灌溉面积最大，为 370 万亩，乌拉特灌域与乌兰布和灌域平均总灌溉面积较小，分别为 160 万亩、115 万亩。

（3）1998~2017 年，河套灌区小麦种植比例迅速下降，葵花种植比例翻倍增长，玉米种植比例稳步增加。2013~2017 年，河套灌区的小麦、玉米、葵花种植比例分别为 0.07、0.23、0.47，经济作物已经占到灌区作物的 64%，而粮食作物只占 30%。种植结构调整后，春灌及生育期引水量与全年引水量均随经粮比的增加而减少。

（4）自 1998 年以来，随着灌区续建配套与节水改造工程的实施、节水灌溉管理措施的增强和用户对灌溉水高效利用意识的提高，河套灌区及各灌域的灌溉水利用系数在逐年增加。其中，解放闸灌域、永济灌域渠道衬砌率较高，其灌溉水利用系数在各灌域中较大，近年来约为 0.47；乌拉特灌域灌溉水利用系数最小，只有约 0.41。

第5章 基于水量平衡分析的河套灌区灌溉定额研究

河套灌区农业用水量可根据灌区不同类型作物的灌溉定额、灌区的灌溉水利用系数、种植结构和灌溉面积求得，其中灌溉定额的不确定性最大。作物灌溉定额的精度决定了预测的农业灌溉最小引黄水量的精度，因此确定合理的灌溉定额成为关键。本章根据河套灌区1998~2018年的实际监测数据（包括灌溉引水量、灌溉面积、种植结构、灌溉水利用系数），利用灌溉用水的水量平衡计算，确定灌区及灌域尺度的平均灌溉定额，并分析灌溉定额的变化趋势及合理性。

5.1 研究方法

5.1.1 灌溉定额空间尺度和时间尺度的划分

在多大尺度上研究灌区的灌溉定额即灌溉定额研究的空间尺度问题。通过田间试验方法得到的灌溉定额可视为田块尺度的灌溉定额，代表了局部测量田块上的作物灌溉定额。由于河套灌区面积大，灌区不同区域的气候、土壤、地下水等都有较大的差异，所以不同的田块尺度灌溉定额差异很大，且难以代表区域尺度上的实际灌溉情况。通过灌区多年测量的引水量、灌溉面积、灌溉水利用系数和种植结构等数据，可以推测灌区尺度的作物灌溉定额或综合灌溉定额。根据目前灌区的数据积累情况，在灌区和灌域尺度上，可以得到比较详细的数据，且数据精度比较可靠。在干渠及以下灌溉渠道的控制面积上，一般难以得到相应的计算数据，即便可以收集到相应的数据，数据的精度和可靠性也不易得到保证。因此，本章的空间尺度设定为灌区和灌域两种尺度。灌区尺度是将整个河套灌区作为一个研究区域，研究灌区尺度的水量平衡，得到灌区尺度上不同作物的平均灌溉定额，并由此预测灌区的引水量。灌域尺度是指以灌域所控制的面积为水量平衡区域，研究灌域上不同作物的灌溉定额，预测灌域的引水量，并在此基础上研究河套灌区在黄河上的引水量。

在时间尺度上，河套灌区的灌期主要划分为春灌（3~5月）、夏灌（4~6月）、秋灌（7~9月）、秋浇（10月及以后），春灌和秋浇为作物非生育期灌溉，夏灌和秋灌（4~9月）为作物生育期灌溉。近年来，灌区春灌的灌溉面积有增大的趋势，灌溉面积占总灌溉面积的 1/3~1/2，秋浇灌溉面积占总灌溉面积的 1/2~2/3，春灌灌溉面积和秋浇灌溉面积之和基本为灌区的总灌溉面积，两者之间的重合面积为热水地面积。在利用水量平衡法计算河套灌区灌溉定额过程中，需要将一年内的用水过程分为几个灌季，在灌季的时间间隔内进行水量平衡分析，划分方法主要有以下三种。

（1）两阶段划分方法。秋浇引水量和秋浇灌溉面积在目前的监测数据中可以单独分开，由此数据可以确定秋浇灌溉定额。但是春灌（主要发生在3~5月）的引水量很难在夏灌（4~6月）的引水量数据中分出，为此将春灌（3~5月）和作物生育期灌溉（4~9月）的引水量合并在一起作为春灌及生育期引水量，根据灌溉面积，得到春灌及生育期灌溉定额。在计算过程中需对灌溉定额比进行调整，由于春灌引水量主要用于葵花的播前灌溉，所以在葵花的灌溉定额比计算中，应考虑相应的春灌引水量。

实际上河套灌区的播前灌溉还包括热水地灌溉水量，将其放入春灌及作物生育期灌溉相当于平均地增加了所有作物的灌溉定额。由于热水地的灌溉水量较小，这种平均方法对于灌区的引水量预测影响较小，所以可以忽略热水地的影响。

以上合并春灌与生育期灌溉的计算方法，克服了从数据中划分出春灌引水量的难题，但是将两种灌溉方式合在一起，在未来春灌面积发生较大变化时（如增加或减少春灌引水量和灌溉面积），利用所得到的作物生育期灌溉定额进行用水量分析将对计算结果产生一定的影响。

（2）三阶段划分方法。根据灌区灌水经验，春灌灌溉定额为秋浇灌溉定额的60%~80%，为了粗估春灌用水量，将春灌的净灌溉定额 $M_{春灌净}$ 表示为

$$M_{春灌净} = \lambda M_{秋浇净} \tag{5.1.1}$$

式中：$M_{春灌净}$ 为春灌净灌溉定额，$m^3/亩$；$M_{秋浇净}$ 为秋浇净灌溉定额，$m^3/亩$；λ 为春灌灌溉定额与秋浇灌溉定额的比例系数，取0.6~0.8。

春灌的用水量 $Q_{春灌}$ 可以由秋浇灌溉定额（通过秋浇用水量和秋浇灌溉面积得到）、λ 和春灌灌溉面积确定，即可以由春灌灌溉定额和春灌灌溉面积得到春灌用水量，由此可以推算作物生育期的实际用水量，即夏灌用水量与秋灌用水量之和减去春灌用水量。这种方法将春灌用水量和生育期用水量分开，根据春灌灌溉面积和生育期灌溉面积等数据，可以得到春灌灌溉定额、作物生育期灌溉定额，可以将年内的灌期分为春灌、生育期和秋浇三个灌季进行水量平衡分析。

（3）一阶段方法。另外一个较为简单的方法是将一年内的所有灌水过程合并在一起作为一个灌期，根据作物的全年用水量和灌溉面积计算不同作物全年净灌溉定额，因为每一种作物不是进行秋浇就是进行春灌，同时进行春灌和秋浇的灌溉面积很小，由此得到的年灌溉定额中包含了秋浇或春灌的非生育期用水量和生育期用水量。在分析过程中，选用的灌溉定额比中既包括了作物生育期用水，又包括了非生育期用水。

综上，根据河套灌区的灌溉现状，灌区在空间上可以划分为灌区尺度和灌域尺度，在时间上可以划分为春灌、春灌及生育期、生育期、秋浇、全年5种灌期，年内的用水过程可分为全年、春灌及生育期+秋浇、春灌+生育期+秋浇三种类型。

根据以上灌溉定额的分析要求，需要确定的灌区或灌域尺度的不同作物灌溉定额包

括以下几种：①春灌灌溉定额；②秋浇灌溉定额；③春灌及生育期灌溉定额；④生育期灌溉定额；⑤全年灌溉定额。

5.1.2 综合灌溉定额研究方法

综合灌溉定额表示不同作物的灌溉定额以灌溉面积为权重的加权平均值，表示灌溉区域上灌溉单位面积所利用的水量。现状条件下，河套灌区及各灌域的综合毛灌溉定额可由式（5.1.2）计算得到，综合净灌溉定额可由式（5.1.3）计算得到。

$$M_{综合毛} = \frac{Q}{A} \tag{5.1.2}$$

$$M_{综合净} = \frac{Q \times \eta}{A} \tag{5.1.3}$$

式中：$M_{综合毛}$ 为灌区或灌域的引水灌溉期（作物生育期、春灌及生育期、全年）综合毛灌溉定额，m³/亩；Q 为灌区或灌域在引水灌溉期的引水量（灌区的引水量是河套灌区在黄河的引水量，灌域的引水量是灌域的毛引水量，其中，乌兰布和灌域为沈乌干渠在黄河上的引水量和大滩渠在总干渠上的引水量之和，其他灌域的引水量是该灌域在总干渠的引水量），m³；A 为灌区或灌域的灌溉面积，亩；$M_{综合净}$ 为灌区或灌域在作物生长期的综合净灌溉定额，m³/亩；η 为灌区或灌域的灌溉水利用系数。

由式（5.1.2）得到的综合毛灌溉定额，在灌区尺度表示河套灌区在黄河上引水的毛灌溉定额；而在灌域尺度上，乌兰布和灌域表示灌域在黄河引水的毛灌溉定额，其他灌域表示灌域在总干渠引水的毛灌溉定额。

5.1.3 秋浇和春灌灌溉定额研究方法

现状条件下，河套灌区、各灌域的秋浇毛灌溉定额可由式（5.1.4）计算得到，秋浇净灌溉定额可由式（5.1.5）计算得到。

$$M_{秋浇毛} = \frac{Q_{秋浇}}{A_{秋浇}} \tag{5.1.4}$$

$$M_{秋浇净} = \frac{Q_{秋浇}}{A_{秋浇}} \eta \tag{5.1.5}$$

式中：$M_{秋浇毛}$ 为灌区或灌域秋浇毛灌溉定额，m³/亩；$M_{秋浇净}$ 为灌区或灌域秋浇净灌溉定额，m³/亩；$Q_{秋浇}$ 为秋浇引水量，m³；$A_{秋浇}$ 为秋浇面积，亩；η 为灌溉水利用系数。

同样，春灌灌溉定额可由以下过程确定：

$$M_{春灌净} = \lambda M_{秋浇净} \tag{5.1.6}$$

$$M_{春灌毛} = M_{春灌净} / \eta \tag{5.1.7}$$

春灌毛用水量为

$$Q_{春灌} = M_{春灌毛} A_{春灌} \tag{5.1.8}$$

式中：$Q_{春灌}$为春灌引水量，m³；$M_{春灌毛}$为春灌毛灌溉定额，m³/亩；$M_{春灌净}$为春灌净灌溉定额，m³/亩；$A_{春灌}$为春灌面积，亩；η为灌溉水利用系数。

由此可以得到生育期用水量：

$$Q_{生育期}=Q_{夏灌}+Q_{秋灌}-Q_{春灌} \quad (5.1.9)$$

式中：$Q_{生育期}$为作物生育期引水量，m³；$Q_{夏灌}$、$Q_{秋灌}$分别为夏灌引水量和秋灌引水量，m³。需要注意的是，计算过程中引水量和灌溉水利用系数的取值与含义在灌区尺度及灌域尺度是不同的。

5.1.4 不同作物净灌溉定额的确定方法

综合灌溉定额表示不同作物的灌溉定额按灌溉面积进行加权平均的结果，仅给出了一个灌溉用水量的综合概念，综合灌溉定额不能通过灌溉试验得到。通过灌区的引水量、灌溉面积和灌溉水利用系数得到了综合灌溉定额后，不能通过试验数据说明所得到的结果的可靠性，因此必须得到不同作物的灌溉定额。但是灌区的引水量是一个综合的数据，是所有作物的灌溉用水量，为此可以选取一种作物作为典型作物，确定不同作物的灌溉定额相对于典型作物灌溉定额的比例，称为不同作物的灌溉定额比（记为α_i）。如果得到了典型作物的灌溉定额，就可以确定不同作物的灌溉定额。典型作物为灌溉定额比为1的作物，河套灌区的主要作物有小麦、玉米、葵花，本章将小麦作为典型作物。通过总结文献中关于河套灌区灌溉定额的分析，以及河套灌区各作物的净灌溉定额，即可由式（5.1.10）计算得到各作物的灌溉定额比α_i。

$$\alpha_i=\frac{M_i}{M_{典型作物}} \quad (5.1.10)$$

式中：α_i为任一作物i的净灌溉定额与典型作物净灌溉定额的比值；$M_{典型作物}$为典型作物净灌溉定额，m³/亩；M_i为作物i的净灌溉定额，m³/亩。

式（5.1.11）为典型作物净灌溉定额的计算公式，由式（5.1.12）可以计算得到各种作物的净灌溉定额。

$$M_{典型作物}=\frac{Q\times\eta}{\sum_i(\alpha_i\times A\times\beta_i)} \quad (5.1.11)$$

$$M_i=\alpha_i\times M_{典型作物} \quad (5.1.12)$$

式中：$M_{典型作物}$为作物生长期（全年、作物生育期、春灌及生育期）典型作物净灌溉定额，m³/亩；M_i为作物i的净灌溉定额，m³/亩；Q为引水量，m³；A为灌溉面积，亩；β_i为作物i的种植面积比例；α_i为作物i的灌溉定额比；η为灌溉水利用系数。

式（5.1.11）与式（5.1.12）可以用于两个空间尺度（灌区和灌域尺度）和三种作物生长期（全年、作物生育期、春灌及生育期）的净灌溉定额计算，但是必须了解不同空间尺度和时间尺度Q、η、β_i、α_i、A的取值差异。

为了将典型作物灌溉定额与综合灌溉定额联系起来，将式（5.1.11）转化为

$$M_{典型作物} = \frac{Q \times \eta}{A\sum_{i}(\alpha_i \times \beta_i)} = \frac{M_{综合净}}{\sum_{i}(\alpha_i \times \beta_i)} \quad (5.1.13)$$

$$M_{典型作物} = \frac{M_{综合净}}{\xi} \quad (5.1.14)$$

$$M_{综合净} = \frac{Q \times \eta}{A} \quad (5.1.15)$$

$$\xi = \sum_{i}(\alpha_i \times \beta_i) \quad (5.1.16)$$

式中：$M_{综合净}$ 为作物生长期综合净灌溉定额，m³/亩；Q 为作物生长期引水量，m³；A 为灌溉面积，亩；η 为灌溉水利用系数；ξ 为种植结构系数。

5.1.5 计算方法修正与合理性分析

利用式（5.1.4）～式（5.1.16）确定不同作物生长期（全年、作物生育期、春灌及生育期）净灌溉定额时，所有计算公式相同，参数的取值及含义不同。式（5.1.4）～式（5.1.16）可以用于灌区或灌域尺度的不同作物净灌溉定额的计算，在不同尺度净灌溉定额的计算过程中，取相应尺度的引水量和灌溉水利用系数数据即可。这样得到的净灌溉定额分别表示在灌区尺度和灌域尺度的平均值。本书方法得到的灌溉定额，相比于灌溉试验得到的结果更接近大尺度的平均结果。得到的净灌溉定额的精度取决于引水量、灌溉面积、灌溉水利用系数和灌溉定额比的精度。

现状条件下根据水量平衡方程计算得到的作物的净灌溉定额与作物的灌溉定额比 α_i、作物种植面积比例 β_i、灌溉面积 A、引水量 Q、灌溉水利用系数 η 有关。由于 α_i、β_i、A、η 在收集、统计及最后确定取值的过程存在一定的误差，最终得到的作物净灌溉定额在数值上会存在一定的误差范围。在收集、统计及最后确定 α_i、β_i、A、η 的取值时，要使计算得到的作物净灌溉定额 M_i 满足一定的误差精度（如小于 5%）存在以下难题。

1. 作物灌溉定额比 α_i

多年来灌区内已进行了大量灌溉试验，得到了大量点尺度的不同作物的灌溉定额数据。不同作物或灌区内不同区域的灌溉定额试验结果，数值上相差很大，通过灌溉试验如何得到适合于灌区尺度和灌域尺度的平均灌溉定额仍是一个难题。对于任何一种作物，目前得到的灌溉定额数据之间的差别达到 10%～20%。在差别很大的点尺度实测灌溉定额数据中得到不同作物在区域上平均的灌溉定额，进而得到作物灌溉定额比 α_i 以适合于灌区尺度和灌域尺度较为困难。

2. 灌溉面积 A

灌区统计得到的灌溉面积数据与实际灌溉面积相差较大，估计误差在 10%～30%，即便利用遥感解译技术可以得到不同年份的灌溉面积，根据遥感解译所使用的遥感影像产品的精度，解译的灌溉面积的误差仍在 10%左右。因此，精度较高的灌溉面积数据（误差小于 5%）的确定仍然较为困难。

3. 灌溉水利用系数 η

灌区已经进行了多次灌溉水利用系数的测试，由于测试工作艰难和工作量巨大，只能进行典型渠道或典型区的测量，然后将典型数据进行平均以代表整个区域（灌区或灌域），由此得到的平均值的误差仍需进一步分析。即便是在其他数据（灌溉面积、种植结构、灌溉定额）精确的情况下，所得到的作物净灌溉定额 M_i 的数据精度仍会与灌溉水利用系数的数据精度成正比。

通过水量平衡得到的灌区和灌域尺度的作物净灌溉定额是在灌溉面积、种植结构和灌溉水利用系数已确定的条件下的相应结果，所得到的不同作物的净灌溉定额与每年的灌溉引水量相对应，也就是说，各年的平均净灌溉定额与灌溉引水量是一一对应的。同样地，所得到的净灌溉定额受所给定灌溉面积、种植结构和灌溉水利用系数精度的影响。例如，灌溉面积有 10%的误差，则得到的灌溉定额与实际灌溉定额之间也有 10%的误差。虽然灌溉面积、种植结构、灌溉水利用系数、灌溉定额都有一定的误差，但通过历年水量平衡的方法，它们之间的组合能满足所得到的灌溉引水量与实际监测的灌溉引水量一致的要求。在此基础上，与灌溉定额的试验测试结果进行对比，分析论证其合理性，同时，对所得到的灌溉定额时间序列的变化特征进行分析，研究灌溉定额在未来的变化趋势，从而对未来灌区的灌溉用水量进行预测分析。

5.2 河套灌区秋浇和春灌灌溉定额分析

5.2.1 秋浇灌溉定额分析

秋浇是河套灌区全年用水量最集中的时期，秋浇水量过大会造成地表水资源的大量浪费，并且抬升区域地下水位，加剧土壤次生盐碱化，而较小的秋浇水量则不足以淋洗根系层土壤盐分。为了使河套灌区得到更好的发展，需要确定合理的秋浇灌溉定额。利用现有的秋浇水量、秋浇面积与灌溉水利用系数，计算分析现状条件下秋浇灌溉定额的变化情况，进一步探究目前的秋浇灌溉定额是否有调整的必要。

1998~2017 年河套灌区及各灌域不同时期的秋浇水量见表 5.2.1，河套灌区各灌域秋浇面积年际变化如图 5.2.1 所示。自 2010 年开始，河套灌区的秋浇面积总体呈下降的趋势，主要原因为河套灌区经过种植结构调整之后，葵花种植面积不断增加而小麦种植面积不断减小。灌区的秋浇面积年际波动很大，而从表 5.2.1 可知，灌区不同时期的引水量并没有发生较大变化，所以计算出的灌区秋浇灌溉定额年际波动也较大。河套灌区 2013~2017 年平均秋浇面积为 567 万亩，相比于 2000~2004 年的 715 万亩减少了 21%，总体来看目前河套灌区的秋浇面积仍有减小的趋势。

表 5.2.1　河套灌区及各灌域不同时期的秋浇水量　　　　　（单位：亿 m³）

年份	地区					
	乌兰布和灌域	解放闸灌域	永济灌域	义长灌域	乌拉特灌域	河套灌区
1998～2006	1.60	3.61	2.72	4.58	1.72	15.04
2007～2012	1.70	3.98	3.03	5.63	1.94	17.20
2013～2017	1.22	4.65	3.32	5.38	1.84	17.36

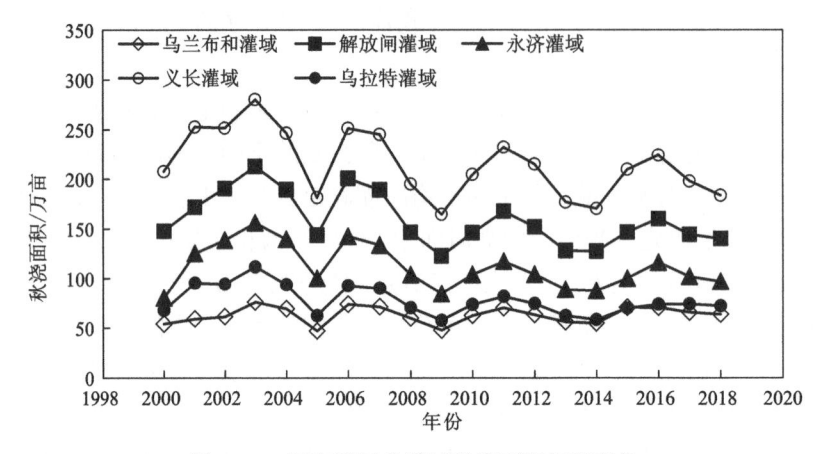

图 5.2.1　河套灌区各灌域秋浇面积年际变化

不同时期河套灌区及各灌域的秋浇灌溉定额如表 5.2.2 所示，河套灌区秋浇灌溉定额年际变化如图 5.2.2 所示。河套灌区及各灌域的秋浇毛灌溉定额与秋浇净灌溉定额总体呈不断增加的趋势，一方面是由于种植结构调整后葵花等经济作物的面积比例快速增加，而部分农民为了节约秋浇水费，不对葵花地进行秋浇而进行春灌，秋浇面积大量减少；另一方面，由于秋浇时期黄河来水相对稳定，秋浇引水量并没有减少，所以在秋浇面积减少而秋浇引水量未出现大变化的情况下，秋浇灌溉定额呈增加趋势。

表 5.2.2　不同时期河套灌区及各灌域的秋浇灌溉定额　　　　　（单位：m³/亩）

灌溉定额	年份	地区					
		乌兰布和灌域	解放闸灌域	永济灌域	义长灌域	乌拉特灌域	河套灌区
秋浇毛灌溉定额	1998～2006	270	215	254	202	215	233
	2007～2012	280	264	287	275	267	289
	2013～2017	196	330	336	278	276	308
秋浇净灌溉定额	1998～2006	96	85	100	75	75	83
	2007～2012	110	116	126	113	103	115
	2013～2017	81	152	155	120	112	129

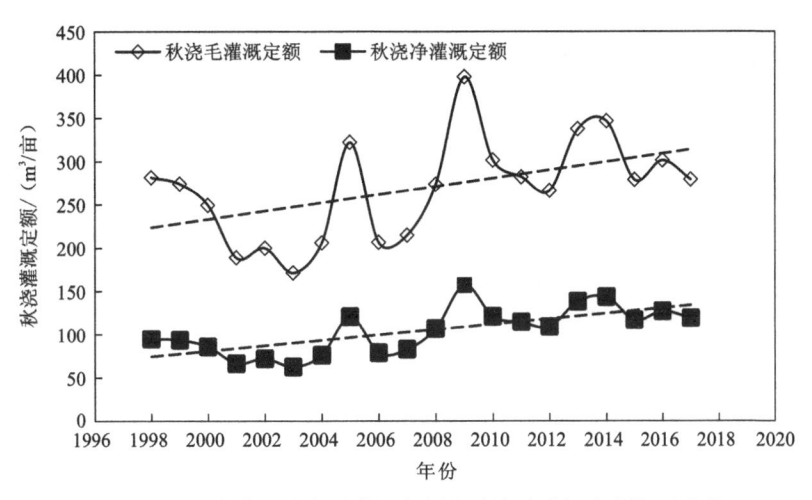

图 5.2.2 河套灌区秋浇毛灌溉定额和秋浇净灌溉定额年际变化

2013～2017 年，河套灌区的秋浇毛灌溉定额为 308 m³/亩，秋浇净灌溉定额为 129 m³/亩，解放闸灌域、永济灌域、义长灌域的秋浇净灌溉定额分别为 152 m³/亩、155 m³/亩和 120 m³/亩，乌兰布和灌域秋浇净灌溉定额仅为 81 m³/亩，乌拉特灌域的秋浇净灌溉定额为 112 m³/亩。图 5.2.3 为河套灌区及各灌域秋浇净灌溉定额的年际变化图，除乌兰布和灌域、乌拉特灌域以外，其他灌域秋浇净灌溉定额虽然年际波动较大，但整体上呈现上升趋势，这是因为近年来秋浇的灌溉面积在波动减少，但是秋浇引水量并未减少，导致整体上灌区和灌域的秋浇净灌溉定额呈现增加的趋势；乌兰布和灌域和乌拉特灌域的秋浇净灌溉定额近几年呈现下降趋势。由于 2016 年、2017 年乌兰布和灌域秋浇水量被节水控水条约限制减少而从其他途径引水灌溉，并且这部分水量没有统计，所以乌兰布和灌域这两年的秋浇引水量较小，其秋浇净灌溉定额过小；乌拉特灌域位于灌区下游，用水量受上游来水限制，且其降雨量相对于其他灌域较大，因此其秋浇引水量较小，计算出的秋浇净灌溉定额较小。

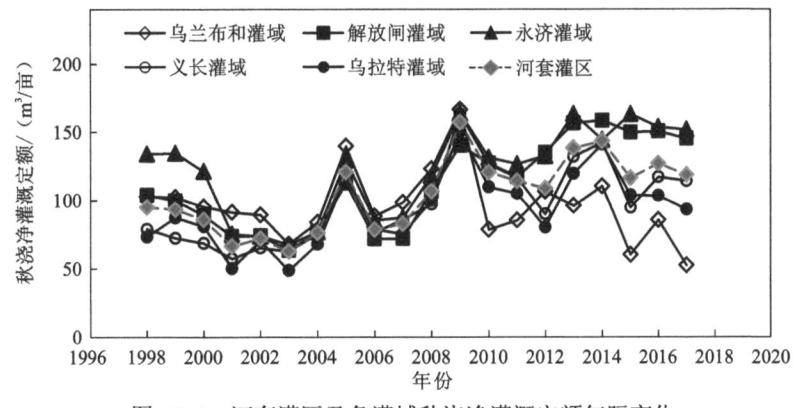

图 5.2.3 河套灌区及各灌域秋浇净灌溉定额年际变化

5.2.2 春灌灌溉定额分析

虽然利用遥感可以得到各灌域春灌面积，但是在引水量数据中，很难将春灌的引水量从夏灌的引水量数据中区分出来，根据经验和灌区灌溉定额的统计数据，春灌灌溉定额可以通过秋浇净灌溉定额乘以一个比例系数估算，如式（5.1.6）所示。因此，不同灌域春灌净灌溉定额的年际变化趋势与秋浇净灌溉定额的年际变化趋势是相同的，除乌兰布和灌域、乌拉特灌域以外，其他灌域的春灌净灌溉定额在波动中呈现上升趋势，如图5.2.4所示。

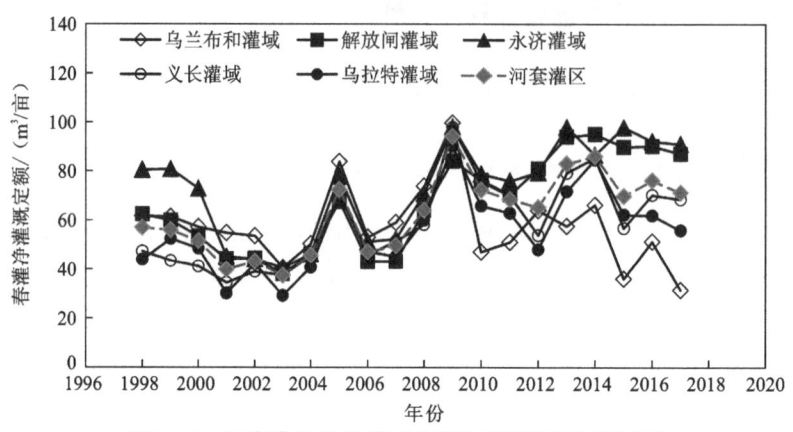

图5.2.4 河套灌区及各灌域春灌净灌溉定额年际变化

近几年统计的灌区春灌面积较大，推测可能是由于遥感解译春灌面积时采用的春灌周期较长，统计的春灌面积中包含了部分作物生育期的灌溉面积。因此，若春灌灌溉定额取值过大，在除去春灌用水之后，会导致生育期的引水量过小，从而使得作物生育期的灌溉定额过小。考虑到春灌、生育期两个时期的引水量是一个互相协调的过程，利用估算的春灌引水量进行灌区引水量分析时，误差并不影响灌区的整体水量平衡，如果春灌水量出现一定误差，该误差将会在作物生育期引水中得到调整。因此，系数λ取0.6，河套灌区及各灌域的春灌净灌溉定额如表5.2.3所示，灌区平均春灌净灌溉定额为77 m³/亩。

表5.2.3 现状条件河套灌区及各灌域春灌净灌溉定额　　（单位：m³/亩）

地区	乌兰布和灌域	解放闸灌域	永济灌域	义长灌域	乌拉特灌域	河套灌区
春灌净灌溉定额	48	91	93	72	67	77

5.3 河套灌区综合灌溉定额分析

5.3.1 全年综合灌溉定额

不同时期河套灌区及各灌域全年综合灌溉定额如表5.3.1所示，河套灌区全年综合

第5章 基于水量平衡分析的河套灌区灌溉定额研究

灌溉定额年际变化如图 5.3.1 所示。河套灌区及各灌域的全年综合毛灌溉定额随时间推移呈减小趋势，主要是因为河套灌区总灌溉面积变化平稳，而在灌溉区域内部种植结构发生了巨大的变化（从以高耗水、低效益的粮食作物为主转变为以低耗水、高效益的经济作物为主），节水改造与续建配套工程的实施使得灌溉水利用系数进一步提高，输水效率增加，从而导致全年综合毛灌溉定额减小。河套灌区 2013～2017 年全年综合毛灌溉定额为 426 m³/亩，相比于 1998～2006 年的 545 m³/亩减少了 22%。1998～2017 年河套灌区的全年综合净灌溉定额基本保持稳定。

表 5.3.1 不同时期河套灌区及各灌域全年综合灌溉定额 （单位：m³/亩）

灌溉定额	年份	乌兰布和灌域	解放闸灌域	永济灌域	义长灌域	乌拉特灌域	河套灌区
全年综合毛灌溉定额	1998～2006	722	551	622	446	388	545
	2007～2012	565	443	431	415	284	444
	2013～2017	476	455	439	378	281	426
全年综合净灌溉定额	1998～2006	248	211	238	160	130	188
	2007～2012	221	194	189	170	109	175
	2013～2017	196	210	203	163	114	178

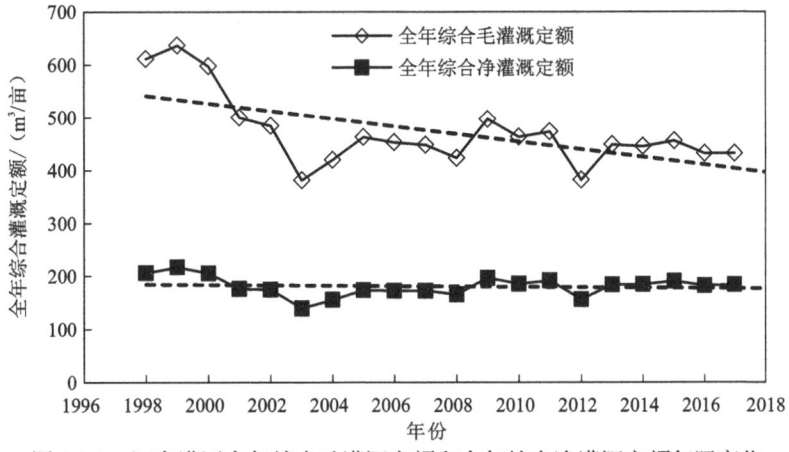

图 5.3.1 河套灌区全年综合毛灌溉定额和全年综合净灌溉定额年际变化

河套灌区及各灌域全年综合净灌溉定额年际变化如图 5.3.2 所示，除乌兰布和灌域全年综合净灌溉定额从 2015 年开始不断下降外，其他灌域的全年综合净灌溉定额没有明显的变化趋势，整体变化平稳。各灌域全年综合净灌溉定额在空间位置上自东向西（乌拉特灌域向乌兰布和灌域方向）呈现出逐渐增大的现象，一方面是由于河套灌区降雨量自西向东逐渐减小，为了满足作物生长的需求，处于西面的灌域的全年综合净灌溉定额需大于处于东面的灌域；另一方面，河套灌区地势自西向东逐渐降低，处于上游的灌域（乌兰布和灌域）有更多的机会分到充足的引水量进行灌溉，而下游灌域分到充足的引水量的机会少，往往会出现灌溉水量被限制的情况，因此上游灌域的全年综合净灌溉定额要大于下游;除此之外,下游灌域较上游灌域更加偏向于种植灌溉依赖程度低、耗水量小、经济效益高的经济作物。

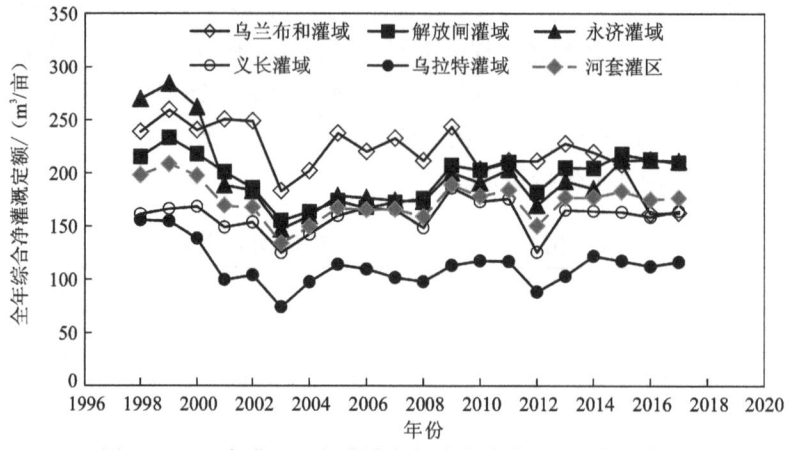

图 5.3.2 河套灌区及各灌域全年综合净灌溉定额年际变化

由于全年综合净灌溉定额整体变化较平稳,在目前所得到的数据条件下,各灌域和河套灌区的全年综合净灌溉定额取 2013~2017 年由水量平衡计算得到的全年综合净灌溉定额的均值,乌兰布和灌域、解放闸灌域、永济灌域、义长灌域、乌拉特灌域的全年综合净灌溉定额分别为 196 m³/亩、210 m³/亩、203 m³/亩、163 m³/亩、114 m³/亩,河套灌区的全年综合净灌溉定额为 178 m³/亩。

5.3.2 春灌及生育期综合灌溉定额

不同时期河套灌区及各灌域春灌及生育期综合灌溉定额如表 5.3.2 所示,河套灌区春灌及生育期综合灌溉定额年际变化如图 5.3.3 所示。与全年综合毛灌溉定额的变化趋势相似,河套灌区及各灌域的春灌及生育期综合毛灌溉定额随时间推移呈减小趋势,1998~2017 年春灌及生育期综合净灌溉定额基本保持稳定,河套灌区 2013~2017 年春灌及生育期综合毛灌溉定额为 270 m³/亩,相比于 1998~2006 年的 391 m³/亩减少了 31%。

表 5.3.2 不同时期河套灌区及各灌域春灌及生育期综合灌溉定额 （单位：m³/亩）

灌溉定额	年份	乌兰布和灌域	解放闸灌域	永济灌域	义长灌域	乌拉特灌域	河套灌区
春灌及生育期综合毛灌溉定额	1998~2006	539	398	449	312	274	391
	2007~2012	414	302	283	255	162	288
	2013~2017	370	282	273	233	166	270
春灌及生育期综合净灌溉定额	1998~2006	185	152	172	112	92	135
	2007~2012	162	132	124	104	62	114
	2013~2017	152	130	126	100	67	113

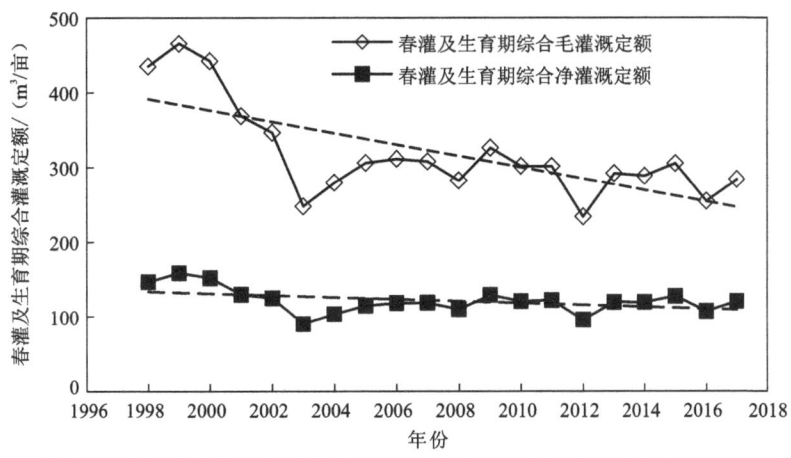

第 5 章　基于水量平衡分析的河套灌区灌溉定额研究

图 5.3.3　河套灌区春灌及生育期综合毛灌溉定额和春灌及生育期综合净灌溉定额年际变化

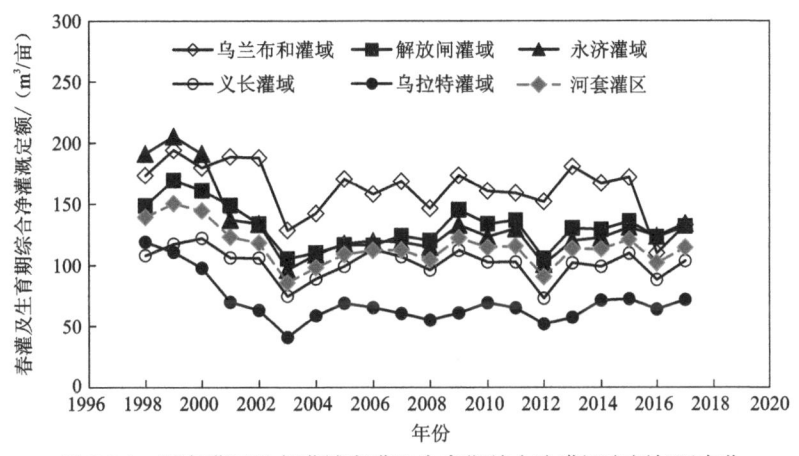

河套灌区及各灌域春灌及生育期综合净灌溉定额年际变化如图 5.3.4 所示。春灌及生育期综合净灌溉定额与全年综合净灌溉定额的变化规律基本相同，近些年除乌兰布和灌域外，河套灌区及各灌域春灌及生育期综合净灌溉定额变化较平稳，并且乌拉特灌域春灌及生育期综合净灌溉定额最小。2013~2017 年乌兰布和灌域、解放闸灌域、永济灌域、义长灌域、乌拉特灌域春灌及生育期综合净灌溉定额为 152 m³/亩、130 m³/亩、126 m³/亩、100 m³/亩、67 m³/亩。从灌区尺度上看，河套灌区春灌及生育期综合净灌溉定额为 113 m³/亩，与全年综合净灌溉定额相差 65 m³/亩。

图 5.3.4　河套灌区及各灌域春灌及生育期综合净灌溉定额年际变化

5.3.3　生育期综合灌溉定额

不同时期河套灌区及各灌域生育期综合灌溉定额如表 5.3.3 所示，河套灌区生育期综合灌溉定额年际变化如图 5.3.5 所示。与全年综合毛灌溉定额、春灌及生育期综合毛灌溉定额的变化趋势相似，河套灌区及各灌域的生育期综合毛灌溉定额随时间推移呈减小趋势。河套灌区 2013~2017 年生育期综合毛灌溉定额为 187 m³/亩，相比于 1998~2006 年的 346 m³/亩减少了 46%。

表 5.3.3　不同时期河套灌区及各灌域生育期综合灌溉定额　　　（单位：m³/亩）

灌溉定额	年份	乌兰布和灌域	解放闸灌域	永济灌域	义长灌域	乌拉特灌域	河套灌区
生育期综合毛灌溉定额	1998~2006	484	356	393	279	229	346
	2007~2012	338	238	212	181	94	214
	2013~2017	318	195	185	155	91	187
生育期综合净灌溉定额	1998~2006	166	136	150	100	77	120
	2007~2012	132	104	93	74	36	85
	2013~2017	131	90	85	67	37	78

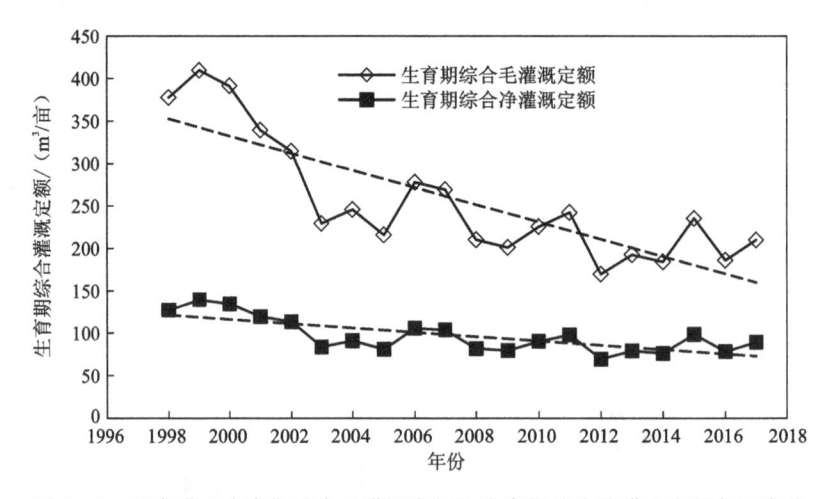

图 5.3.5　河套灌区生育期综合毛灌溉定额和生育期综合净灌溉定额年际变化

在考虑是否满足作物需水要求时一般需要考虑净灌溉定额，由于作物的净灌溉定额取决于作物品种和作物的耗水，在作物品种没有出现大变化的情况下，为了满足作物需水要求，不同作物的净灌溉定额也应保持稳定。综合净灌溉定额决定于作物的净灌溉定额、作物的种植结构和灌溉水利用系数，历年来灌溉水利用系数的测试结果相对可靠，作物的净灌溉定额变化不大，但是作物种植结构出现重大变化，低耗水作物的种植比例大幅度增加，高耗水作物的种植比例大幅度减少，因此灌区 1998~2017 年生育期综合净灌溉定额呈现减小的趋势。

河套灌区及各灌域生育期综合净灌溉定额年际变化如图 5.3.6 所示。1998~2013年，各个灌域的生育期综合净灌溉定额整体上呈现减小趋势，2013~2017 年，除乌兰布和灌域外，河套灌区及各灌域生育期综合净灌溉定额稳中有升。2013~2017 年乌兰布和灌域、解放闸灌域、永济灌域、义长灌域、乌拉特灌域生育期综合净灌溉定额为

131 m³/亩、90 m³/亩、85 m³/亩、67 m³/亩、37 m³/亩。从灌区尺度上看，河套灌区生育期综合净灌溉定额为 78 m³/亩，与全年综合净灌溉定额相差 100 m³/亩。

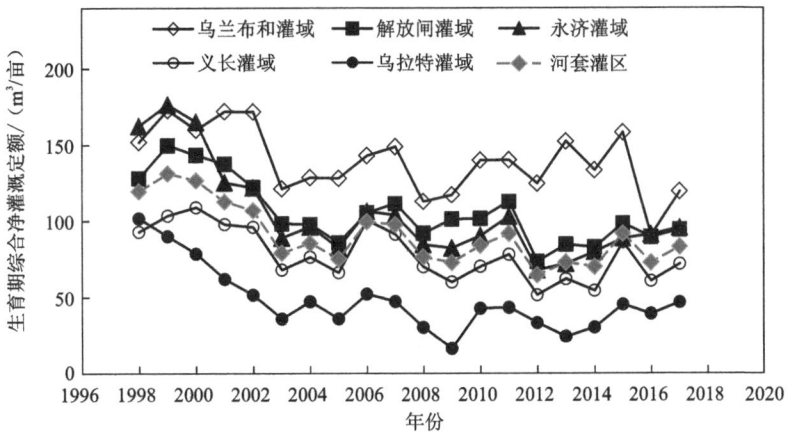

图 5.3.6 河套灌区及各灌域生育期综合净灌溉定额年际变化

5.4 河套灌区典型作物灌溉定额分析及验证

典型作物的净灌溉定额根据式（5.1.11）计算，其中需要用到不同灌期的灌溉定额比。在第 2 章已经计算了生育期灌溉定额比（生育期净灌溉定额比），因此还需要得到作物的春灌及生育期灌溉定额比、全年灌溉定额比。计算春灌及生育期灌溉定额时，仅给葵花在生育期灌溉定额的基础上加上计算出的真实春灌灌溉定额。当计算全年灌溉定额时，给除葵花、林地、牧草以外的所有作物在生育期灌溉定额的基础上加上计算得到的真实秋浇灌溉定额，给葵花在生育期灌溉定额的基础上加上计算出的真实春灌灌溉定额。由此得到各个灌域作物生育期、春灌及生育期、全年的灌溉定额比，分别如表 5.4.1～表 5.4.3 所示。

表 5.4.1 河套灌区及各灌域作物生育期灌溉定额比

地区	作物										
	小麦	玉米	葵花	番茄	甜菜	瓜菜	夏杂	秋杂	油料	林地	牧草
乌兰布和灌域	1.00	0.83	0.74	0.54	0.93	0.42	0.61	0.76	0.91	0.88	0.88
解放闸灌域	1.00	0.82	0.75	0.54	0.93	0.43	0.53	0.73	0.83	0.83	0.87
永济灌域	1.00	0.85	0.62	0.54	0.93	0.47	0.53	0.73	0.83	0.83	0.83
义长灌域	1.00	0.74	0.62	0.54	0.93	0.42	0.52	0.72	0.90	0.86	0.86
乌拉特灌域	1.00	0.75	0.40	0.54	0.93	0.43	0.55	0.71	0.71	0.87	0.74
河套灌区	1.00	0.79	0.59	0.53	0.98	0.43	0.55	0.73	0.83	0.89	0.87

表 5.4.2 河套灌区及各灌域作物春灌及生育期灌溉定额比

地区	作物										
	小麦	玉米	葵花	番茄	甜菜	瓜菜	夏杂	秋杂	油料	林地	牧草
乌兰布和灌域	1.00	0.83	0.96	0.54	0.93	0.42	0.61	0.76	0.91	0.88	0.88
解放闸灌域	1.00	0.82	1.16	0.54	0.93	0.43	0.53	0.73	0.83	0.83	0.87
永济灌域	1.00	0.85	1.08	0.54	0.93	0.47	0.53	0.73	0.83	0.83	0.83
义长灌域	1.00	0.74	0.97	0.54	0.93	0.42	0.52	0.72	0.90	0.86	0.86
乌拉特灌域	1.00	0.75	0.78	0.54	0.93	0.43	0.55	0.71	0.71	0.87	0.74
河套灌区	1.00	0.79	0.96	0.53	0.98	0.43	0.55	0.73	0.83	0.89	0.87

表 5.4.3 河套灌区及各灌域作物全年灌溉定额比

地区	作物										
	小麦	玉米	葵花	番茄	甜菜	瓜菜	夏杂	秋杂	油料	林地	牧草
乌兰布和灌域	1.00	0.88	0.71	0.66	0.95	0.57	0.71	0.82	0.93	0.64	0.64
解放闸灌域	1.00	0.89	0.69	0.73	0.96	0.67	0.72	0.84	0.90	0.49	0.51
永济灌域	1.00	0.91	0.61	0.74	0.96	0.70	0.73	0.85	0.91	0.47	0.47
义长灌域	1.00	0.83	0.61	0.71	0.96	0.63	0.70	0.83	0.93	0.54	0.54
乌拉特灌域	1.00	0.85	0.48	0.72	0.96	0.65	0.73	0.82	0.82	0.53	0.45
河套灌区	1.00	0.87	0.60	0.71	0.99	0.65	0.72	0.83	0.89	0.55	0.54

计算得到的河套灌区及各灌域典型作物全年、春灌及生育期、生育期净灌溉定额如表 5.4.4 所示，河套灌区不同时间尺度典型作物净灌溉定额见图 5.4.1。可以看出，1998～2017 年典型作物全年净灌溉定额波动中呈现上升趋势，春灌及生育期、生育期净灌溉定额略有下降，其大小均在一定范围内变化，且 2013～2017 年的净灌溉定额相对较稳定。典型作物的净灌溉定额决定于作物品种和作物的耗水，与灌溉水利用系数和灌溉方式关系不大，由于河套灌区典型作物小麦的品种并未发生大的改变，其生育期净灌溉定额不会存在明显的增加或减小趋势，这与河套灌区不同时间尺度典型作物净灌溉定额的计算结果相符。河套灌区 2013～2017 年为平水年，在此期间不同时间尺度典型作物的净灌溉定额较稳定，典型作物小麦全年、春灌及生育期、生育期净灌溉定额分别为 252 m³/亩、132 m³/亩、115 m³/亩。

表 5.4.4 河套灌区及各灌域典型作物的净灌溉定额　　　　（单位：m³/亩）

地区	年份	时间尺度		
		全年	春灌及生育期	生育期
河套灌区	1998～2006	216	136	132
	2007～2012	229	130	113
	2013～2017	252	132	115

第 5 章 基于水量平衡分析的河套灌区灌溉定额研究

续表

地区	年份	时间尺度		
		全年	春灌及生育期	生育期
乌兰布和灌域	1998~2006	282	192	175
	2007~2012	279	191	162
	2013~2017	257	182	167
解放闸灌域	1998~2006	224	147	138
	2007~2012	238	142	123
	2013~2017	271	144	116
永济灌域	1998~2006	245	160	153
	2007~2012	233	138	119
	2013~2017	269	139	120
义长灌域	1998~2006	201	119	121
	2007~2012	227	115	103
	2013~2017	245	117	106
乌拉特灌域	1998~2006	157	97	90
	2007~2012	156	82	60
	2013~2017	189	88	70

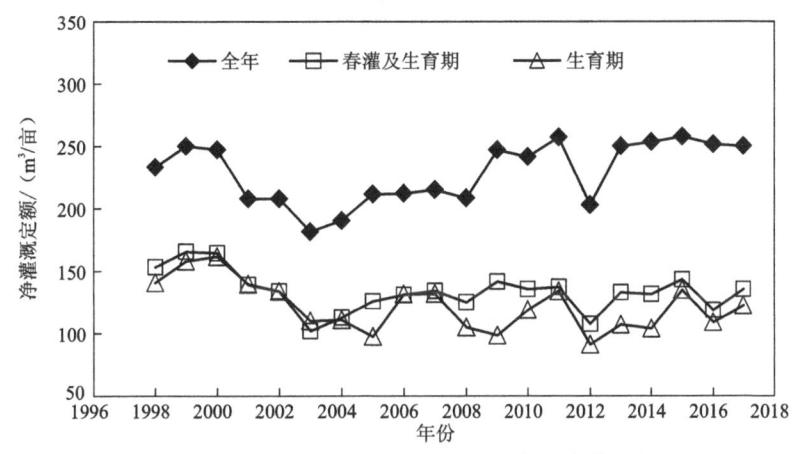

图 5.4.1 河套灌区不同时间尺度典型作物净灌溉定额

将河套灌区及各灌域典型作物全年、春灌及生育期、生育期净灌溉定额计算结果与典型作物的灌溉试验所得结果进行对比，对比结果见表 5.4.5。在同一灌域不同学者得到的作物净灌溉定额的数值相差很大，对于任何一种作物，目前得到的净灌溉定额数据之间的差别达到 20%~100%，这导致无法准确确定真实的净灌溉定额，所以这里选取不同灌溉试验的净灌溉定额高低值组成一个合理区间。表 5.4.5 中的试验低值为不同地区典型作物灌溉试验结果中的最小值，试验高值为灌溉试验结果中的最大值，试验低值与高值

· 71 ·

组成了大区域内作物净灌溉定额的合理区间。

表 5.4.5　典型作物净灌溉定额计算结果与灌溉试验结果对比　　　　（单位：m³/亩）

地区	春灌及生育期			生育期			全年		
	试验低值	小麦	试验高值	试验低值	小麦	试验高值	试验低值	小麦	试验高值
乌兰布和灌域	172	182	229	172	167	229	278	257	334
解放闸灌域	144	144	226	144	116	226	249	271	331
永济灌域	158	139	177	158	120	177	264	269	282
义长灌域	164	117	191	164	106	191	269	245	297
乌拉特灌域	135	88	167	135	70	167	240	189	272
河套灌区	135	132	229	135	115	229	240	252	334

需要说明的是，根据灌溉试验得到的净灌溉定额针对的是试验研究区内的灌溉面积，是点尺度上的结果，而水均衡法得到的净灌溉定额是针对整个灌区或灌域尺度的面积计算出的净灌溉定额，在大尺度的面积中除实际灌溉面积以外还存在一些从遥感影像中无法区分的其他面积，如田间渠道、田埂、小路等的面积。根据河套灌区的测量结果（2002 年）和武汉大学在永联试验站的测试数据，实际灌溉面积系数（即实际灌溉面积占总灌溉面积的比例）的取值介于 0.75 和 1.0 之间（目前取值为 0.87），因此对灌溉试验得到的典型作物净灌溉定额进行处理，统一乘以该实际灌溉面积系数，这样可以保证在对由水均衡法计算的净灌溉定额与灌溉试验得到的净灌溉定额进行对比时，两者针对的灌溉面积处于同一级别。

由表 5.4.5 可知，河套灌区典型作物全年的净灌溉定额的计算结果在试验低值与高值组成的区间内，但是春灌及生育期、生育期的净灌溉定额低于试验低值。以生育期为例，灌溉试验结果表明典型作物生育期净灌溉定额在 135~229 m³/亩，而根据现有的引水量、灌溉面积、种植结构等数据计算得到的河套灌区典型作物生育期的净灌溉定额为 115 m³/亩，计算结果偏小，比净灌溉定额试验低值小 20 m³/亩。从灌域角度来看，乌拉特灌域典型作物生育期的净灌溉定额仅为 70 m³/亩，远小于试验低值，各灌域典型作物生育期的净灌溉定额均小于试验低值。水均衡法计算的典型作物生育期净灌溉定额结果偏小与上述春灌面积和春灌灌溉定额有关，春灌面积较大，春灌引水量相应较大，则剩余的生育期引水量较小，从而计算得到的生育期典型作物净灌溉定额较小。2013~2017 年，灌区的春灌面积约占灌区总灌溉面积的 45%，秋浇面积约占灌区总灌溉面积的 51%，而灌区的秋浇引水量达灌区全年引水量的 37%，剩余 63%的水量既用于春灌用水，也用于灌区总灌溉面积上的生育期灌溉用水，因此必然导致计算出的典型作物春灌及生育期净灌溉定额、生育期净灌溉定额偏小。

尽管通过水均衡法计算作物灌溉定额的过程中用到的基础数据可能存在误差，但是该灌溉定额与灌区每年的实际引水量相匹配，利用该灌溉定额来预测灌区未来年份引黄灌溉水量是合理的。

5.5 河套灌区主要作物灌溉定额分析

河套灌区的主要作物有小麦、玉米、葵花，根据河套灌区及各灌域典型作物小麦不同时间尺度的净灌溉定额和各作物不同时间尺度的灌溉定额比，得到河套灌区及各灌域主要作物（包括小麦、玉米、葵花）不同时间尺度的净灌溉定额。

河套灌区及各灌域主要作物不同年份内的全年净灌溉定额、春灌及生育期净灌溉定额、生育期净灌溉定额分别如表 5.5.1～表 5.5.3 所示，河套灌区主要作物的全年净灌溉定额、春灌及生育期净灌溉定额、生育期净灌溉定额年际变化分别如图 5.5.1～图 5.5.3 所示。可以看出，河套灌区及各灌域主要作物的全年净灌溉定额波动中呈现上升趋势，春灌及生育期、生育期净灌溉定额略有下降，其净灌溉定额大小均在一定范围内变化，且 2013～2017 年的主要作物净灌溉定额较稳定。在计算过程中，其他作物的净灌溉定额通过给典型作物的净灌溉定额乘以相应的灌溉定额比得到，因此其他作物净灌溉定额的年际变化规律均与典型作物净灌溉定额的年际变化规律相同。

表 5.5.1 河套灌区及各灌域主要作物全年净灌溉定额　　（单位：m³/亩）

地区	年份	小麦	玉米	葵花
河套灌区	1998～2006	216	188	129
	2007～2012	229	199	136
	2013～2017	252	220	151
乌兰布和灌域	1998～2006	282	248	199
	2007～2012	279	245	197
	2013～2017	257	226	181
解放闸灌域	1998～2006	224	200	154
	2007～2012	238	213	164
	2013～2017	271	241	186
永济灌域	1998～2006	245	224	150
	2007～2012	233	213	143
	2013～2017	269	246	165
义长灌域	1998～2006	201	168	123
	2007～2012	227	190	139
	2013～2017	245	204	149
乌拉特灌域	1998～2006	157	133	75
	2007～2012	156	133	74
	2013～2017	189	160	90

注：本表数值由原始值计算，表 5.4.3、表 5.4.4 呈现的数据进行了四舍五入，因此，部分计算值存在少许出入。

表 5.5.2　河套灌区及各灌域主要作物春灌及生育期净灌溉定额　（单位：m³/亩）

地区	年份	主要作物 小麦	主要作物 玉米	主要作物 葵花
河套灌区	1998~2006	136	108	131
河套灌区	2007~2012	130	103	125
河套灌区	2013~2017	132	105	128
乌兰布和灌域	1998~2006	192	160	185
乌兰布和灌域	2007~2012	191	159	184
乌兰布和灌域	2013~2017	182	152	175
解放闸灌域	1998~2006	147	120	170
解放闸灌域	2007~2012	142	116	165
解放闸灌域	2013~2017	144	118	167
永济灌域	1998~2006	160	136	172
永济灌域	2007~2012	138	117	149
永济灌域	2013~2017	139	118	150
义长灌域	1998~2006	119	87	115
义长灌域	2007~2012	115	84	111
义长灌域	2013~2017	117	86	114
乌拉特灌域	1998~2006	97	73	76
乌拉特灌域	2007~2012	82	62	64
乌拉特灌域	2013~2017	88	67	69

注：本表数值由原始值计算，表 5.4.2、表 5.4.4 呈现的数据进行了四舍五入，因此，部分计算值存在少许出入。

表 5.5.3　河套灌区及各灌域主要作物生育期净灌溉定额　（单位：m³/亩）

地区	年份	主要作物 小麦	主要作物 玉米	主要作物 葵花
河套灌区	1998~2006	132	104	78
河套灌区	2007~2012	113	89	67
河套灌区	2013~2017	115	91	69
乌兰布和灌域	1998~2006	175	146	130
乌兰布和灌域	2007~2012	162	135	121
乌兰布和灌域	2013~2017	167	139	124
解放闸灌域	1998~2006	138	113	103
解放闸灌域	2007~2012	123	101	92
解放闸灌域	2013~2017	116	95	86
永济灌域	1998~2006	153	130	96
永济灌域	2007~2012	119	101	74
永济灌域	2013~2017	120	102	75

第5章 基于水量平衡分析的河套灌区灌溉定额研究

续表

地区	年份	主要作物		
		小麦	玉米	葵花
义长灌域	1998~2006	121	89	75
	2007~2012	103	76	63
	2013~2017	106	78	65
乌拉特灌域	1998~2006	90	67	35
	2007~2012	60	45	24
	2013~2017	70	52	28

注：本表数值由原始值计算，表5.4.1、表5.4.4呈现的数据进行了四舍五入，因此，部分计算值存在少许出入。

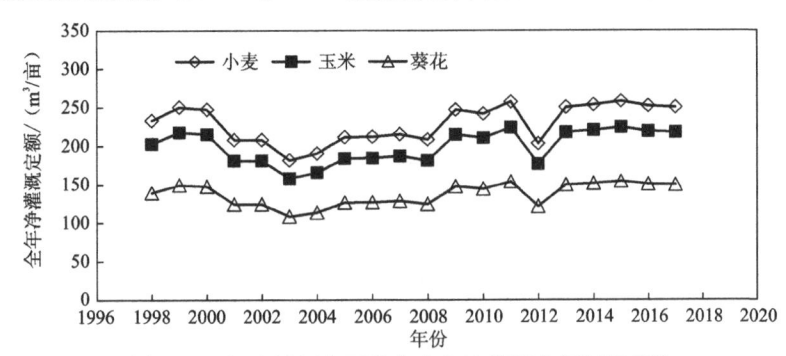

图 5.5.1 河套灌区主要作物全年净灌溉定额年际变化

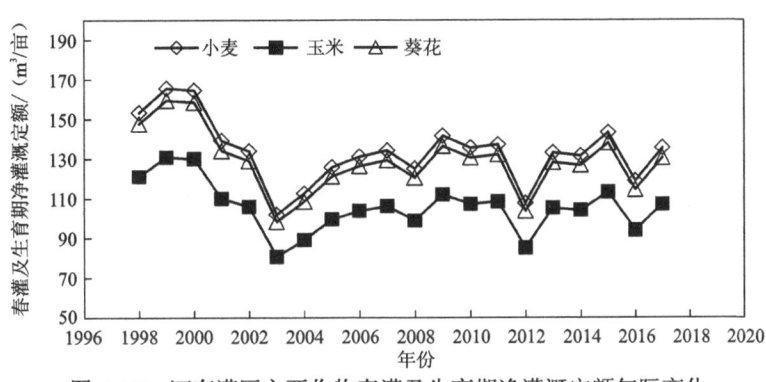

图 5.5.2 河套灌区主要作物春灌及生育期净灌溉定额年际变化

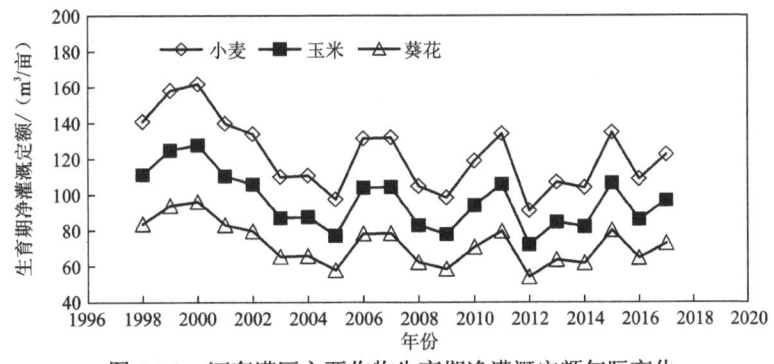

图 5.5.3 河套灌区主要作物生育期净灌溉定额年际变化

河套灌区及各灌域主要作物不同时间尺度的现状年（2013～2017年均值）净灌溉定额如表 5.5.4 所示。从整个河套灌区来看，现状全年的小麦净灌溉定额为 252 m³/亩，玉米净灌溉定额为 220 m³/亩，葵花净灌溉定额为 151 m³/亩；现状春灌及生育期的小麦净灌溉定额为 132 m³/亩，玉米净灌溉定额为 105 m³/亩，葵花净灌溉定额为 128 m³/亩；现状生育期的小麦净灌溉定额为 115 m³/亩，玉米净灌溉定额为 91 m³/亩，葵花净灌溉定额为 69 m³/亩。

表 5.5.4　河套灌区及各灌域主要作物不同时间尺度的现状年净灌溉定额（单位：m³/亩）

地区	现状全年			现状春灌及生育期			现状生育期		
	小麦	玉米	葵花	小麦	玉米	葵花	小麦	玉米	葵花
乌兰布和灌域	257	226	181	182	152	175	167	139	124
解放闸灌域	271	241	186	144	118	167	116	95	86
永济灌域	269	246	165	139	118	150	120	102	75
义长灌域	245	204	149	117	86	114	106	78	65
乌拉特灌域	189	160	90	88	67	69	70	52	28
河套灌区	252	220	151	132	105	128	115	91	69

5.6　区域地下水位下降及其对灌溉定额的影响

在灌区引水量减少和地下水开发利用增加的条件下，灌区的地下水位将呈逐渐下降的趋势，区域地下水位的下降直接影响区域的潜水蒸发量。在作物生长期间，潜水蒸发量实际上是作物地下水利用量的一部分，为了满足作物生育期的正常需水要求，潜水蒸发量减少的部分需要通过灌溉进行补充。因此，可以根据灌区未来潜水蒸发量的变化来分析区域地下水位下降对作物灌溉定额的影响。

本节分析了 1987～2017 年作物生育期地下水埋深及相应引水量和降雨量（本节均指降雨总量，单位为 m³）的年际变化趋势，讨论了年际地下水埋深与引水量及降雨量的关系。建立作物生育期地下水埋深与不同水量（作物生育期引水量、全年引水量、作物生育期引水量与降雨量之和、全年引水量与降雨量之和）的关系，计算得到未来引水条件下的作物生育期地下水埋深。利用潜水蒸发公式计算得到未来潜水蒸发量的减少量，并依据潜水蒸发量的减少量分析了未来引水条件下作物生育期灌溉定额的变化。

5.6.1　地下水埋深、引水量和降雨量的年际变化

图 5.6.1、图 5.6.2 为 1987～2017 年河套灌区及 5 个灌域作物生育期（本节统计的生育期为 5～9 月）和全年的平均地下水埋深与降雨量的年际变化，引水量变化数据见 4.1 节。

第 5 章 基于水量平衡分析的河套灌区灌溉定额研究

由图 5.6.1 可知，永济灌域、义长灌域、乌拉特灌域及整个河套灌区作物生育期和全年的平均地下水埋深随时间推移呈现明显增加的趋势，乌兰布和灌域和解放闸灌域作物生育期及全年的平均地下水埋深增速较慢。乌兰布和灌域作物生育期及全年的平均地下水埋深在 1995~2005 年呈增加趋势，在 2005 年之后趋于稳定；乌拉特灌域的平均地下水埋深增幅最大，作物生育期平均地下水埋深从 1995 年的 1.256 m 增加至 2017 年的 2.390 m，增量为 1.134 m，全年的平均地下水埋深从 1995 年的 1.493 m 增加至 2017 年的 2.250 m。从整个河套灌区来看，1987~1995 年作物生育期及全年的平均地下水埋深略有下降，此后整体呈增加趋势。1995 年河套灌区作物生育期平均地下水埋深为 1.363 m，2017 年为 2.041 m，增量为 0.678 m；1995 年河套灌区全年平均地下水埋深为 1.563 m，2017 年为 2.115 m，增量为 0.552 m。

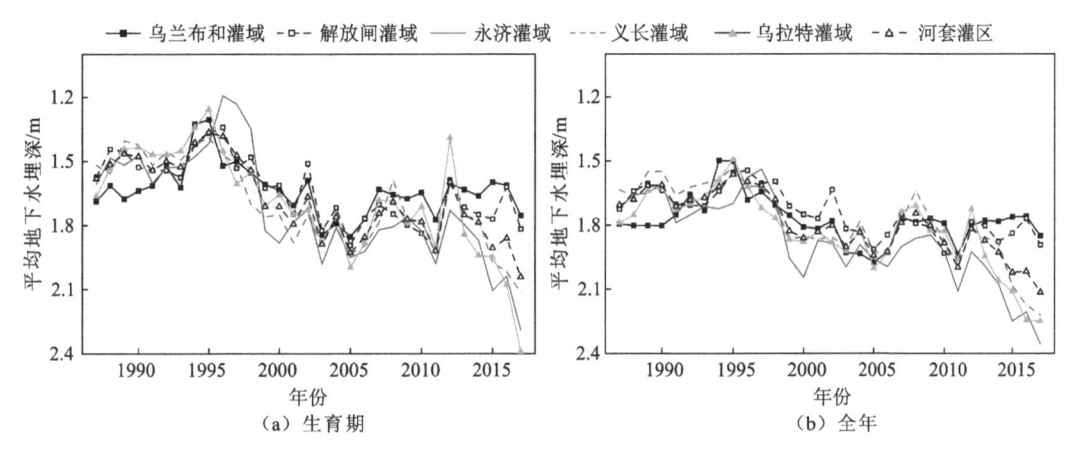

图 5.6.1 1987~2017 年河套灌区及 5 个灌域作物生育期和全年的平均地下水埋深

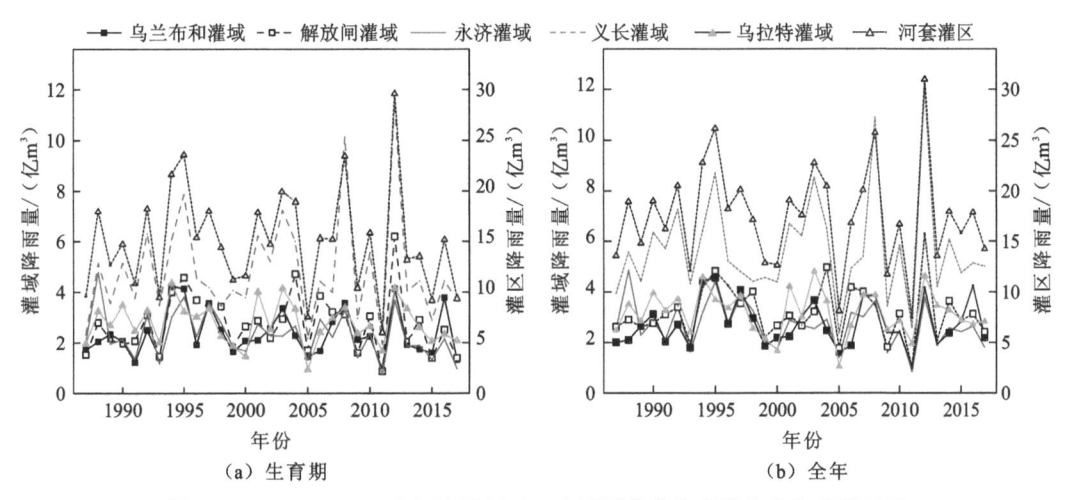

图 5.6.2 1987~2017 年河套灌区及 5 个灌域作物生育期和全年的降雨量

除乌兰布和灌域外，其他灌域及整个河套灌区作物生育期和全年的引水量随时间推移呈下降趋势。降雨量年际变化较大，但无明显增加或减少趋势，随时间推移呈现较大幅度的上下浮动。由此表明，当外界大气条件无显著变化时，随着灌区引水量的减少，地下水补给量相应减少，土壤水和地下水消耗量增加，地下水埋深增加。

5.6.2 地下水埋深与引水量及降雨量的关系

为探究地下水埋深与引水量（I）及降雨量（P）的关系，本节分析了作物生育期地下水埋深与作物生育期降雨量、作物生育期引水量、作物生育期引水量与降雨量之和、全年降雨量、全年引水量、全年引水量与降雨量之和的关系。地下水埋深的变化受当地地下水补给的影响，就河套灌区而言，地下水补给的主要来源为灌溉补给和降雨补给。在河套灌区，综合灌溉入渗系数为0.3，降雨入渗系数为0.1，$0.3I+0.1P$近似表示了区域的地下水补给量。

1. 作物生育期平均地下水埋深与作物生育期引水量及降雨量的关系

作物生育期平均地下水埋深与作物生育期降雨量（$0.1P$）的关系如图5.6.3和表5.6.1所示。所有灌域及河套灌区作物生育期平均地下水埋深与作物生育期的降雨量均呈负相关关系，其中乌兰布和灌域和永济灌域的作物生育期平均地下水埋深与作物生育期降雨量的负相关关系在0.01水平上显著。乌兰布和灌域地处整个灌区的最西部，有大面积的沙漠区，因此乌兰布和灌域单位面积的引水量少于其他灌域，降雨量对于乌兰布和灌域而言是重要的水源。因此，在乌兰布和灌域作物生育期平均地下水埋深与降雨量关系密切，相关系数为-0.534，显著性水平为0.002。

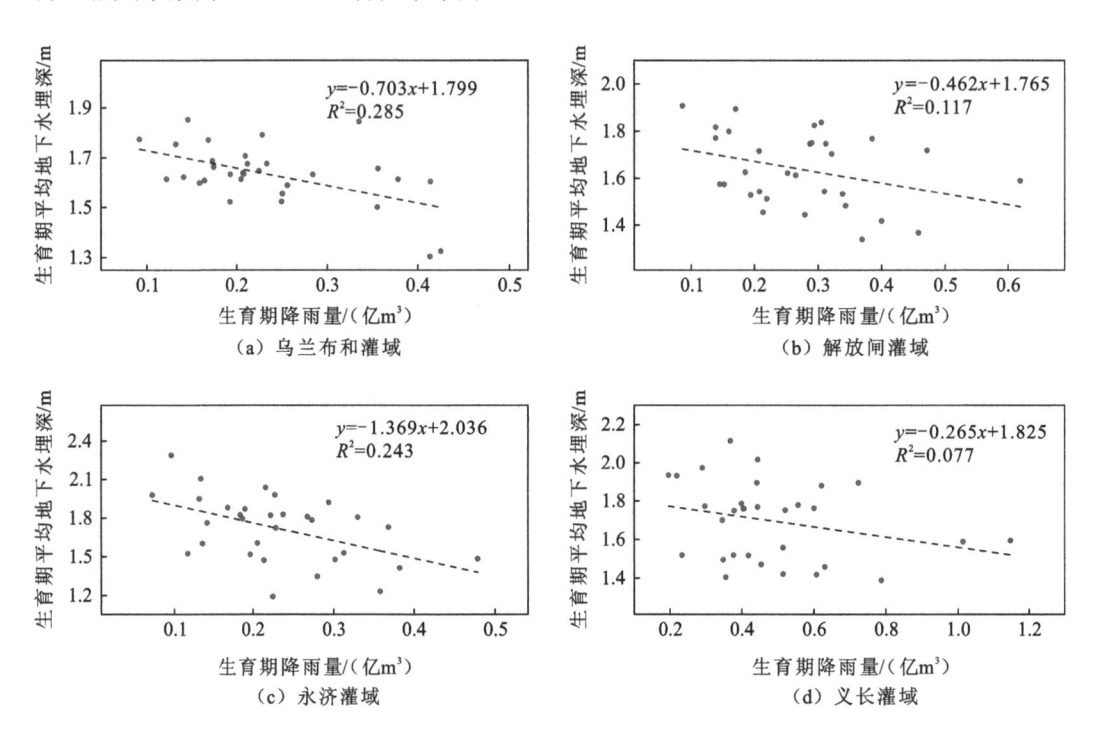

（a）乌兰布和灌域

（b）解放闸灌域

（c）永济灌域

（d）义长灌域

(e) 乌拉特灌域　　　　　　　　　　　　　(f) 河套灌区

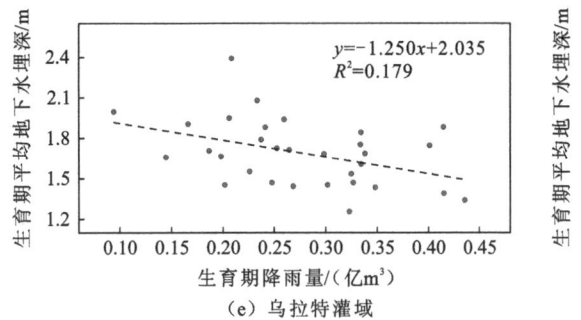

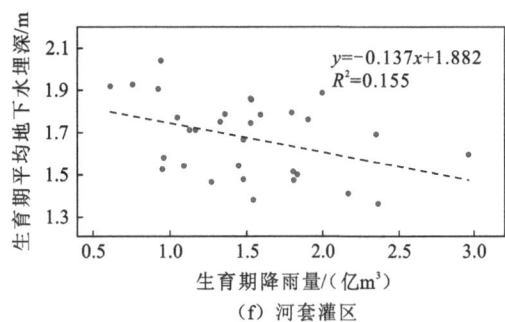

图 5.6.3　作物生育期平均地下水埋深与作物生育期降雨量的关系

表 5.6.1　作物生育期平均地下水埋深与作物生育期引水量及降雨量的关系

变量	指标	地区					
		乌兰布和灌域	解放闸灌域	永济灌域	义长灌域	乌拉特灌域	河套灌区
生育期降雨量 (0.1P)	R	−0.534**	−0.343	−0.493**	−0.277	−0.423*	−0.393*
	R^2	0.285	0.117	0.243	0.077	0.179	0.155
	p	0.002	0.059	0.005	0.131	0.018	0.028
生育期引水量 (0.3I)	R	−0.225	−0.573**	−0.683**	−0.341	−0.627**	−0.613**
	R^2	0.051	0.328	0.467	0.116	0.393	0.376
	p	0.226	0.001	0.000	0.061	0.000	0.000
生育期引水量与降雨量之和 (0.3I+0.1P)	R	−0.529**	−0.726**	−0.796**	−0.588**	−0.723**	−0.811**
	R^2	0.280	0.527	0.633	0.345	0.523	0.657
	p	0.002	0.000	0.000	0.001	0.000	0.000

注：R 为相关系数；R^2 为决定系数；p 为显著性水平。
**表示在 0.01 水平（双尾）相关性显著；*表示在 0.05 水平（双尾）相关性显著。

作物生育期平均地下水埋深与作物生育期引水量（0.3I）的关系如图 5.6.4 和表 5.6.1 所示。所有灌域及河套灌区作物生育期平均地下水埋深与作物生育期的引水量均呈负相关关系，其中乌兰布和灌域和义长灌域的作物生育期平均地下水埋深与作物生育期引水量的负相关关系是不显著的。解放闸灌域、永济灌域和乌拉特灌域的作物生育期平均地

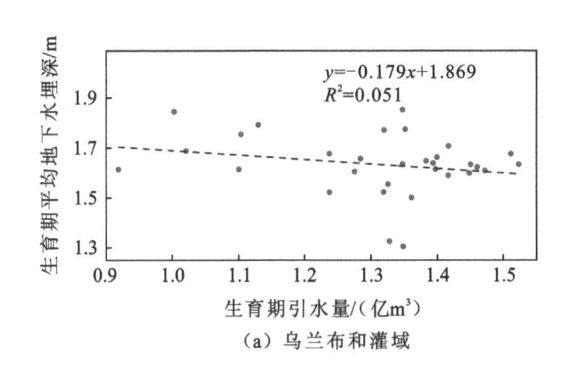

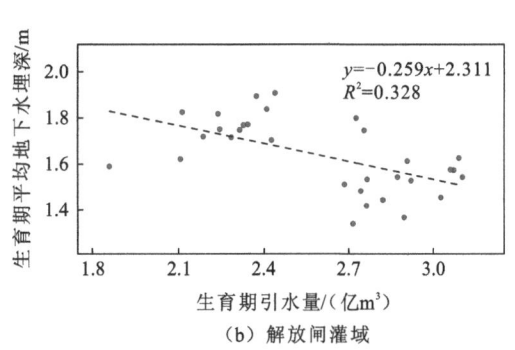

(a) 乌兰布和灌域　　　　　　　　　　　　　(b) 解放闸灌域

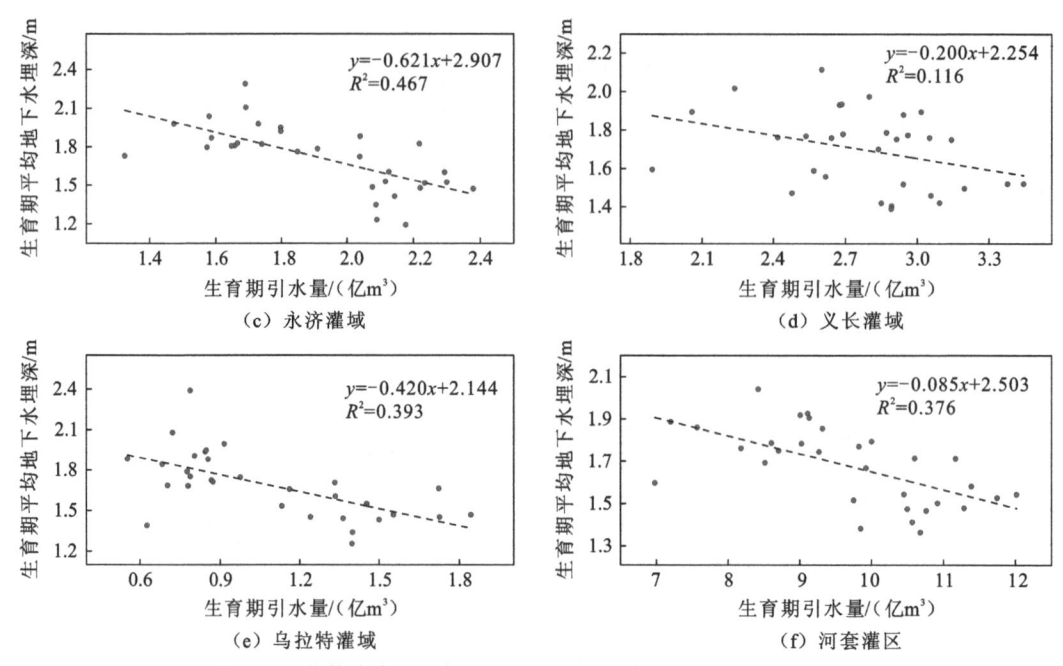

图 5.6.4(c) 永济灌域：$y=-0.621x+2.907$，$R^2=0.467$

图 5.6.4(d) 义长灌域：$y=-0.200x+2.254$，$R^2=0.116$

图 5.6.4(e) 乌拉特灌域：$y=-0.420x+2.144$，$R^2=0.393$

图 5.6.4(f) 河套灌区：$y=-0.085x+2.503$，$R^2=0.376$

图 5.6.4 作物生育期平均地下水埋深与作物生育期引水量的关系

下水埋深与作物生育期引水量的负相关关系均在 0.01 水平显著，相关系数分别为-0.573、-0.683 和-0.627。就整个河套灌区而言，作物生育期平均地下水埋深与作物生育期引水量的相关系数为-0.613。

考虑到引水量与降雨量互为补充，地下水补给的主要来源为灌溉补给和降雨补给，引水量与降雨量之和（$0.3I+0.1P$）的大小直接影响区域地下水补给量的大小，从概念上分析，地下水埋深的变化和引水量与降雨量之和关系密切。作物生育期平均地下水埋深和作物生育期引水量与降雨量之和的关系如图 5.6.5 和表 5.6.1 所示。从图 5.6.5 及表 5.6.1 中可以看出，河套灌区及各灌域的作物生育期平均地下水埋深和作物生育期引水量与降雨量之和的负相关关系显著。乌兰布和灌域作物生育期平均地下水埋深和作物生育期引水量与降雨量之和的相关系数绝对值最小，相关系数为-0.529，显著性水平为 0.002。解放闸灌域、永济灌域、义长灌域、乌拉特灌域和河套灌区的相关系数分别为-0.726、-0.796、-0.588、-0.723 和-0.811。

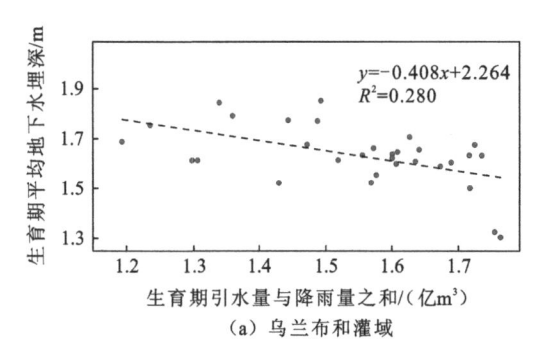

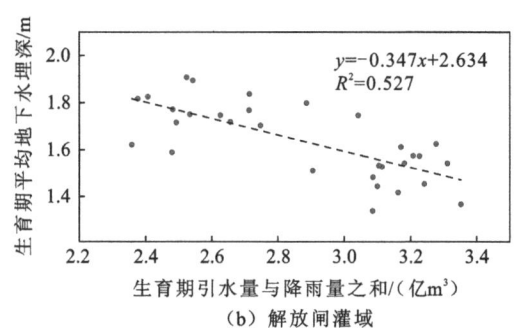

图 5.6.5(a) 乌兰布和灌域：$y=-0.408x+2.264$，$R^2=0.280$

图 5.6.5(b) 解放闸灌域：$y=-0.347x+2.634$，$R^2=0.527$

图 5.6.5 作物生育期平均地下水埋深和作物生育期引水量与降雨量之和的关系

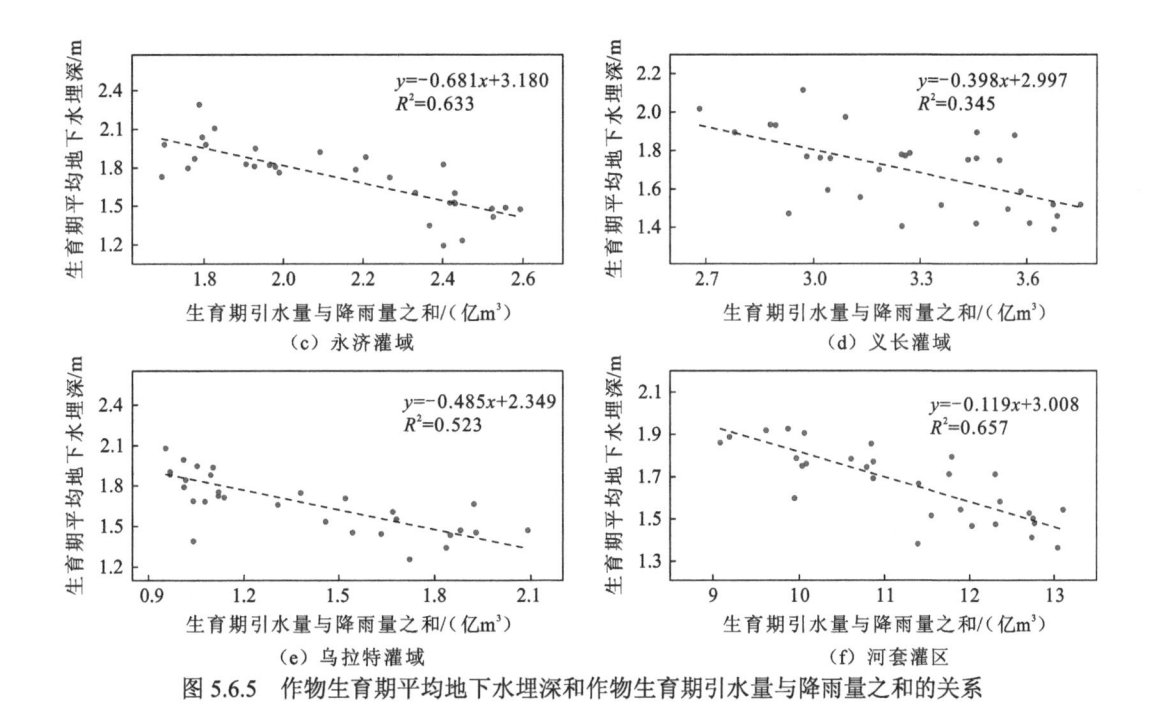

2. 作物生育期平均地下水埋深与全年引水量及降雨量的关系

类似于作物生育期平均地下水埋深与作物生育期引水量及降雨量关系的分析，作物生育期平均地下水埋深与全年引水量及降雨量的关系如表5.6.2所示。除了极个别异常结果外，作物生育期平均地下水埋深与全年引水量及降雨量均是负相关关系。作物生育期平均地下水埋深与全年降雨量（0.1P）的关系中，仅有乌兰布和灌域、永济灌域的负相关关系在0.01水平上是显著的。全年引水量（0.3I）与作物生育期平均地下水埋深的关系中，解放闸灌域、永济灌域、乌拉特灌域和整个河套灌区的负相关关系均是显著的。全年引水量与降雨量之和（0.3I+0.1P）与作物生育期平均地下水埋深的负相关关系中，仅有义长灌域的相关性很弱，其他灌域及河套灌区的负相关关系均是显著的。针对整个河套灌区，作物生育期平均地下水埋深和全年引水量与降雨量之和的相关系数为-0.749。

表5.6.2 作物生育期平均地下水埋深与全年引水量及降雨量的关系

变量	指标	乌兰布和灌域	解放闸灌域	永济灌域	义长灌域	乌拉特灌域	河套灌区
全年降雨量（0.1P）	R	-0.574**	-0.383*	-0.482**	-0.281	-0.365*	-0.391*
	R^2	0.329	0.147	0.233	0.079	0.133	0.153
	P	0.001	0.033	0.006	0.125	0.043	0.030
全年引水量（0.3I）	R	-0.218	-0.549**	-0.568**	0.086	-0.525**	-0.463**
	R^2	0.047	0.301	0.322	0.007	0.276	0.215
	p	0.240	0.001	0.001	0.645	0.002	0.009

续表

变量	指标	乌兰布和灌域	解放闸灌域	永济灌域	义长灌域	乌拉特灌域	河套灌区
全年引水量与降雨量之和 ($0.3I+0.1P$)	R	-0.465^{**}	-0.741^{**}	-0.701^{**}	-0.122	-0.658^{**}	-0.749^{**}
	R^2	0.216	0.548	0.492	0.015	0.433	0.561
	p	0.009	0.000	0.000	0.516	0.000	0.000

注：R 为相关系数；R^2 为决定系数；p 为显著性水平。
**表示在 0.01 水平（双尾）相关性显著；*表示在 0.05 水平（双尾）相关性显著。

3. 全年平均地下水埋深与全年引水量及降雨量的关系

全年平均地下水埋深与全年引水量及降雨量的关系如表 5.6.3 所示。全年平均地下水埋深与全年引水量及降雨量的关系和作物生育期平均地下水埋深与全年引水量及降雨量的关系基本一致，绝大部分呈负相关关系。全年平均地下水埋深与全年降雨量（$0.1P$）的关系中，仅有乌兰布和灌域和永济灌域的负相关关系在 0.01 水平上是显著的。全年引水量（$0.3I$）与全年平均地下水埋深的关系中，解放闸灌域、永济灌域、乌拉特灌域和整个河套灌区的负相关关系均是显著的。全年引水量与降雨量之和（$0.3I+0.1P$）与全年平均地下水埋深的负相关关系中，仅有义长灌域的相关性很弱，其他灌域及河套灌区的负相关关系均是显著的。针对整个河套灌区，全年平均地下水埋深和全年引水量与降雨量之和的相关系数为-0.756。

表 5.6.3　全年平均地下水埋深与全年引水量及降雨量的关系

变量	指标	乌兰布和灌域	解放闸灌域	永济灌域	义长灌域	乌拉特灌域	河套灌区
全年降雨量 ($0.1P$)	R	-0.566^{**}	-0.288	-0.459^{**}	-0.221	-0.391^{*}	-0.353
	R^2	0.321	0.083	0.210	0.049	0.153	0.125
	p	0.001	0.115	0.009	0.230	0.030	0.051
全年引水量 ($0.3I$)	R	-0.211	-0.557^{**}	-0.544^{**}	0.004	-0.490^{**}	-0.487^{**}
	R^2	0.045	0.311	0.296	0.000	0.240	0.237
	p	0.256	0.001	0.002	0.982	0.005	0.005
全年引水量与降雨量之和 ($0.3I+0.1P$)	R	-0.455^{*}	-0.715^{**}	-0.671^{**}	-0.184	-0.629^{**}	-0.756^{**}
	R^2	0.207	0.512	0.450	0.034	0.395	0.572
	p	0.010	0.000	0.000	0.322	0.000	0.000

注：R 为相关系数；R^2 为决定系数；p 为显著性水平。
**表示在 0.01 水平（双尾）相关性显著；*表示在 0.05 水平（双尾）相关性显著。

4. 作物生育期平均地下水埋深与不同水量相关性结果汇总

为了分析未来限制引水条件下生育期地下水埋深的变化，汇总了作物生育期平均地下水埋深与不同水量（作物生育期引水量、作物生育期引水量与降雨量之和、全年引水量、全年引水量与降雨量之和）的相关关系，结果如表 5.6.4 所示。在分析地下水埋深与引水量及降雨量的相关关系时，本节对引水量数据乘以 0.3，对降雨量数据乘以 0.1 来考虑。作物生育期和全年引水量（0.3I）在乌兰布和灌域和义长灌域与作物生育期平均地下水埋深无显著关系，全年引水量与降雨量之和（0.3I+0.1P）在义长灌域与作物生育期平均地下水埋深无显著关系，生育期引水量与降雨量之和（0.3I+0.1P）在各个灌域及整个河套灌区均与作物生育期平均地下水埋深呈显著负相关关系。与作物生育期引水量、全年引水量、全年引水量与降雨量之和相比，作物生育期引水量与降雨量之和和作物生育期平均地下水埋深相关系数的绝对值在各灌域（解放闸灌域除外）及整个河套灌区均是最大的，在分析引水量与地下水埋深之间的关系时，主要利用了生育期平均地下水埋深和生育期引水量与降雨量之和（0.3I+0.1P）的结果。

表 5.6.4 作物生育期平均地下水埋深与不同水量的相关关系

变量	参数及指标	乌兰布和灌域	解放闸灌域	永济灌域	义长灌域	乌拉特灌域	河套灌区
生育期引水量（0.3I）	a	-0.179	-0.259	-0.621	-0.200	-0.420	-0.085
	b	1.869	2.311	2.907	2.254	2.144	2.503
	R	-0.225	-0.573**	-0.683**	-0.341	-0.627**	-0.613**
全年引水量（0.3I）	a	-0.139 8	-0.261 5	-0.587 7	0.051 2	-0.427 7	-0.077 8
	b	1.880 5	2.621 4	3.339 5	1.480 9	2.356 9	2.769 4
	R	-0.218	-0.549**	-0.568**	0.086	-0.525**	-0.463**
生育期引水量与降雨量之和（0.3I+0.1P）	a	-0.408	-0.347	-0.681	-0.398	-0.485	-0.119
	b	2.264	2.634	3.180	2.997	2.349	3.008
	R	-0.529**	-0.726**	-0.796**	-0.588**	-0.723**	-0.811**
全年引水量与降雨量之和（0.3I+0.1P）	a	-0.278 2	-0.386 8	-0.688 2	-0.100 6	-0.558 5	-0.146 0
	b	2.201 5	3.216 1	3.801 7	2.175 7	2.739 3	3.982 2
	R	-0.465**	-0.741**	-0.701**	-0.122	-0.658**	-0.749**

注：a 为线性拟合的斜率；b 为线性拟合的截距；R 为相关系数。
**表示在 0.01 水平（双尾）相关性显著；*表示在 0.05 水平（双尾）相关性显著。

5.6.3 限制引水条件下地下水埋深及潜水蒸发量分析

生育期平均地下水埋深对作物的生长发育过程有着很大影响。在作物生长发育过程中，潜水面通过潜水蒸发为作物补充水分。生育期地下水埋深的高低直接影响潜水蒸发量的大小。本小节通过不同水量（生育期引水量、全年引水量、生育期引水量与降雨量之和、全年引水量与降雨量之和）预测生育期平均地下水埋深。

总体的计算思路是：

（1）根据不同水量（生育期引水量、全年引水量、生育期引水量与降雨量之和、全年引水量与降雨量之和)与生育期地下水埋深的关系,计算未来全年引水量为40亿 m³、38.8亿 m³、36.4亿 m³、35亿 m³、32亿 m³(分别为方案1~方案5)的地下水埋深 D_1;

(2)计算 2013~2017 年的水量(生育期引水量、全年引水量、生育期引水量与降雨量之和、全年引水量与降雨量之和),得到现状条件下的地下水埋深 D_2;

(3)利用已知的地下水埋深与潜水蒸发量的关系 $ET_g=E_0×f(h)$(E_0 为水面蒸发量,h 为地下水埋深),得到现状条件下的地下水蒸发量 $ET_{g2}=E_0×f(D_2)$,以及未来不同引水量条件下的地下水蒸发量 $ET_{g1}=E_0×f(D_1)$,由此可以得到不同引水量条件下的潜水蒸发量相对于现状的减少量 $\Delta M=ET_{g2}-ET_{g1}$,ΔM 就是由地下水位降低引起的蒸发量的减少量,为保证作物需水量以满足作物生长要求,应该在灌溉定额中增加 ΔM。

1. 现状引水量计算及未来引水量分析

目前河套灌区提供了 1987~2017 年各灌域不同灌期(夏灌、秋灌和秋浇)的引水量数据,其中夏灌和秋灌作为生育期用水,夏灌、秋灌和秋浇作为全年用水。本小节考虑的现状条件下的生育期引水量和全年引水量为 2013~2017 年实际值的均值,结果如表 5.6.5 所示。

表 5.6.5 现状条件下(2013~2017 年均值)生育期引水量和全年引水量 (单位:亿 m³)

项目	地区					
	乌兰布和灌域	解放闸灌域	永济灌域	义长灌域	乌拉特灌域	河套灌区
生育期引水量	4.263	7.542	5.480	8.610	2.650	30.080
全年引水量	5.481	12.187	8.799	13.990	4.489	47.443

在限制引水条件下,未来河套灌区的全年引水量考虑了 40 亿 m³、38.8 亿 m³、36.4 亿 m³、35 亿 m³ 和 32 亿 m³ 五种方案(分别为方案1~方案5)。为了得到各灌域的全年引水量及灌区和各灌域生育期的引水量,利用各灌域全年引水量占灌区全年引水量的比例和各灌域及灌区生育期引水量占全年引水量的比例,得到全年各灌域和生育期灌区及各灌域的引水量。

图 5.6.6 为 1987~2017 年各灌域全年引水量占灌区全年引水量的比例和各灌域及灌区生育期引水量占全年引水量的比例。从图 5.6.6 中可以看出,各灌域全年引水量占灌区全年引水量的比例在年际比较平稳,此外各灌域及灌区生育期引水量占全年引水量的比例在 1998~2017 年均比较平稳。因此,采用 1998~2017 年各灌域全年引水量占灌区全年引水量的比例和各灌域及灌区生育期引水量占全年引水量的比例的均值将五种方案的全年引水量分配至灌域尺度和生育期尺度。

利用表 5.6.6 中 1998~2017 年各灌域全年引水量占灌区全年引水量的比例,将五种方案的全年引水量分配至灌域尺度,得到未来五种方案各灌域的全年引水量,如表 5.6.7 所示。根据表 5.6.6 中 1998~2017 年各灌域及灌区生育期引水量占全年引水量的比例,利用已经得到的五种方案下灌区及各灌域的全年引水量得到生育期灌区及各灌域的引水量,如表 5.6.8 所示。

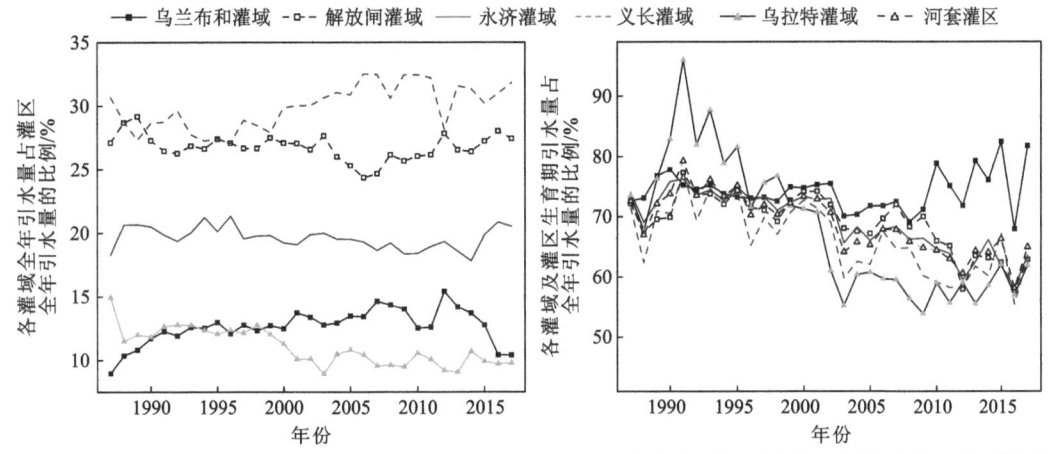

第5章 基于水量平衡分析的河套灌区灌溉定额研究

(a) 各灌域全年引水量占灌区全年引水量的比例

(b) 各灌域及灌区生育期引水量占全年引水量的比例

图 5.6.6 各灌域全年引水量占灌区全年引水量的比例和各灌域及灌区生育期引水量占全年引水量的比例

表 5.6.6 各灌域全年引水量占灌区全年引水量的比例和各灌域及灌区生育期引水量占全年引水量的比例

项目	地区					
	乌兰布和灌域	解放闸灌域	永济灌域	义长灌域	乌拉特灌域	河套灌区
各灌域全年引水量占灌区全年引水量的比例/%	13.1	26.5	19.3	30.8	10.2	100.0
各灌域及灌区生育期引水量占全年引水量的比例/%	74.2	66.8	66.0	63.2	59.9	65.8

注：各灌域全年引水量占灌区全年引水量的比例之和不为 100.0%由四舍五入导致。

表 5.6.7 未来五种方案的全年引水量 （单位：亿 m³）

方案	地区					
	乌兰布和灌域	解放闸灌域	永济灌域	义长灌域	乌拉特灌域	河套灌区
方案 1	5.241	10.613	7.737	12.318	4.091	40
方案 2	5.084	10.294	7.505	11.948	3.968	38.8
方案 3	4.769	9.658	7.041	11.209	3.723	36.4
方案 4	4.586	9.286	6.770	10.778	3.580	35
方案 5	4.193	8.490	6.190	9.854	3.273	32

注：方案 2 各灌域全年引水量之和与河套灌区全年引水量不一致由四舍五入导致。本表中数值采用原始值计算，表 5.6.6 中数据进行了修约，因此，由表 5.6.6 中数据得到的计算值与本表呈现值存在少许差别。

表 5.6.8 未来五种方案的生育期引水量 （单位：亿 m³）

方案	地区					
	乌兰布和灌域	解放闸灌域	永济灌域	义长灌域	乌拉特灌域	河套灌区
方案 1	3.888	7.086	5.107	7.791	2.450	26.322
方案 2	3.772	6.873	4.954	7.557	2.376	25.532

· 85 ·

续表

方案	地区					
	乌兰布和灌域	解放闸灌域	永济灌域	义长灌域	乌拉特灌域	河套灌区
方案3	3.538	6.448	4.648	7.090	2.229	23.953
方案4	3.402	6.200	4.469	6.817	2.144	23.032
方案5	3.111	5.669	4.086	6.233	1.960	21.059

注：本表中数值采用原始值计算，表5.6.6、表5.6.7中数据进行了修约，因此，由表5.6.6、表5.6.7中数据得到的部分计算值与本表呈现值存在少许差别。

2. 现状降雨量计算及未来降雨量分析

在河套灌区有5个气象站，它们分布在河套灌区的5个灌域。根据中国气象数据网数据，1961~2018年的逐日气象数据是完整的。本节生育期的降雨量指每年5~9月的累计降雨量。河套灌区的降雨量为5个灌域降雨量之和。现状条件下的生育期降雨量和全年降雨量取为2013~2017年的均值，结果如表5.6.9所示。未来生育期及全年降雨量考虑长时间序列（1961~2018年）的各气象站的平均降雨量，结果如表5.6.10所示。

表5.6.9 现状条件下（2013~2017年均值）生育期降雨量和全年降雨量（单位：亿 m^3）

项目	地区					
	乌兰布和灌域	解放闸灌域	永济灌域	义长灌域	乌拉特灌域	河套灌区
生育期降雨量	2.069	2.055	1.645	3.904	2.484	12.157
全年降雨量	2.718	2.833	2.274	5.043	3.056	15.924

表5.6.10 未来生育期降雨量和全年降雨量 （单位：亿 m^3）

项目	地区					
	乌兰布和灌域	解放闸灌域	永济灌域	义长灌域	乌拉特灌域	河套灌区
生育期降雨量	2.36	2.67	2.21	4.80	2.68	14.72
全年降雨量	2.76	3.12	2.59	5.66	3.14	17.27

3. 现状水面蒸发量计算及未来水面蒸发量分析

生育期水面蒸发量与生育期潜水蒸发量直接相关。目前灌区气象站无水面蒸发量数据，钱云平等（1998）依据巴彦高勒试验站（位于磴口）的观测数据，得到了各月水面蒸发量与蒸发皿蒸发量之间的折算系数。灌区4个一般气象站（磴口站、杭锦后旗站、五原站和乌拉特前旗站）的蒸发皿蒸发量数据只监测到2013年，此后便未再监测。但灌区5个气象站均在持续监测潜在蒸发量的各气象数据（日最高气温、日最低气温、日平均气温、相对湿度、日均风速、平均气压和日照时数）。本节采用彭曼-蒙蒂思公式，根据2013年及之前的蒸发皿蒸发量观测数据，建立潜在蒸发量和蒸发皿蒸发量的换算关系，最后得到1961~2018年的水面蒸发量数据。

现状条件下生育期水面蒸发量采用 2013~2017 年的均值，未来生育期水面蒸发量采用长时间序列（1961~2018 年）各气象站的平均水面蒸发量。其中，河套灌区的水面蒸发量为 5 个灌域水面蒸发量之和，结果如表 5.6.11 所示。

表 5.6.11　现状及未来生育期水面蒸发量 （单位：亿 m³）

情形	地区					
	乌兰布和灌域	解放闸灌域	永济灌域	义长灌域	乌拉特灌域	河套灌区
现状条件	16.31	16.50	14.74	24.72	12.20	84.47
未来情况	15.83	15.94	14.10	24.48	12.14	82.49

5.6.4　河套灌区潜水蒸发量分析

计算潜水蒸发量的基本公式如下：

$$ET_g = C \times E_0 \tag{5.6.1}$$

$$C = f(h) \tag{5.6.2}$$

式中：ET_g 为生育期潜水蒸发量，亿 m³ 或 mm；E_0 为水面蒸发量，亿 m³ 或 mm；C 为潜水蒸发系数；h 为地下水埋深，m。

本节采用的潜水蒸发系数为潜水蒸发量和水面蒸发量的比值。潜水蒸发系数与地下水埋深之间关系密切，根据试验数据或模型率定可以得到潜水蒸发系数与地下水埋深之间的经验公式。根据河套灌区潜水蒸发量的多年研究成果，拟合试验数据校核的潜水蒸发系数与地下水埋深的经验公式有以下两种形式：杨文元公式（杨文元 等，2017）和指数公式。本节采用杨文元公式，其形式如下：

$$C = (e^{-m \cdot h} - e^{-m \cdot s}) / (1 - e^{-m \cdot s}) \tag{5.6.3}$$

式中：m 为与地下水埋深、气温等有关的参数；s 为极限蒸发埋深，m。m、s 的取值范围为 1.0~2.0（最佳范围是 1.0~1.2）、3.0~4.0 m。

指数公式的形式如下：

$$C = \varphi_1 e^{-\varphi_2 h} \tag{5.6.4}$$

式中：φ_1、φ_2 为计算潜水蒸发系数的经验参数，φ_1、φ_2 的取值范围为 0.8~1.6 和 0.8~1.5。

本书总结了王伦平和陈亚新（1993）、王亚东（2002）、李郝（2015）、屈忠义等（2015）、林朔（2020）、杨文元等（2017）、冯文基等（1996）、武汉大学（2005）和包头试验站潜水蒸发系数（全部换算为潜水蒸发量与水面蒸发量之比）的结果，如图 5.6.7 所示。从图 5.6.7 可以看到，在相同地下水埋深下，武汉大学（2005）和包头试验站的潜水蒸发系数明显高于其他文献的结果，因此本节最终采用前 7 个文献的结果，最终采用的潜水蒸发系数结果与范围如图 5.6.8 中阴影所示。

为得到最终采用的潜水蒸发量，根据图 5.6.8 所示的潜水蒸发系数范围，采用杨文元公式和指数公式推求了潜水蒸发系数的上、下包线和中间线，使用上、下包线和中间

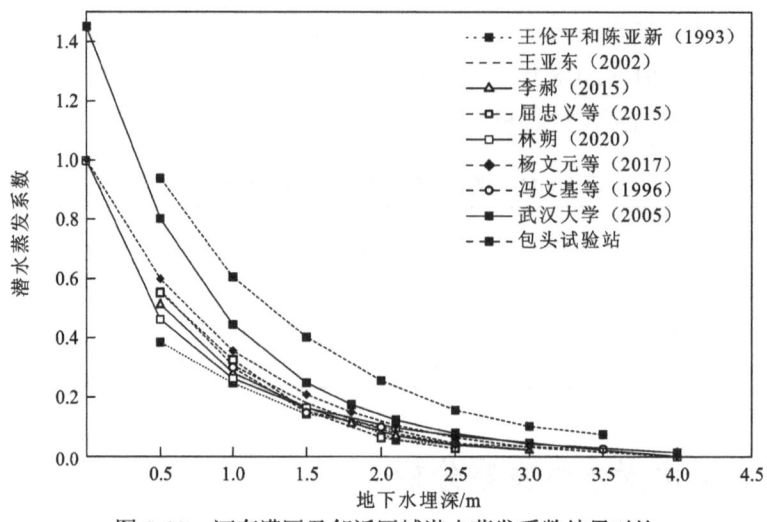

图 5.6.7 河套灌区及邻近区域潜水蒸发系数结果对比

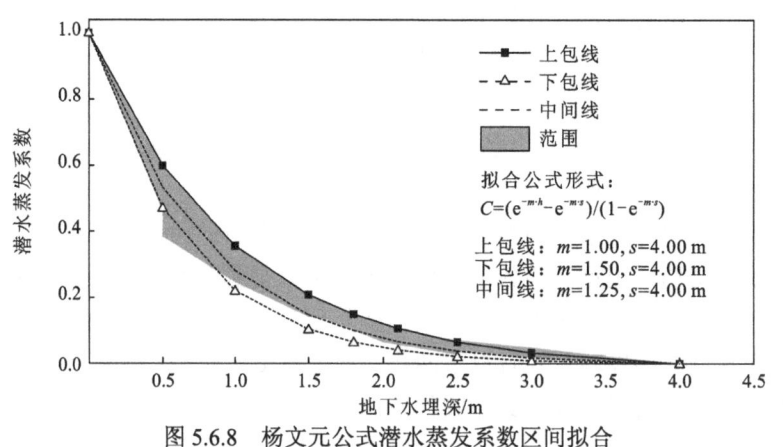

图 5.6.8 杨文元公式潜水蒸发系数区间拟合

线进行潜水蒸发系数计算，最后得到潜水蒸发量。由杨文元公式推求的上、下包线和中间线结果如图 5.6.8 所示，根据指数公式推求的上、下包线和中间线结果如图 5.6.9 所示，其参数结果列于图中，上、下包线为两种极端结果，中间线为推荐结果。

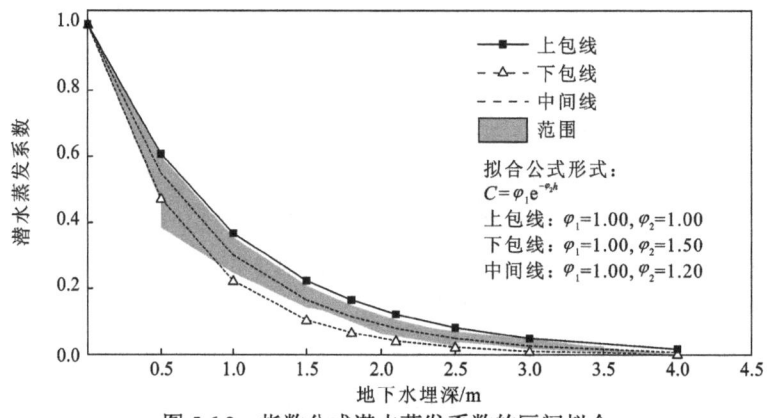

图 5.6.9 指数公式潜水蒸发系数的区间拟合

5.6.5 未来引水条件下地下水埋深及潜水蒸发量计算

1. 地下水埋深计算

1) 现状条件地下水埋深计算

根据生育期引水量（0.3I）、全年引水量（0.3I）、生育期引水量与降雨量之和（0.3I+0.1P）、全年引水量与降雨量之和（0.3I+0.1P）和生育期平均地下水埋深的关系计算得到现状条件下的地下水埋深数据，如表 5.6.12 所示，其与 2013～2017 年各灌域及灌区平均地下水埋深的误差结果如表 5.6.13 所示。其中河套灌区的结果为直接按灌区的引水量和降雨量估算的地下水埋深，河套灌区加权的结果为 5 个灌域的地下水埋深按面积加权后的结果。整体来看，通过生育期引水量与降雨量之和计算的生育期地下水埋深与 2013～2017 年均值最为吻合。从灌域级别来看，乌拉特灌域的生育期地下水埋深无论在何种计算方法下都被低估，但只有在生育期引水量与降雨量之和这个水量条件下计算出来的地下水埋深的误差在±10%以内。因此，在未来限制引水条件下生育期地下水埋深的预测采用生育期引水量与降雨量之和和地下水埋深的关系。

表 5.6.12 现状条件下的地下水埋深计算 （单位：m）

项目	乌兰布和灌域	解放闸灌域	永济灌域	义长灌域	乌拉特灌域	河套灌区	河套灌区加权
生育期引水量	1.639	1.730	1.898	1.741	1.819	1.779	1.758
全年引水量	1.651	1.674	1.808	1.694	1.795	1.730	1.715
生育期引水量与降雨量之和	1.658	1.785	1.960	1.823	1.852	1.854	1.813
全年引水量与降雨量之和	1.669	1.705	1.852	1.706	1.835	1.801	1.742
2013～2017 年均值	**1.653**	**1.735**	**2.020**	**1.926**	**2.040**	**1.869**	**1.868**

表 5.6.13 现状条件下的地下水埋深计算误差分析 （单位：%）

项目	乌兰布和灌域	解放闸灌域	永济灌域	义长灌域	乌拉特灌域	河套灌区	河套灌区加权
生育期引水量	−0.81	−0.31	−6.05	−9.64	−10.83	−4.83	−5.93
全年引水量	−0.13	−3.51	−10.49	−12.06	−11.98	−7.43	−8.20
生育期引水量与降雨量之和	0.34	2.89	−2.93	−5.38	−9.18	−0.83	−2.97
全年引水量与降雨量之和	0.95	−1.71	−8.32	−11.42	−10.02	−3.64	−6.79

2) 未来地下水埋深变化分析

采用生育期引水量与降雨量之和和地下水埋深的关系预测未来五种方案下的地下

水埋深结果，分析与现状地下水埋深相比的变化量，如表 5.6.14 和图 5.6.10 所示。由表 5.6.14 和图 5.6.10 可知，在未来引水条件下，乌兰布和灌域和乌拉特灌域的地下水埋深变化量较小。河套灌区加权（各灌域地下水埋深预测值的加权平均值）的地下水埋深变化量略小于河套灌区（直接按灌区的引水量和降雨量预测的地下水埋深）的地下水埋深变化量，更大的地下水埋深变化量可以得到更大的潜水蒸发变化量，这样计算得到的结果更为保守，因此在后续的潜水蒸发量及潜水蒸发变化量计算中均直接采用河套灌区的结果。

表 5.6.14　未来引水条件下河套灌区及各灌域的地下水埋深变化量表　　（单位：m）

未来引水量	乌兰布和灌域	解放闸灌域	永济灌域	义长灌域	乌拉特灌域	河套灌区	河套灌区加权
40 亿 m³	0.034	0.020	0.025	0.054	0.010	0.040	0.032
38.8 亿 m³	0.048	0.042	0.056	0.082	0.021	0.068	0.055
36.4 亿 m³	0.077	0.086	0.119	0.138	0.042	0.124	0.100
35 亿 m³	0.094	0.112	0.155	0.171	0.055	0.157	0.126
32 亿 m³	0.129	0.167	0.234	0.240	0.082	0.228	0.182

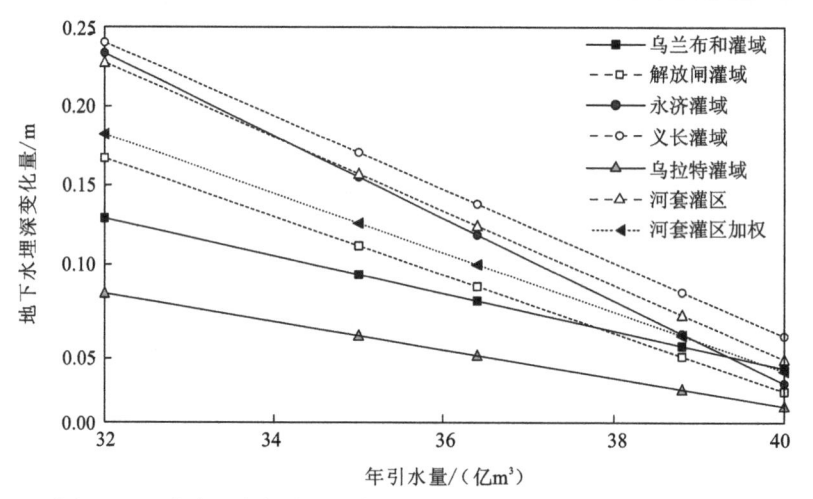

图 5.6.10　未来引水条件下河套灌区及各灌域的地下水埋深变化量图

2. 按杨文元公式计算的潜水蒸发变化量

利用生育期引水量与降雨量之和和生育期平均地下水埋深的相关关系计算未来不同引水条件下的地下水埋深，利用该地下水埋深数据计算得到潜水蒸发量。根据现状条件下计算的地下水埋深、水面蒸发量等数据计算得到现状的潜水蒸发量，用于比较确定未来潜水蒸发量的增减情况。

采用杨文元公式的上、下包线及中间线，计算未来引水条件下各灌域及灌区的潜水

第 5 章 基于水量平衡分析的河套灌区灌溉定额研究

蒸发变化量,结果如表 5.6.15 和图 5.6.11 所示。不同公式计算结果的趋势是一致的。潜水蒸发量随未来引水量的减少而减少,潜水蒸发变化量与年引水量基本呈线性关系。图 5.6.11 中乌兰布和灌域、解放闸灌域、永济灌域、义长灌域和整个河套灌区的潜水蒸发变化量是接近的。乌拉特灌域由于地下水埋深的变化量最小,在未来引水条件下的潜水蒸发变化量也是最小的。

表 5.6.15 杨文元公式计算的各灌域及灌区潜水蒸发变化量 (单位:m³/亩)

采用公式	未来引水量	地区					
		乌兰布和灌域	解放闸灌域	永济灌域	义长灌域	乌拉特灌域	河套灌区
公式1-上包线	40 亿 m³	-6.6	-4.0	-4.7	-5.1	-1.3	-4.9
	38.8 亿 m³	-8.1	-5.7	-7.0	-7.2	-2.2	-7.1
	36.4 亿 m³	-10.9	-9.0	-11.2	-11.3	-4.1	-11.3
	35 亿 m³	-12.6	-10.9	-13.6	-13.6	-5.1	-13.6
	32 亿 m³	-16.0	-14.7	-18.4	-18.2	-7.3	-18.4
公式2-下包线	40 亿 m³	-3.7	-2.0	-2.2	-2.9	-0.7	-2.6
	38.8 亿 m³	-4.6	-3.0	-3.4	-4.1	-1.2	-3.8
	36.4 亿 m³	-6.4	-5.0	-5.7	-6.4	-2.3	-6.2
	35 亿 m³	-7.4	-6.0	-6.9	-7.6	-2.9	-7.4
	32 亿 m³	-9.5	-8.2	-9.3	-10.1	-4.1	-9.9
公式3-中间线	40 亿 m³	-5.0	-2.9	-3.2	-3.9	-1.0	-3.6
	38.8 亿 m³	-6.2	-4.2	-4.9	-5.5	-1.7	-5.3
	36.4 亿 m³	-8.5	-6.8	-8.1	-8.6	-3.1	-8.5
	35 亿 m³	-9.8	-8.2	-9.8	-10.4	-3.9	-10.2
	32 亿 m³	-12.5	-11.1	-13.3	-13.8	-5.6	-13.7

注:公式 1~3 为杨文元公式的不同参数形式,具体参数见图 5.6.8。

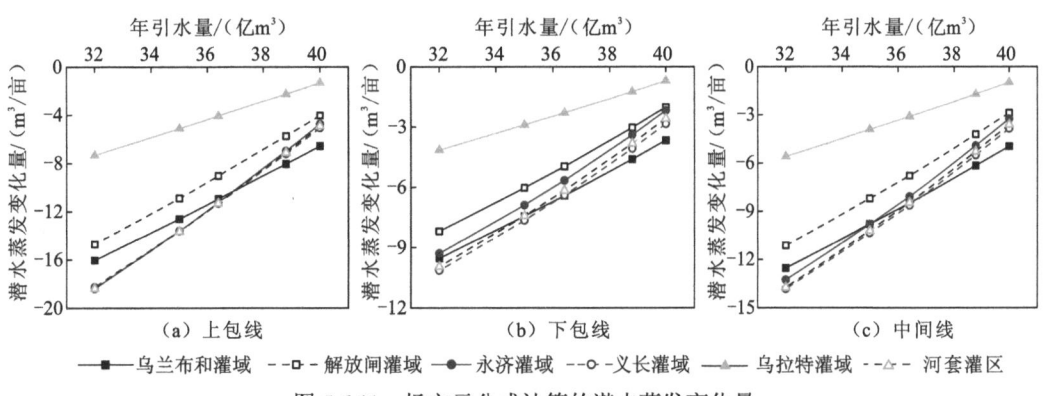

图 5.6.11 杨文元公式计算的潜水蒸发变化量

采用上包线计算得到的各灌域及灌区的潜水蒸发变化量最大,中间线次之,下包线最小。乌兰布和灌域的潜水蒸发变化量范围是 3.7~16.0 m³/亩;解放闸灌域的潜水蒸发变化量范围是 2.0~14.7 m³/亩;永济灌域的潜水蒸发变化量范围是 2.2~18.4 m³/亩;义长灌域的潜水蒸发变化量范围是 2.9~18.2 m³/亩；乌拉特灌域的潜水蒸发变化量范围是 0.7~7.3 m³/亩；河套灌区的潜水蒸发变化量范围是 2.6~18.4 m³/亩。从整个河套灌区的结果来看，在 40 亿 m³ 引水条件下，潜水蒸发变化量为 2.6~4.9 m³/亩，推荐值为 3.6 m³/亩；38.8 亿 m³ 引水条件下，潜水蒸发变化量为 3.8~7.1 m³/亩，推荐值为 5.3 m³/亩；36.4 亿 m³ 引水条件下，潜水蒸发变化量为 6.2~11.3 m³/亩，推荐值为 8.5 m³/亩；35 亿 m³ 引水条件下，潜水蒸发变化量为 7.4~13.6 m³/亩，推荐值为 10.2 m³/亩；32 亿 m³ 引水条件下，潜水蒸发变化量为 9.9~18.4 m³/亩，推荐值为 13.7 m³/亩。

3. 按指数公式计算的潜水蒸发变化量

采用指数公式的上、下包线及中间线计算未来引水条件下各灌域及灌区的潜水蒸发变化量，结果如表 5.6.16 所示。由表 5.6.16 可知，由指数公式计算的结果趋势及结果范围与杨文元公式的结果基本一致。由指数公式的计算结果可知，乌兰布和灌域的潜水蒸发变化量范围是 3.7~16.1 m³/亩；解放闸灌域的潜水蒸发变化量范围是 2.1~14.7 m³/亩；永济灌域的潜水蒸发变化量范围是 2.2~18.5 m³/亩；义长灌域的潜水蒸发变化量范围是 2.9~18.0 m³/亩；乌拉特灌域的潜水蒸发变化量范围是 0.7~7.2 m³/亩；河套灌区的潜水蒸发变化量范围是 2.6~18.3 m³/亩。

表 5.6.16　指数公式计算的河套灌区及各灌域潜水蒸发变化量　（单位：m³/亩）

采用公式	未来引水量	乌兰布和灌域	解放闸灌域	永济灌域	义长灌域	乌拉特灌域	河套灌区
公式 4-上包线	40 亿 m³	-6.8	-4.3	-5.1	-5.1	-1.3	-5.1
	38.8 亿 m³	-8.2	-5.9	-7.3	-7.2	-2.2	-7.2
	36.4 亿 m³	-11.1	-9.2	-11.5	-11.2	-4.0	-11.3
	35 亿 m³	-12.7	-11.0	-13.8	-13.4	-5.1	-13.6
	32 亿 m³	-16.1	-14.7	-18.5	-18.0	-7.2	-18.3
公式 5-下包线	40 亿 m³	-3.7	-2.1	-2.2	-2.9	-0.7	-2.6
	38.8 亿 m³	-4.6	-3.1	-3.4	-4.1	-1.2	-3.8
	36.4 亿 m³	-6.4	-5.0	-5.7	-6.4	-2.3	-6.2
	35 亿 m³	-7.5	-6.1	-6.9	-7.6	-2.9	-7.4
	32 亿 m³	-9.6	-8.2	-9.3	-10.1	-4.1	-10.0
公式 6-中间线	40 亿 m³	-5.4	-3.2	-3.7	-4.1	-1.0	-3.9
	38.8 亿 m³	-6.6	-4.6	-5.4	-5.8	-1.8	-5.7
	36.4 亿 m³	-9.0	-7.3	-8.8	-9.1	-3.3	-9.0
	35 亿 m³	-10.4	-8.8	-10.6	-10.9	-4.1	-10.9
	32 亿 m³	-13.2	-11.8	-14.3	-14.6	-5.9	-14.6

注：公式 4~6 为指数公式的不同参数形式，具体参数见图 5.6.9。

根据杨文元公式、指数公式的上、下包线及中间线计算了河套灌区在未来五种方案（40 亿 m³、38.8 亿 m³、36.4 亿 m³、35 亿 m³ 和 32 亿 m³）下的潜水蒸发变化量，两种公式的计算结果基本一致，本节最终采用杨文元公式的计算结果。

5.6.6 考虑未来引水条件下灌溉定额的变化

采用水量平衡公式考虑旱作物的灌溉制度时，其计算公式如下：

$$W_t - W_0 = P_e + K + M - \text{ET} \tag{5.6.5}$$

式中：W_0、W_t 分别为时段初和任一时间 t 时的土壤计划湿润层内的储水量；P_e 为在土壤计划湿润层内的有效降雨量；K 为时段内的地下水补给量（潜水蒸发量），$K=kt$，k 为时段内平均每昼夜地下水补给量；M 为时段内的灌溉水量（净灌溉定额）；ET 为时段内的作物需水量，即 ET=et，e 为时段内平均每昼夜的作物需水量。

在灌溉定额计算周期内，作物的耗水一般是不变的。如果计算周期内降雨量不变，在潜水蒸发量减少的情况下，应该同等程度地增加灌溉定额。因此，近似认为在未来引水条件下，潜水蒸发减少量是未来灌溉定额的增加量。依据 5.6.5 小节计算的潜水蒸发减少量，在未来引水条件下（40 亿 m³、38.8 亿 m³、36.4 亿 m³、35 亿 m³ 和 32 亿 m³），各灌域及河套灌区推荐的灌溉定额增加值如表 5.6.17 所示。乌兰布和灌域的灌溉定额增加范围是 5.0~12.5 m³/亩；解放闸灌域的灌溉定额增加范围是 2.9~11.1 m³/亩；永济灌域的灌溉定额增加范围是 3.2~13.3 m³/亩；义长灌域的灌溉定额增加范围是 3.9~13.8 m³/亩；乌拉特灌域的灌溉定额增加范围是 1.0~5.6 m³/亩；河套灌区的灌溉定额增加范围是 3.6~13.7 m³/亩。

表 5.6.17　未来引水条件下各灌域及河套灌区推荐的灌溉定额增加值（单位：m³/亩）

未来引水量	地区					
	乌兰布和灌域	解放闸灌域	永济灌域	义长灌域	乌拉特灌域	河套灌区
40 亿 m³	5.0	2.9	3.2	3.9	1.0	3.6
38.8 亿 m³	6.2	4.2	4.9	5.5	1.7	5.3
36.4 亿 m³	8.5	6.8	8.1	8.6	3.1	8.5
35 亿 m³	9.8	8.2	9.8	10.4	3.9	10.2
32 亿 m³	12.5	11.1	13.3	13.8	5.6	13.7

从整个河套灌区的结果来看，在 40 亿 m³ 引水条件下，灌溉定额增加值为 2.6~4.9 m³/亩，推荐值为 3.6 m³/亩；38.8 亿 m³ 引水条件下，灌溉定额增加值为 3.8~7.1 m³/亩，推荐值为 5.3 m³/亩；36.4 亿 m³ 引水条件下，灌溉定额增加值为 6.2~11.3 m³/亩，推荐值为 8.5 m³/亩；35 亿 m³ 引水条件下，灌溉定额增加值为 7.4~13.6 m³/亩，推荐值为 10.2 m³/亩；32 亿 m³ 引水条件下，灌溉定额增加值为 9.9~18.4 m³/亩，推荐值为 13.7 m³/亩。

5.7 作物净灌溉定额的参数敏感性分析

根据水均衡法确定作物净灌溉定额时，由于输入数据的误差（如种植结构和作物灌溉定额比 α_i 等），所得到的典型作物净灌溉定额将会有一定误差。因此，需要探究作物灌溉定额比 α_i、作物种植面积比例 β_i、灌溉面积 A、灌溉水利用系数 η、引水量 Q 的误差对典型作物净灌溉定额的影响，由此可以预估典型作物净灌溉定额的精度和可靠性。本节的作物净灌溉定额均指生育期的净灌溉定额，主要研究内容包括：①葵花、玉米灌溉定额比的增减比例与主要作物净灌溉定额增减比例的关系；②在灌溉面积一定的条件下，小麦、玉米、葵花三种作物种植面积比例相对于典型年的增减比例与典型作物净灌溉定额增减比例的关系；③在作物种植面积比例一定的情况下，灌溉面积的增减比例与典型作物净灌溉定额增减比例的关系；④灌溉水利用系数增减比例与典型作物净灌溉定额增减比例的关系。

参数敏感性分析主要通过敏感系数来表示因变量对自变量的敏感程度。敏感系数可用式（5.7.1）表示。

$$\mathrm{CI} = \frac{R_1}{R_2} \tag{5.7.1}$$

式中：CI 为敏感系数；R_1 为因变量变化的比例；R_2 为自变量变化的比例。

5.7.1 参数敏感性分析的典型年确定

所得到的河套灌区作物净灌溉定额的大小及变化规律是未来预测最小引水量的关键数据，考虑到近些年河套灌区种植结构的调整节奏放缓，因此选取 2013～2017 年引水量、种植结构、灌溉水利用系数的平均值作为典型年（研究的典型年也是未来水量预测分析的现状年）参数取值。各灌域典型年生育期引水量、灌溉水利用系数和灌溉面积见表 5.7.1，河套灌区典型年的种植面积比例见表 5.7.2。典型年河套灌区生育期引水量为 30.080 亿 m^3，灌溉水利用系数为 0.42，灌溉面积为 1 113.66 万亩，粮食作物、经济作物、林牧地的种植面积比为 30∶64∶6。典型年灌溉面积 A、引水量 Q、灌溉水利用系数 η、作物种植面积比例 β_i 的取值符合河套灌区现状。

表 5.7.1 典型年生育期数据

参数	地区					
	乌兰布和灌域	解放闸灌域	永济灌域	义长灌域	乌拉特灌域	河套灌区
引水量/(亿 m^3)	4.263	7.542	5.480	8.610	2.652	30.080
灌溉水利用系数	0.41	0.46	0.46	0.43	0.41	0.42
灌溉面积/万亩	115.33	267.68	200.55	370.22	159.87	1 113.66

注：各灌域灌溉面积之和与河套灌区灌溉面积不一致由四舍五入导致。

表 5.7.2　典型年河套灌区各作物种植面积比例

作物	小麦	玉米	葵花	粮食作物	经济作物	林牧地
种植面积比例/%	7	23	47	30	64	6

5.7.2　作物灌溉定额比对主要作物净灌溉定额的影响

1. 葵花灌溉定额比与主要作物净灌溉定额的关系

葵花为河套灌区种植面积最大的作物，其灌溉定额比在选取时所出现的误差将会对计算得到的作物净灌溉定额有不可忽视的影响。为了了解葵花灌溉定额比的误差导致的主要作物净灌溉定额误差的大小，需要分析葵花灌溉定额比与作物净灌溉定额变化量之间的关系。

通过改变葵花的灌溉定额比，即可计算得到不同葵花灌溉定额比下典型年三种主要作物的净灌溉定额。葵花灌溉定额比增加或减少的比例与主要作物净灌溉定额增加或减少的比例之间的关系如图 5.7.1 所示。可以看出，葵花灌溉定额比变化率与主要作物净灌溉定额变化率为非线性关系。从目前的数据看，葵花的灌溉定额比增加，将导致葵花的净灌溉定额增加，同时其他作物的净灌溉定额减小（实际上是典型作物的净灌溉定额减小）。主要原因为：当引水量 Q 一定时，葵花净灌溉定额增大，生育期内葵花分配的引水量的比例增大，而其他作物（包括典型作物）分配的引水量的比例减小，因此，其他作物的净灌溉定额减小。

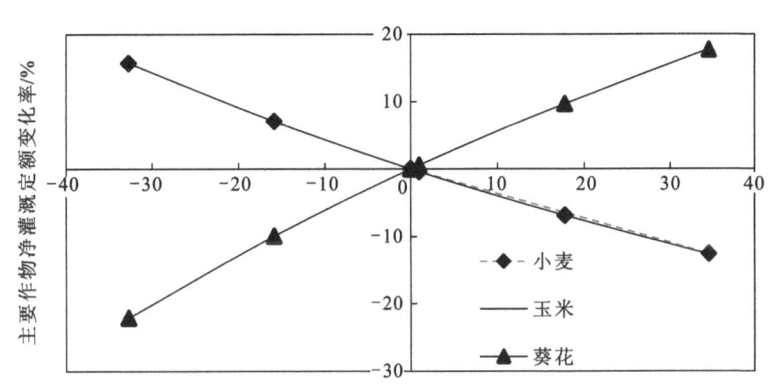

图 5.7.1　葵花灌溉定额比变化率与主要作物净灌溉定额变化率的关系

从葵花灌溉定额比变化率与主要作物净灌溉定额变化率的关系上看，河套灌区小麦净灌溉定额对葵花灌溉定额比的敏感系数平均值为-0.42（即若葵花灌溉定额比增加10%，典型作物净灌溉定额减少 4.2%），玉米净灌溉定额对葵花灌溉定额比的敏感系数平均值与小麦相同，而葵花净灌溉定额对葵花灌溉定额比的敏感系数平均值为 0.59。

2. 玉米灌溉定额比与主要作物净灌溉定额的关系

分析玉米灌溉定额比与主要作物净灌溉定额关系的方法和分析葵花灌溉定额比与主要作物净灌溉定额关系的方法相同。玉米灌溉定额比增加或减少的比例与所得到的主要作物净灌溉定额增加或减少的比例之间的关系如图 5.7.2 所示。可以看出，玉米灌溉定额比变化率与主要作物净灌溉定额变化率为线性关系。玉米属于灌溉依赖程度高、耗水量大的粮食作物，而小麦相较于玉米而言灌溉依赖程度更高、耗水量更大。玉米的灌溉定额比增加，将导致玉米的净灌溉定额增加，同时其他作物的净灌溉定额减小。从玉米灌溉定额比变化率与主要作物净灌溉定额变化率的关系上看，河套灌区典型作物净灌溉定额对玉米灌溉定额比的敏感系数平均值是-0.22（即若玉米灌溉定额比增加 10%，典型作物净灌溉定额减少 2.2%），而玉米净灌溉定额对玉米灌溉定额比的敏感系数大约是 0.63。由于所选取的典型年玉米的种植面积比例较小，不到葵花种植面积比例的一半，所以玉米的灌溉定额比对典型作物净灌溉定额的影响小于葵花灌溉定额比对典型作物净灌溉定额的影响。

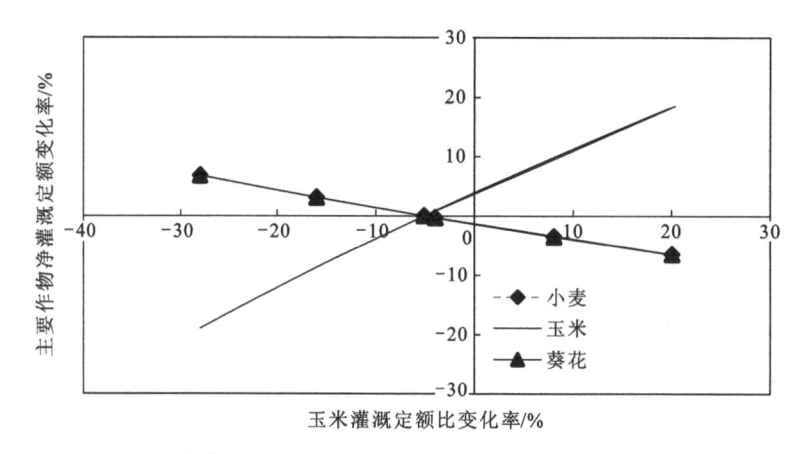

图 5.7.2 玉米灌溉定额比变化率与主要作物净灌溉定额变化率的关系

5.7.3 种植结构对典型作物净灌溉定额的影响

小麦、玉米、葵花为河套灌区种植面积前三的作物，种植面积占河套灌区的 77%。由于小麦、玉米、葵花的灌溉依赖程度、耗水量不同，在灌溉面积 A 与引水量 Q 不变的情况下，不同的种植结构必然会导致计算得到的典型作物净灌溉定额不同。为了了解不同种植结构将会导致典型作物净灌溉定额产生多大的误差，在灌溉面积 A 与引水量 Q 不变的情况下，分析研究了三种情景条件：①葵花-小麦结构调整，改变葵花、小麦的种植面积比例，分析典型作物净灌溉定额的变化；②葵花-玉米结构调整，改变葵花、玉米的种植面积比例，分析典型作物净灌溉定额的变化；③葵花-玉米-小麦结构调整，改变葵花、玉米、小麦的种植面积比例，分析典型作物净灌溉定额的变化。

第5章 基于水量平衡分析的河套灌区灌溉定额研究

葵花-小麦结构调整方法：保证各灌域各种作物种植面积比例之和为1，在典型年种植结构的基础上，更改葵花与小麦的种植面积比例，即葵花种植面积比例减少S，小麦的种植面积比例则增加S。葵花-玉米结构调整方法：保证各灌域各种作物种植面积比例之和为1，在典型年种植结构的基础上，更改葵花与玉米的种植面积比例，即葵花种植面积比例减少S，玉米的种植面积比例则增加S。葵花-玉米-小麦结构调整方法：保证各灌域各种作物种植面积比例之和为1，在典型年种植结构的基础上，葵花种植面积比例减少S，玉米的种植面积比例就增加1/2×S，小麦的种植面积比例增加1/2×S。

在典型年种植结构的基础上调整主要作物的种植结构后，通过水量平衡方程[式（5.1.12）]即可求出不同种植结构下各种作物的净灌溉定额。在分析种植结构的影响时，作物之间的灌溉定额比未发生变化，因此各种作物的净灌溉定额对种植结构的敏感系数是一样的，此处只分析典型作物净灌溉定额的敏感系数。更改主要作物的种植结构后，本节以葵花种植面积比例的变化率为参考，分析典型作物的净灌溉定额的敏感系数，如表5.7.3所示。

表5.7.3 种植结构调整后河套灌区典型作物净灌溉定额的敏感系数

葵花种植面积 比例变化率/%	典型作物净灌溉定额变化率/%			敏感系数		
	葵花-小麦 结构调整	葵花-玉米 结构调整	葵花-玉米-小麦 结构调整	葵花-小麦 结构调整	葵花-玉米 结构调整	葵花-玉米-小麦 结构调整
-4	-1.18	-0.58	-0.88	0.28	0.14	0.21
-8	-2.34	-1.14	-1.75	0.28	0.14	0.21
-13	-3.47	-1.71	-2.60	0.27	0.13	0.21
-17	-4.57	-2.26	-3.43	0.27	0.13	0.20
-21	-5.65	-2.81	-4.25	0.27	0.13	0.20
-25	-6.71	-3.36	-5.06	0.26	0.13	0.20
-30	-7.74	-3.90	-5.86	0.26	0.13	0.20
-34	-8.75	-4.43	-6.64	0.26	0.13	0.20
-38	-9.73	-4.95	-7.40	0.26	0.13	0.19

在灌溉面积A与引水量Q不变的情况下，不同的种植结构调整方式，对典型作物的净灌溉定额影响不同。从表5.7.3可知，当葵花的种植面积减少30%时，葵花-小麦结构调整方式对典型作物净灌溉定额的影响为-7.74%，葵花-玉米结构调整方式对典型作物净灌溉定额的影响为-3.90%，葵花-玉米-小麦结构调整方式对典型作物净灌溉定额的影响为-5.86%。

整体来看，葵花-小麦结构调整方式对典型作物净灌溉定额的影响最大，敏感系数平均值为0.27，葵花-玉米-小麦结构调整方式次之，敏感系数平均值为0.20，葵花-玉米结构调整方式对典型作物净灌溉定额的影响最小，敏感系数平均值为0.13，相当于若葵花的种植面积比例减少10%，葵花-小麦结构调整方式下的典型作物净灌溉定额减少2.7%，葵花-玉米-小麦结构调整方式下的典型作物净灌溉定额减少2.0%，葵花-玉米结构调整方式下的典型作物净灌溉定额减少 1.3%。

在灌溉面积 A 与引水量 Q 不变的情况下，减少葵花的种植面积，同时增加小麦或玉米的种植面积，则所有作物的净灌溉定额均减少。其主要原因为：在河套灌区主要作物中，葵花属于灌溉依赖程度最低、耗水量最小的作物，玉米和小麦的生育期净灌溉定额均大于葵花的生育期净灌溉定额，减少葵花的种植面积，增加小麦或玉米的种植面积，就相当于增加了灌溉用水量，在灌溉面积和引水量不变的条件下，一定会导致典型作物小麦的净灌溉定额的减少，从而导致所有作物的净灌溉定额减少。实际上，作物的净灌溉定额不会因为某一作物灌溉面积的增大或减小而变化，如果葵花的种植面积减少，在总面积不变的条件下，总用水量应该增加。但是本节是在灌溉面积 A 与引水量 Q 不变的情况下求解典型作物净灌溉定额的变化，因此客观导致了典型作物净灌溉定额的减少。

5.7.4 灌溉面积对典型作物净灌溉定额的影响

根据遥感卫星图识别得到目前河套灌区的灌溉面积在 1 110 万亩左右，1998～2018 年灌区的灌溉面积呈现逐年增大至稳定值的趋势。河套灌区各灌域管理局提供的灌区近几年的灌溉面积在 840 万亩左右，比遥感识别的面积小 24%。2019 年 9 月 4 日，河套灌区成功列入 2019 年（第六批）世界灌溉工程遗产名录，申遗附件中显示现状灌区灌溉面积为 1 020 万亩，比遥感识别的面积小 8%。这说明不同方法、不同渠道得到的河套灌区灌溉面积数据相差较大，灌溉面积 A 的误差是存在的，并且误差较大。即便是认可度较高的遥感解译方法，也会由于采用的数据源精度的不同和识别方法的不同而产生误差，且误差不会小于 5%。因此，采用年度水量平衡法进行计算，灌溉面积的误差对于所得到的净灌溉定额的影响是不可忽略的。

根据式（5.7.2）可知，典型作物净灌溉定额与灌溉面积为反比关系。假设不同作物的灌溉定额比 α_i、作物种植面积比例 β_i、引水量 Q、灌溉水利用系数 η 与典型年相同，计算得到的典型作物净灌溉定额对灌溉面积的敏感系数，见表 5.7.4。数据表明，典型作物净灌溉定额对灌溉面积的敏感程度较高，灌溉面积变化率与典型作物净灌溉定额变化率为非线性关系，不同灌溉面积变化率下的敏感系数在-1 附近波动，平均值为-1.02。当灌溉面积变化率为正时，敏感系数绝对值随灌溉面积变化率的增加而减小；当灌溉面积变化率为负时，敏感系数绝对值随灌溉面积变化率的增加而增加。典型年灌溉面积为 1 114 万亩，典型作物净灌溉定额为 124 m³/亩，灌溉面积增加 10%到 1 225 万亩，典型作物的净灌溉定额为 113 m³/亩，典型作物净灌溉定额减少 9.09%；灌溉面积减少 10%到 1 002 万亩，典型作物的净灌溉定额为 138 m³/亩，典型作物净灌溉定额增加 11.11%[①]。可以看出，灌溉面积的误差对典型作物净灌溉定额的影响较大。

$$M_{\text{典型作物}} = \frac{Q \times \eta}{A \times \sum_{i}(\alpha_i \times \beta_i)} \quad (5.7.2)$$

---

① 净灌溉定额、灌溉面积数据均进行了修约，其变化率由原始值计算。

表 5.7.4 河套灌区典型作物净灌溉定额对灌溉面积的敏感系数

灌溉面积变化率/%	变化后的灌溉面积/万亩	典型作物净灌溉定额/(m³/亩)	典型作物净灌溉定额变化率/%	敏感系数
0	1 114	124	0.00	—
2	1 136	122	-1.96	-0.98
4	1 158	119	-3.85	-0.96
6	1 180	117	-5.66	-0.94
8	1 203	115	-7.41	-0.93
10	1 225	113	-9.09	-0.91
15	1 281	108	-13.04	-0.87
20	1 336	104	-16.67	-0.83
25	1 392	99	-20.00	-0.80
-2	1 091	127	2.04	-1.02
-4	1 069	129	4.17	-1.04
-6	1 047	132	6.38	-1.06
-8	1 025	135	8.70	-1.09
-10	1 002	138	11.11	-1.11
-15	947	146	17.65	-1.18
-20	891	155	25.00	-1.25
-25	835	166	33.33	-1.33

注：表中数值均采用原始值计算，该表中数据进行了修约，因此，部分数据存在少许出入。

5.7.5 灌溉水利用系数对典型作物净灌溉定额的影响

由式（5.7.2）可知，典型作物净灌溉定额与灌溉水利用系数成正比，灌溉水利用系数变化率与典型作物净灌溉定额变化率应为线性关系。计算的典型作物净灌溉定额对灌溉水利用系数的敏感系数，见表 5.7.5，数据表明，典型作物净灌溉定额对灌溉水利用系数的敏感程度较高，灌溉水利用系数变化率与典型作物净灌溉定额变化率为线性关系，不同灌溉水利用系数变化率下的敏感系数始终为 1.00。典型年灌溉水利用系数为 0.417 6，典型作物净灌溉定额为 124 m³/亩，灌溉水利用系数增加 10%，为 0.459 4，典型作物的净灌溉定额为 137 m³/亩，典型作物净灌溉定额也增加了 10%；灌溉水利用系数减少 10%，为 0.375 8，典型作物的净灌溉定额为 112 m³/亩，典型作物净灌溉定额也减少了 10%。可以看出，灌溉水利用系数的误差对典型作物净灌溉定额的影响较大。

表 5.7.5 河套灌区典型作物净灌溉定额对灌溉水利用系数的敏感系数

灌溉水利用系数变化率/%	变化后的灌溉水利用系数	典型作物净灌溉定额/(m³/亩)	典型作物净灌溉定额变化率/%	敏感系数
0	0.417 6	124	0	—
1	0.421 8	126	1	1.00
2	0.426 0	127	2	1.00
3	0.430 1	128	3	1.00
5	0.438 5	130	5	1.00
8	0.451 0	134	8	1.00
10	0.459 4	137	10	1.00
15	0.480 2	143	15	1.00
−1	0.413 4	123	−1	1.00
−2	0.409 2	122	−2	1.00
−3	0.405 1	121	−3	1.00
−5	0.396 7	118	−5	1.00
−8	0.384 2	114	−8	1.00
−10	0.375 8	112	−10	1.00
−15	0.355 0	106	−15	1.00

注：表中数值均采用原始值计算，该表中数据进行了修约，因此，部分数据存在少许出入。

5.8 本章小结

本章根据河套灌区各个灌域引水量、灌溉定额比、种植结构、灌溉面积等资料，计算了河套灌区及各个灌域的实际灌溉定额，分析了区域地下水位下降对灌溉定额的影响，研究了作物净灌溉定额的参数敏感性，得到以下结论。

（1）1998～2017 年，河套灌区及各灌域的秋浇毛灌溉定额与秋浇、春灌净灌溉定额年际波动很大，但整体上呈现增加的趋势。2013～2017 年，河套灌区的秋浇毛灌溉定额为 308 m³/亩，秋浇净灌溉定额为 129 m³/亩，春灌净灌溉定额为 77 m³/亩，此结果与灌区的监测结果相近，数据比较可靠。

（2）1998～2017 年，河套灌区及各灌域的综合毛灌溉定额随时间推移不断减少，综合净灌溉定额则相对保持稳定，略有减少。2013～2017 年，河套灌区全年、春灌及生育期、生育期综合毛灌溉定额分别为 426 m³/亩、270 m³/亩、187 m³/亩，综合净灌溉定额分别为 178 m³/亩、113 m³/亩、78 m³/亩，生育期与全年综合净灌溉定额相差 100 m³/亩。

（3）1998～2017 年典型作物全年净灌溉定额波动中呈现上升趋势，春灌及生育期、生育期净灌溉定额变化相对稳定，略有下降。2013～2017 年，河套灌区典型作物小麦全年、春灌及生育期、生育期净灌溉定额分别为 252 m³/亩、132 m³/亩、115 m³/亩。

（4）从整个河套灌区来看，现状小麦全年净灌溉定额为 252 m³/亩，玉米净灌溉定额为 220 m³/亩，葵花净灌溉定额为 151 m³/亩；现状春灌及生育期的小麦净灌溉定额为 132 m³/亩，玉米净灌溉定额为 105 m³/亩，葵花净灌溉定额为 128 m³/亩；现状生育期的小麦净灌溉定额为 115 m³/亩，玉米净灌溉定额为 91 m³/亩，葵花净灌溉定额为 69 m³/亩。

（5）利用灌区潜水蒸发量的统计数据研究了地下水变化对灌溉定额的影响，在未来引水条件下（40 亿 m³、38.8 亿 m³、36.4 亿 m³、35 亿 m³ 和 32 亿 m³），河套灌区的灌溉定额增加范围是 3.6~13.7 m³/亩。

（6）河套灌区三种主要作物的净灌溉定额对不同参数的敏感系数结果表明，灌溉面积和灌溉水利用系数对作物净灌溉定额的影响最大，其次为葵花灌溉定额比、玉米灌溉定额比，而作物净灌溉定额对种植结构的敏感程度最低。

第6章 河套灌区农业灌溉地下水可开采量

本章首先基于可开采系数法计算河套灌区的地下水可开采量，明确灌区地下水补给、消耗要素，估计灌区的地下水资源量。进一步构建河套灌区地下水数值模型，基于数值模型研究现状及未来条件下农业灌溉合理的地下水开采方案，确定井渠结合条件下灌区地下水动态变化及适宜的地下水可开采量。

6.1 基于可开采系数法的河套灌区地下水可开采量

6.1.1 研究方法

本区域地下水补给主要为降雨入渗补给、山前侧向补给、黄河侧渗补给、渠系渗漏补给和田间灌溉入渗补给。地下水可开采量的计算公式为

$$Q_e = Q_{sa} \times \rho \tag{6.1.1}$$

式中：ρ 为可开采系数；Q_e 为地下水可开采量，m^3；Q_{sa} 为地下水总补给量，m^3。

具体计算过程如下：通过已有数据对河套灌区地下水总补给量进行计算，选择合理的可开采系数，根据不同的矿化度分区，对河套灌区整体及不同灌域的地下水可开采量进行计算。其中，地下水总补给量计算如下：

$$Q_{sa} = Q_r + Q_m + Q_c + Q_f + Q_y \tag{6.1.2}$$

式中：Q_{sa} 为地下水总补给量，m^3；Q_r 为降雨入渗补给量，m^3；Q_m 为山前侧向补给量，m^3；Q_c 为渠系渗漏补给量，m^3；Q_f 为田间灌溉入渗补给量，m^3；Q_y 为黄河侧渗补给量，m^3。

6.1.2 地下水总补给量计算

地下水总补给量的计算分为五个部分，其中 Q_m 和 Q_y 采用固定值进行计算，其他各项通过实测资料进行计算。

1. 降雨入渗补给量

降雨入渗补给量采用降雨入渗补给系数法进行计算，计算公式为

$$Q_r=0.1\times P\times \alpha_r\times F \tag{6.1.3}$$

式中：Q_r 为降雨入渗补给量，万 m^3；P 为降雨量，mm；α_r 为降雨入渗补给系数；F 为均衡计算区面积，km^2。α_r 为降雨入渗补给地下水量与降雨量的比值，武汉大学（2005）根据包头试验站数据，推算得到河套灌区 α_r 为 0.1，基本能代表当地实际情况，故本处采用该数值。图 6.1.1 为河套灌区各个气象站所测每月平均降雨资料，依据区内的雨量站点分布情况，乌兰布和灌域的降雨采用磴口站数据；解放闸灌域的降雨采用杭锦后旗站数据；永济灌域的降雨采用临河站数据；义长灌域的降雨采用五原站数据；乌拉特灌域的降雨采用乌拉特前旗站数据。

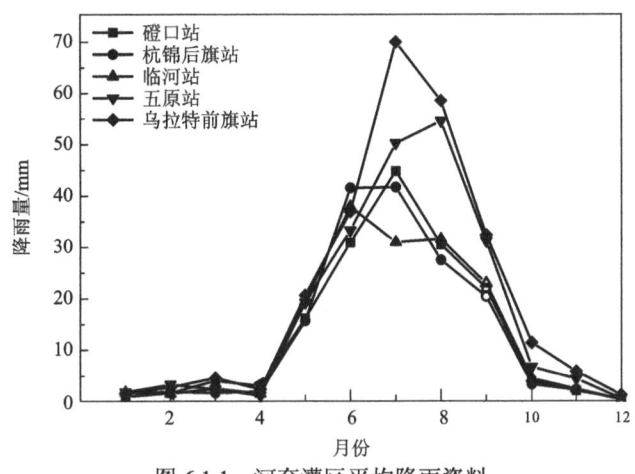

图 6.1.1 河套灌区平均降雨资料

2. 山前侧向补给量

山前侧向补给量可采用剖面法利用达西公式计算：

$$Q_m=0.1\times T\times I\times t\times L \tag{6.1.4}$$

式中：Q_m 为山前侧向补给量，万 m^3；T 为剖面的导水系数，m^2/d；I 为垂直于剖面的水力坡度；t 为时间，d；L 为地下水补给断面的长度，km。

在《河套灌区水文地质勘探报告》中，计算得到狼山山前侧向补给量为 5.0 亿 m^3，乌拉山山前侧向补给量为 0.79 亿 m^3。在《内蒙古自治区巴彦淖尔市水资源综合规划报告》（武汉大学，2005）中，将狼山山前侧向补给量确定为 1.06 亿 m^3，将乌拉山山前侧向补给量确定为 0.35 亿 m^3，由于该数值计算结果距今较近，所以将山前侧向补给量取为 1.41 亿 m^3。

3. 黄河侧渗补给量

通过资料分析得到，以总干二闸处为界，上游乌兰布和灌域—解放闸灌域—永济灌域段为黄河补给灌区，下游义长灌域—乌拉特灌域段地下水位等值线与黄河大致垂直，两者水量交换较弱，可视为无黄河侧渗补给（武汉大学，2005）。黄河侧渗补给量可按式（6.1.5）计算：

$$Q_y=K\times I\times B\times L_a\times t \tag{6.1.5}$$

式中：Q_y 为黄河侧渗补给量，m³；K 为渗透系数，m/d；I 为水力坡度；B 为断面宽度，m；L_a 为含水层厚度，m；t 为时间，d。

武汉大学通过计算将黄河侧渗补给量定为 0.022 4 亿 m³，本次取为 0.022 4 亿 m³。

4. 渠系渗漏补给量

渠系渗漏补给量用式（6.1.6）计算：

$$Q_c = Q_s \times \beta_c \times (1-\eta_c) \quad (6.1.6)$$

式中：Q_c 为渠系渗漏补给量，m³；Q_s 为各输水渠系引水量，m³；β_c 为渠系输水地下水补给系数；η_c 为渠系水利用系数。

根据内蒙古农业大学（2015）的最新研究成果，灌区不同灌域的渠系水利用系数（η_c）取值如表 6.1.1 所示。

表 6.1.1　渠系水利用系数取值

地区	乌兰布和灌域	解放闸灌域	永济灌域	义长灌域	乌拉特灌域	河套灌区
渠系水利用系数	0.520	0.532	0.555	0.556	0.528	0.510

渠系输水地下水补给系数（β_c）为渠系渗漏补给地下水量与渠系渗漏量的比值，相关研究表明，β_c 在 0.30~0.90（李建承，2015；王国庆和刘冬梅，2012）。李郝（2015）在研究河套灌区合理的井渠结合面积比时将 β_c 取为 0.5；李建承（2015）在北方大型灌区渠井结合配置模式研究中将 β_c 取为 0.35；易成军（2014）在对策勒地下水资源分析计算时将 β_c 取为 0.3~0.45。由于缺乏足够的实际资料，本次该系数取为 0.35。

5. 田间灌溉入渗补给量

将农渠以下渠道的渗漏补给量纳入田间灌溉入渗补给量。田间灌溉入渗补给量可利用式（6.1.7）计算：

$$Q_f = Q_s \times \beta_f \times \eta_c \quad (6.1.7)$$

式中：Q_f 为田间灌溉入渗补给量，m³；Q_s 为各输水渠系引水量，m³；β_f 为田间灌溉入渗地下水补给系数；η_c 为渠系水利用系数。

根据张志杰（2011）的研究，河套灌区作物生育期田间灌溉入渗地下水补给系数为0.141，秋浇田间灌溉入渗地下水补给系数为 0.290。王亚东（2002）得到的田间灌溉入渗地下水补给系数为 0.31；而河套灌区管理总局曾在灌区利用地下水长期观测资料计算了各灌域现状条件下的田间灌溉入渗地下水补给系数，计算结果为 0.27~0.33。综合考虑两方面资料，并结合余乐时（2017）利用地下水数值模型和地下水长期观测资料得到的研究成果，将田间灌溉入渗地下水补给系数定为 0.29。

6.1.3　可开采系数确定

可开采系数是指某地区的地下水可开采量与同一地区的地下水总补给量的比值。考虑到部分地下水补给量消耗于潜水蒸发，故可开采系数 ρ 应不大于 1。选取合适的可开采系数，既能提高地下水资源利用率又能防止土壤积盐。李郝（2015）在研究合理的井渠结合面积比时将井渠结合区地下水可开采系数定为 0.5；根据岳卫峰等（2013）的研究，对于矿化度≤3 g/L 的区域，可选用较大的可开采系数，参考取值范围为 0.6~1.0。

本节主要根据矿化度进行分区，结合河套灌区的地下水补给量及地质条件，初步确定地下水可开采系数在 0.4~0.7。本节主要针对地下水矿化度大于 2 g/L 与大于 3 g/L 不开采两种情况确定可开采系数，出于安全起见，具体取值如表 6.1.2 所示。

表 6.1.2 可开采系数取值

矿化度/(g/L)	>5	(3, 5]	[2, 3]	<2
可开采系数	0	0	0.4	0.5

彭培艺等（2016）分析了河套灌区水文地质条件和古地理环境，对内蒙古自治区地质局水文地质队绘制的河套灌区咸淡水分布图进行了修正，并采用井样点矿化度数据插值对所得到的不可开采区面积进行了校正分析，最后借用 ArcGIS 得到了矿化度分区图，如图 6.1.2 所示，不同灌域的年均地下水矿化度占比如表 6.1.3 所示。

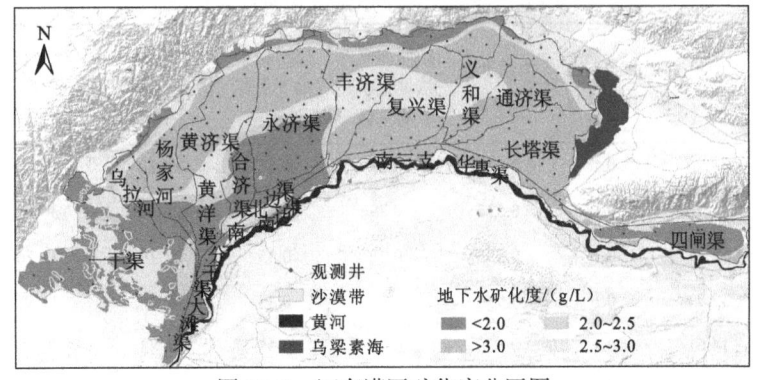

图 6.1.2 河套灌区矿化度分区图

表 6.1.3 2008 年河套灌区年均地下水矿化度占比表

灌域	年均地下水矿化度占比/%		
	<2.0 g/L	2.0~3.0 g/L	>3.0 g/L
乌兰布和灌域	56.30	12.49	31.21
解放闸灌域	28.41	30.29	41.30
永济灌域	41.19	32.76	26.05
义长灌域	8.58	31.57	59.86
乌拉特灌域	24.83	2.53	72.64

注：义长灌域各年均地下水矿化度占比之和不为 100%由四舍五入导致。

6.1.4 地下水可开采量计算

1. 各灌域年平均可开采量

本节利用 2000~2017 年实测的降雨量和引水量资料推求河套灌区不同灌域的年平均可开采量,其中降雨量和引水量均采用多年平均值,最后得到在不同开采条件下的年平均可开采量。现以乌兰布和灌域为例,计算各灌域在不同矿化度下的年平均可开采量。

1) 乌兰布和灌域

河套灌区各灌域地下水可开量计算参数见表 6.1.4,乌兰布和灌域矿化度小于 2 g/L 情况及小于 3 g/L 情况年平均地下水可开采量计算表见表 6.1.5 与表 6.1.6。表 6.1.5 与表 6.1.6 中数据表明,两种情况下乌兰布和灌域的地下水可开采量没有太大的变化,主要是因为乌兰布和灌域本身的矿化度水平较低,降低开采标准并不会带来很大的影响。在地下水矿化度<2.0 g/L 情况下开采,乌兰布和灌域可开采约 0.702 亿 m³ 地下水,在地下水矿化度<3.0 g/L 情况下开采,乌兰布和灌域可开采约 0.827 亿 m³ 地下水。

表 6.1.4 各灌域地下水可开采量计算参数

灌域	面积/(亿 m²)	降雨入渗补给系数	渠系水利用系数	田间灌溉入渗地下水补给系数	渠系输水地下水补给系数	<2 g/L 矿化度占比/%	2~3 g/L 矿化度占比/%	>3 g/L 矿化度占比/%
乌兰布和灌域	18.96	0.1	0.520	0.29	0.35	56.30	12.49	31.21
解放闸灌域	22.869	0.1	0.532	0.29	0.35	28.41	30.29	41.30
永济灌域	18.15	0.1	0.555	0.29	0.35	41.19	32.76	26.05
义长灌域	32.73	0.1	0.556	0.29	0.35	8.58	31.57	59.86
乌拉特灌域	14.61	0.1	0.528	0.29	0.35	24.83	2.53	72.64

表 6.1.5 乌兰布和灌域矿化度小于 2 g/L 情况年平均地下水可开采量计算表 (单位:亿 m³)

月份	引水量	降雨量	降雨入渗补给量	山前侧向补给量及黄河侧渗补给量	渠系渗漏补给量	田间灌溉入渗补给量	地下水总补给量	地下水可开采量
1	0.000	0.015	0.001	0.013	0.000	0.000	0.014	0.007
2	0.000	0.022	0.001	0.013	0.000	0.000	0.015	0.007
3	0.000	0.056	0.003	0.013	0.000	0.000	0.017	0.008
4	0.548	0.070	0.004	0.013	0.052	0.047	0.116	0.058
5	1.106	0.260	0.015	0.013	0.105	0.094	0.227	0.113
6	0.874	0.497	0.028	0.013	0.083	0.074	0.198	0.099
7	0.987	0.663	0.037	0.013	0.093	0.084	0.228	0.114
8	0.525	0.479	0.027	0.013	0.050	0.045	0.135	0.067

续表

月份	引水量	降雨量	降雨入渗补给量	山前侧向补给量及黄河侧渗补给量	渠系渗漏补给量	田间灌溉入渗补给量	地下水总补给量	地下水可开采量
9	0.403	0.563	0.032	0.013	0.038	0.034	0.118	0.059
10	1.569	0.132	0.007	0.013	0.148	0.133	0.302	0.151
11	0.039	0.023	0.001	0.013	0.004	0.003	0.022	0.011
12	0.000	0.011	0.001	0.013	0.000	0.000	0.014	0.007
总和	6.052	2.792	0.157	0.161	0.572	0.514	1.405	0.702

注：表中数值均采用原始值计算，该表中数据进行了修约，因此，部分数据存在少许出入。

表 6.1.6　乌兰布和灌域矿化度小于 3 g/L 情况年平均地下水可开采量计算表　（单位：亿 m³）

月份	引水量	降雨量	降雨入渗补给量	山前侧向补给量及黄河侧渗补给量	渠系渗漏补给量	田间灌溉入渗补给量	地下水总补给量	地下水可开采量
1	0.000	0.015	0.001	0.016	0.000	0.000	0.017	0.008
2	0.000	0.022	0.002	0.016	0.000	0.000	0.018	0.009
3	0.000	0.056	0.004	0.016	0.000	0.000	0.020	0.010
4	0.548	0.070	0.005	0.016	0.063	0.057	0.141	0.068
5	1.106	0.260	0.018	0.016	0.128	0.115	0.277	0.133
6	0.874	0.497	0.034	0.016	0.101	0.091	0.242	0.117
7	0.987	0.663	0.046	0.016	0.114	0.102	0.278	0.134
8	0.525	0.479	0.033	0.016	0.061	0.054	0.165	0.079
9	0.403	0.563	0.039	0.016	0.047	0.042	0.144	0.069
10	1.569	0.132	0.009	0.016	0.181	0.163	0.370	0.178
11	0.039	0.023	0.002	0.016	0.005	0.004	0.027	0.013
12	0.000	0.011	0.001	0.016	0.000	0.000	0.017	0.008
总和	6.052	2.792	0.192	0.197	0.699	0.628	1.716	0.827

注：表中数值均采用原始值计算，该表中数据进行了修约，因此，部分数据存在少许出入。

2）解放闸灌域

解放闸灌域地下水可开采量计算参数见表 6.1.4，矿化度小于 2 g/L 情况及小于 3 g/L 情况年平均地下水可开采量计算方法与乌兰布和灌域相同。计算结果表明，在地下水矿化度<2.0 g/L 情况下开采，解放闸灌域可开采地下水量约为 0.616 亿 m³，在地下水矿化度<3.0 g/L 情况下开采，解放闸灌域可开采地下水量约为 1.142 亿 m³。解放闸灌域两种矿化度情况可开采地下水量变化较大，主要原因是 2~3 g/L 变化范围虽然小，但其面积

占比较大，故相对于<2 g/L 情况下地下水可开采量产生了 80%以上的变化幅度。

3）永济灌域

永济灌域地下水可开采量计算参数见表 6.1.4，矿化度小于 2 g/L 情况及小于 3 g/L 情况年平均地下水可开采量计算方法与乌兰布和灌域相同。计算结果表明，在地下水矿化度<2.0 g/L 情况下开采，永济灌域可开采地下水量约为 0.670 亿 m³，在地下水矿化度<3.0 g/L 情况下开采，永济灌域可开采地下水量约为 1.097 亿 m³。

4）义长灌域

义长灌域地下水可开采量计算参数见表 6.1.4，矿化度小于 2 g/L 情况及小于 3 g/L 情况年平均地下水可开采量计算方法与乌兰布和灌域相同。计算结果表明，在地下水矿化度<2.0 g/L 情况下开采，义长灌域可开采地下水量约为 0.228 亿 m³，在地下水矿化度<3.0 g/L 情况下开采，义长灌域可开采地下水量约为 0.901 亿 m³。

5）乌拉特灌域

乌拉特灌域地下水可开采量计算参数见表 6.1.4，矿化度小于 2 g/L 情况及小于 3 g/L 情况年平均地下水可开采量计算方法与乌兰布和灌域相同。乌拉特灌域两种情况下地下水可开采量变化不大，并且其本身比较小。这主要是因为该地区大面积区域地下水矿化度处于大于 3 g/L 的情况，故地下水可开采量本身较小，而矿化度在 2~3 g/L 的区域面积也较小，所以变化不大。计算结果表明，在地下水矿化度<2.0 g/L 情况下开采，乌拉特灌域可开采地下水量约为 0.262 亿 m³，在地下水矿化度<3.0 g/L 情况下开采，乌拉特灌域可开采地下水量约为 0.283 亿 m³。

6）河套灌区

河套灌区矿化度小于 2 g/L 情况及小于 3 g/L 情况年平均地下水可开采量计算表见表 6.1.7 与表 6.1.8，在地下水矿化度<2.0 g/L 情况下开采，可开采约 2.479 亿 m³ 地下水，在地下水矿化度<3.0 g/L 情况下开采，可开采约 4.250 亿 m³ 地下水。

表 6.1.7 河套灌区矿化度小于 2 g/L 情况年平均地下水可开采量计算表 （单位：亿 m³）

月份	引水量	降雨量	降雨入渗补给量	山前侧向补给量及黄河侧渗补给量	渠系渗漏补给量	田间灌溉入渗补给量	地下水总补给量	地下水可开采量
1	0.000	0.141	0.003	0.038	0.000	0.000	0.042	0.021
2	0.000	0.165	0.004	0.038	0.000	0.000	0.042	0.021
3	0.000	0.291	0.008	0.038	0.000	0.000	0.046	0.023
4	1.978	0.351	0.010	0.038	0.105	0.099	0.251	0.126
5	8.154	1.708	0.046	0.038	0.375	0.360	0.818	0.409
6	6.142	3.114	0.089	0.038	0.284	0.273	0.684	0.342
7	6.510	3.947	0.108	0.038	0.308	0.296	0.750	0.375
8	2.413	3.689	0.095	0.038	0.131	0.124	0.387	0.194

第 6 章 河套灌区农业灌溉地下水可开采量

续表

月份	引水量	降雨量	降雨入渗补给量	山前侧向补给量及黄河侧渗补给量	渠系渗漏补给量	田间灌溉入渗补给量	地下水总补给量	地下水可开采量
9	6.064	3.381	0.094	0.038	0.245	0.239	0.615	0.308
10	13.407	0.527	0.016	0.038	0.590	0.568	1.212	0.606
11	0.468	0.203	0.005	0.038	0.014	0.014	0.071	0.036
12	0.000	0.114	0.003	0.038	0.000	0.000	0.041	0.021
总和	45.136	17.632	0.479	0.456	2.051	1.972	4.959	2.479

注：表中数值均采用原始值计算，该表中数据进行了修约，因此，部分数据存在少许出入。

表 6.1.8　河套灌区矿化度小于 3 g/L 情况年平均地下水可开采量计算表　（单位：亿 m³）

月份	引水量	降雨量	降雨入渗补给量	山前侧向补给量及黄河侧渗补给量	渠系渗漏补给量	田间灌溉入渗补给量	地下水总补给量	地下水可开采量
1	0.000	0.141	0.007	0.064	0.000	0.000	0.071	0.033
2	0.000	0.165	0.008	0.064	0.000	0.000	0.072	0.033
3	0.000	0.291	0.015	0.064	0.000	0.000	0.079	0.036
4	1.978	0.351	0.018	0.064	0.178	0.171	0.431	0.197
5	8.154	1.708	0.086	0.064	0.705	0.688	1.543	0.699
6	6.142	3.114	0.166	0.064	0.537	0.525	1.292	0.585
7	6.510	3.947	0.196	0.064	0.572	0.557	1.388	0.630
8	2.413	3.689	0.180	0.064	0.229	0.220	0.694	0.316
9	6.064	3.381	0.174	0.064	0.514	0.509	1.260	0.566
10	13.407	0.527	0.027	0.064	1.139	1.116	2.345	1.059
11	0.468	0.203	0.009	0.064	0.034	0.034	0.141	0.064
12	0.000	0.114	0.006	0.064	0.000	0.000	0.070	0.032
总和	45.136	17.632	0.890	0.770	3.906	3.819	9.386	4.250

注：表中数值均采用原始值计算，该表中数据进行了修约，因此，部分数据存在少许出入。

2. 各灌域年际可开采量

根据各月份计算结果最后可得到河套灌区及各灌域每年矿化度小于 2 g/L 情况下的地下水可开采量，如表 6.1.9 所示。乌兰布和灌域地下水可开采量平均为 0.685 亿 m³，解放闸灌域地下水可开采量平均为 0.625 亿 m³，义长灌域地下水可开采量平均为 0.234 亿 m³，永济灌域地下水可开采量平均为 0.681 亿 m³，乌拉特灌域地下水可开采量平均为 0.253 亿 m³，河套灌区地下水可开采量平均为 2.478 亿 m³。可以看出，乌兰布和灌域、解放闸灌域与永济灌域在矿化度小于 2 g/L 开采条件下较有开采潜力。

表 6.1.9 河套灌区及各灌域矿化度小于 2 g/L 情况下地下水可开采量　（单位：亿 m³）

年份	乌兰布和灌域	解放闸灌域	义长灌域	永济灌域	乌拉特灌域	河套灌区
2000	0.682	0.669	0.227	0.700	0.271	2.549
2001	0.730	0.643	0.228	0.688	0.271	2.560
2002	0.727	0.641	0.230	0.722	0.260	2.580
2003	0.612	0.554	0.205	0.600	0.227	2.198
2004	0.684	0.599	0.216	0.648	0.251	2.397
2005	0.777	0.598	0.218	0.682	0.247	2.522
2006	0.726	0.601	0.236	0.701	0.256	2.519
2007	0.734	0.604	0.237	0.675	0.255	2.505
2008	0.674	0.598	0.238	0.675	0.248	2.434
2009	0.648	0.653	0.256	0.699	0.274	2.530
2010	0.728	0.633	0.243	0.671	0.266	2.541
2011	0.708	0.616	0.232	0.666	0.250	2.471
2012	0.728	0.634	0.243	0.671	0.266	2.542
2013	0.694	0.615	0.232	0.666	0.249	2.457
2014	0.691	0.629	0.243	0.640	0.254	2.457
2015	0.678	0.663	0.240	0.720	0.244	2.545
2016	0.572	0.644	0.234	0.711	0.231	2.392
2017	0.532	0.662	0.250	0.725	0.235	2.404
平均值	0.685	0.625	0.234	0.681	0.253	2.478

注：表中数值均采用原始值计算，该表中数据进行了修约，因此，部分数据存在少许出入。

同理可得矿化度小于 3 g/L 开采条件下的地下水可开采量，如表 6.1.10 所示，其中乌兰布和灌域地下水可开采量平均为 0.806 亿 m³，解放闸灌域地下水可开采量平均为 1.159 亿 m³，义长灌域地下水可开采量平均为 0.922 亿 m³，永济灌域地下水可开采量平均为 1.114 亿 m³，乌拉特灌域地下水可开采量平均为 0.274 亿 m³，河套灌区地下水可开采量平均为 4.275 亿 m³。

表 6.1.10 河套灌区及各灌域矿化度小于 3 g/L 情况下地下水可开采量　（单位：亿 m³）

年份	乌兰布和灌域	解放闸灌域	义长灌域	永济灌域	乌拉特灌域	河套灌区
2000	0.803	1.240	0.894	1.146	0.293	4.376
2001	0.859	1.192	0.898	1.126	0.293	4.369
2002	0.857	1.187	0.907	1.181	0.282	4.414
2003	0.721	1.027	0.807	0.981	0.246	3.782

续表

年份	地区					
	乌兰布和灌域	解放闸灌域	义长灌域	永济灌域	乌拉特灌域	河套灌区
2004	0.805	1.109	0.853	1.060	0.271	4.098
2005	0.915	1.108	0.858	1.116	0.268	4.264
2006	0.854	1.114	0.929	1.147	0.277	4.322
2007	0.864	1.118	0.936	1.105	0.276	4.299
2008	0.793	1.109	0.941	1.105	0.268	4.216
2009	0.763	1.209	1.011	1.145	0.296	4.424
2010	0.857	1.174	0.960	1.097	0.288	4.376
2011	0.833	1.141	0.915	1.089	0.270	4.249
2012	0.857	1.174	0.960	1.097	0.288	4.376
2013	0.817	1.141	0.915	1.089	0.270	4.231
2014	0.813	1.166	0.957	1.047	0.275	4.259
2015	0.798	1.228	0.946	1.178	0.264	4.415
2016	0.674	1.194	0.922	1.163	0.250	4.202
2017	0.627	1.226	0.986	1.186	0.255	4.279
平均值	0.806	1.159	0.922	1.114	0.274	4.275

注：表中数值均采用原始值计算，该表中数据进行了修约，因此，部分数据存在少许出入。

3. 不同引水量条件下地下水可开采量

在内蒙古引水量面临政策性减少的背景下，河套灌区的引水量在未来计划减少至 40 亿 m³，并可能进一步减少至 36.4 亿 m³。本节将计算在 40 亿 m³、38.8 亿 m³ 和 36.4 亿 m³ 三种引水量条件下不同灌域的地下水可开采量，最后得到河套灌区在不同开采条件下的年平均地下水可开采量。降雨量取 2000～2013 年多年平均实测值，计算方法与 6.1.2 小节相同，计算结果如表 6.1.11 所示。由表 6.1.11 可知，开采地下水矿化度上限为 2 g/L 时，在 40 亿 m³、38.8 亿 m³ 和 36.4 亿 m³ 引水量下，河套灌区井渠结合条件下地下水可开采量分别为 2.250 亿 m³、2.198 亿 m³ 及 2.090 亿 m³。开采地下水矿化度上限为 3 g/L 时，在 40 亿 m³、38.8 亿 m³ 和 36.4 亿 m³ 引水量下，河套灌区井渠结合条件下地下水可开采量分别为 3.853 亿 m³、3.760 亿 m³ 及 3.574 亿 m³。

表 6.1.11 不同引水量条件下地下水可开采量

引水量 /(亿 m³)	矿化度开采标准 /(g/L)	地下水可开采量/(亿 m³)					
		乌兰布和灌域	解放闸灌域	义长灌域	永济灌域	乌拉特灌域	河套灌区
40	2	0.641	0.556	0.207	0.606	0.241	2.250
	3	0.754	1.030	0.815	0.992	0.260	3.853

续表

引水量/(亿 m³)	矿化度开采标准/(g/L)	地下水可开采量/(亿 m³)					
		乌兰布和灌域	解放闸灌域	义长灌域	永济灌域	乌拉特灌域	河套灌区
38.8	2	0.626	0.542	0.202	0.592	0.236	2.198
	3	0.737	1.004	0.796	0.968	0.255	3.760
36.4	2	0.597	0.514	0.562	0.192	0.226	2.090
	3	0.703	0.952	0.919	0.756	0.244	3.574

注：表中数值均采用原始值计算，该表中数据进行了修约，因此，部分数据存在少许出入。

6.1.5 小结

本节主要分析计算了河套灌区两种开采条件（地下水矿化度<2.0 g/L 及<3.0 g/L）下，不同灌域及整个灌区的地下水可开采量。地下水矿化度<2.0 g/L 情况下，在现状引水量条件下，河套灌区地下水可开采量约为 2.479 亿 m³，在 40 亿 m³、38.8 亿 m³ 和 36.4 亿 m³ 引水量条件下，河套灌区地下水可开采量分别为 2.250 亿 m³、2.198 亿 m³ 及 2.090 亿 m³；地下水矿化度<3.0 g/L 情况下，在现状引水量条件下，可开采约 4.250 亿 m³ 地下水，在 40 亿 m³、38.8 亿 m³ 和 36.4 亿 m³ 引水量条件下，河套灌区地下水可开采量分别为 3.853 亿 m³、3.760 亿 m³ 及 3.574 亿 m³。

6.2 基于动力学模型的地下水可开采量计算

6.2.1 研究工具

本节数值模拟采用 MODFLOW-2005，该模型地下水运动通过中心差分法进行求解，可以模拟复杂条件下的承压或潜水的地下水运动，是目前国际上最为通用的地下水模拟软件系统。MODFLOW-2005 控制方程如式（6.2.1）～式（6.2.3）所示：

$$\frac{\partial}{\partial x}\left(K_{xx}\frac{\partial h}{\partial x}\right)+\frac{\partial}{\partial y}\left(K_{yy}\frac{\partial h}{\partial y}\right)+\frac{\partial}{\partial z}\left(K_{zz}\frac{\partial h}{\partial z}\right)+W=S_s\frac{\partial h}{\partial t} \quad (6.2.1)$$

$$h(x,y,z,t)|_{t=0}=h_0(x,y,z) \quad (6.2.2)$$

$$K_n\frac{\partial h}{\partial n}\Big|_{S_2}=q(x,y,z,t) \quad (6.2.3)$$

式中：K_{xx}、K_{yy}、K_{zz} 分别为 x、y、z 方向的主渗透系数，LT^{-1}；h 为水头，L；W 为源汇项，T^{-1}；S_s 为储水率，L^{-1}；t 为时间，T；h_0 为水头初始值，L；S_2 为渗流区域的第二类边界；n 为第二类边界的外法线方向；K_n 为边界法线方向的渗透系数，LT^{-1}；q 为第二类边界流量，L^2T^{-1}。

本节使用 Python 编程语言将 ArcGIS 与 MODFLOW-2005 通过其对应的模块 ArcPy 及 FloPy 进行功能耦合，读取 ArcGIS 文件当中的空间数据，并输入 FloPy 中完成模型的构建。FloPy 是 Python 的一个模块包，主要用来进行 MODFLOW-2005 的前处理、文件制作和功能运行，同时能读取 MODFLOW-2005 运行结束后的输出文件，并在 Python 内形成数组进行数据分析计算。ArcPy 是 ArcGIS 的 Python 模块包，以实用、高效的方式通过 Python 执行地理数据分析、数据转换、数据管理和地图自动化创建等任务。

6.2.2 研究方法

本节的主要内容是利用 ArcPy 及 Python 调用河套灌区地下水资源数据，使用 FloPy 构建地下水数值模型，利用 2006~2017 年数据进行参数率定和验证，推求河套灌区内的各项水文地质参数。在确定模型各项参数之后，分析不同开采条件下地下水水位变化情况，并得到井渠结合条件下最小引水量。

6.2.3 基础资料

本节主要对灌区内的地下水水位、水文地质信息、气象数据进行了收集，资料来源主要为气象站监测数据、历史资料及相关文献。对于水文地质信息，主要通过 Python 编程语言、ArcGIS 等工具的处理，获得在灌区范围内的各项所需数据，包括灌区所在位置、渠系分布、黄河所在位置及水位等数据，其中黄河水位根据巴彦高勒站、三湖河口站、头道拐站三个水文站的长期观测资料确定。地下水埋深数据来源于河套灌区内 200 多眼观测井每 5 日观测数据。模型中气象数据的来源为河套灌区内的气象站监测数据和其他国家长期观测数据，主要包括降雨、蒸发、气温等内容。地质参数主要包括岩性、地质构造、地质分层规律及相关水文地质参数等，该部分内容主要通过相关勘探试验报告收集，其中水文地质参数是在已有数据的基础上，通过插值得到灌区全域数据，再由模型率定部分地区的参数。灌溉资料主要包括杨家河、通济渠、南一分干渠、永济渠等 19 条干渠及分干渠的多年引水资料。

6.2.4 地下水数值模型构建

1. 模拟范围及网格剖分

模型所在区域包括乌兰布和灌域、解放闸灌域、永济灌域、义长灌域和乌拉特灌域五个灌域，东接乌梁素海，南部承接黄河边界，北接狼山和乌拉山山麓，西部为乌兰布和沙漠，如图 6.2.1 所示。在水平方向将河套灌区离散为一个 300 行、280 列的数组，每个单元长 1 000 m，宽 500 m。根据灌区的水文地质条件，模型沿垂向离散为三层，第一层为弱透水层，第二层和第三层为第一含水层。

图 6.2.1　河套灌区地理位置示意图

2. 边界概化与分析

1）东边界

河套灌区的东部为乌梁素海，形状表现为北宽南窄，湖底呈碟形，东北至西南较长，约 35 km，宽度为 4~12 km，湖岸线长 130 km 左右，湖水深度为 0.5~3.2 m，湖面高程多年平均值约为 1 018.5 m。

乌梁素海补水来源主要为河套灌区的排水，还有山洪、降雨、地下水补给等水源。在乌梁素海水资源紧缺时，为保证乌梁素海的生态安全，灌区会根据实际需要利用黄河凌汛水对其进行补充。乌梁素海的水分消耗主要为水面蒸发及乌毛计闸的泄水。根据统计资料，每年乌梁素海各项进出水量的平均值如表 6.2.1 所示。

表 6.2.1　乌梁素海各项进出水量平均值

项目	总排干	八排干	九排干	黄河补水	降雨量	山洪	乌毛计闸	蒸发量	渗漏量
年平均水量/（亿 m^3）	4.80	0.48	0.24	0.52	0.66	0.58	−1.40	−5.89	0.58

乌梁素海湖面的初始高程定为 1 018.5 m，该数据为乌梁素海 2006~2013 年的平均湖面高程，湖水深度设置为 0.8 m。此外，还需要输入的数据有不同月份的降雨、蒸发、径流（来自邻近流域的陆路径流进入湖中），以及除蒸发、降雨之外的排水数据。径流、排水数据主要通过历年排水资料的均值均摊至 5~11 月，而蒸发、降雨则根据气象站资料输入。

2）西边界

河套灌区西部为乌兰布和沙漠，乌兰布和沙漠不同时期的地下水状态比较稳定，水平向流动较弱，因此概化为不透水边界。

3）北边界

河套灌区北部自西向东分别为狼山、色尔腾山和乌拉山，北边界补给主要为山前侧向补给。由于河套灌区北部远离黄河，且位于引水渠末端，灌溉用水往往难以满足作物需求。因此，大量抽取地下水进行灌溉。本模型中，假设山前侧向补给和地下水抽水量两者平衡，将灌区北边界概化为不透水边界。

4）南边界

模型南边界为黄河，与区域地下水存在水力联系，将其设置为河流边界。巴彦高勒站位于磴口粮台南套子，坐标为东经 107°02′，北纬 40°19′，三湖河口站处于内蒙古乌拉特前旗公庙三湖河口，坐标为东经 108°46′，北纬 40°37′，本次模拟的区域在两个水文站之间，模拟需要的数据为河道水面高程、底板高程及河道水力传导度。水面高程及底板高程数据根据两个水文站的资料插值得到，具体数据见表 6.2.2 与表 6.2.3。模型中黄河边界的水面高程与底板高程采用 2006~2010 年的平均值进行计算。根据毛昶熙《堤防工程手册》所给渗透系数经验值，黄河底部弱透水层渗透系数为 0.000 001~0.001 cm/s，模型中取为 0.000 5 cm/s。

表 6.2.2　巴彦高勒站水位数据　　　　　　　　　　（单位：m）

月份	年份					平均值
	2006	2007	2008	2009	2010	
1	1 052.9	1 052.9	1 052.7	1 052.7	1 053.1	1 052.86
2	1 052.7	1 052.7	1 053.0	1 052.7	1 052.8	1 052.78
3	1 050.9	1 050.9	1 051.9	1 051.3	1 051.6	1 051.32
4	1 050.8	1 050.8	1 051.1	1 051.3	1 051.3	1 051.06
5	1 050.8	1 050.8	1 050.6	1 050.7	1 050.6	1 050.70
6	1 050.5	1 050.9	1 050.8	1 050.5	1 050.7	1 050.68
7	1 050.9	1 050.9	1 050.3	1 050.3	1 050.6	1 050.60
8	1 051.1	1 051.1	1 051.2	1 050.8	1 051.0	1 051.04
9	1 051.1	1 051.3	1 051.1	1 051.3	1 051.0	1 051.16
10	1 050.4	1 050.8	1 050.6	1 050.6	1 050.6	1 050.60
11	1 050.6	1 051.0	1 050.7	1 050.6	1 050.6	1 050.68
12	1 051.5	1 051.2	1 051.8	1 051.9	1 051.8	1 051.64

表 6.2.3　三湖河口站水位数据　　　　　　　　　　（单位：m）

月份	年份					平均值
	2006	2007	2008	2009	2010	
1	1 020.2	1 020.2	1 020.3	1 020.4	1 020.6	1 020.34
2	1 020.4	1 020.4	1 020.7	1 020.6	1 020.7	1 020.56
3	1 019.8	1 019.8	1 020.3	1 020.0	1 020.4	1 020.06
4	1 018.9	1 018.9	1 019.1	1 019.3	1 019.3	1 019.10

续表

月份	2006	2007	2008	2009	2010	平均值
5	1 018.6	1 018.6	1 018.4	1 018.6	1 018.7	1 018.58
6	1 019.0	1 019.0	1 018.8	1 018.7	1 019.0	1 018.90
7	1 019.0	1 019.0	1 018.5	1 018.7	1 018.9	1 018.82
8	1 019.2	1 019.2	1 019.2	1 018.8	1 019.2	1 019.12
9	1 019.6	1 019.6	1 019.2	1 019.5	1 019.3	1 019.44
10	1 019.2	1 019.2	1 018.8	1 018.8	1 018.7	1 018.94
11	1 019.4	1 019.4	1 018.9	1 019.2	1 018.8	1 019.14
12	1 019.7	1 019.7	1 019.6	1 020.1	1 019.4	1 019.70

3. 地下水位与参数初值

根据 225 眼观测井的实测数据，通过插值得到河套灌区全域的地下水位初值，具体插值点位置及插值情况见图 6.2.2。

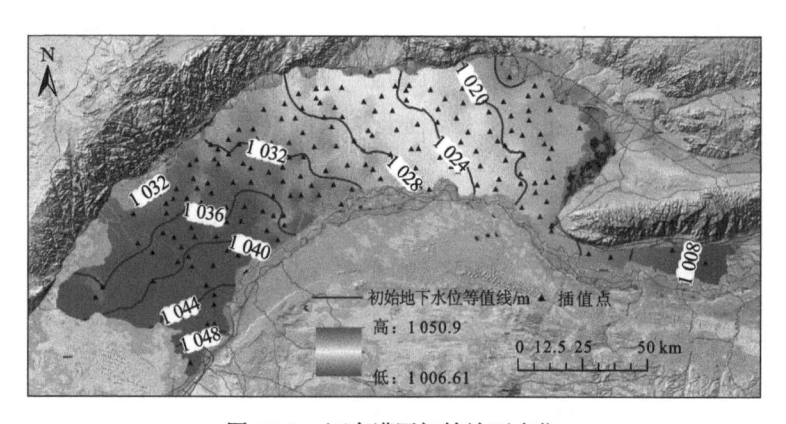

图 6.2.2 河套灌区初始地下水位

河套灌区内共有 114 个钻孔点的抽水试验数据，数据表明第一层弱透水层在河套灌区的空间分布有较大变异性，平均给水度约为 0.02，对存在数据资料的点进行插值得到河套灌区全域的给水度数据。第一含水层的给水度相对于弱透水层要大，根据抽水试验数据得到的平均给水度约为 0.04。结合地质资料，河套灌区第一含水层有较厚的沙层，因此该层给水度取 0.04~0.07 是较为合理的，模型中对钻孔资料进行插值得到各层的给水度数据，具体见 6.2.5 小节。

渗透系数是表征含水层水流流动能力的指标，研究区内的土壤成分以粗砂、粉砂、壤土及黏土为主。根据河套灌区地质勘探地层岩性资料，通过土壤性质及对应的渗透系数经验值，获得灌区内钻孔处的渗透系数。由钻孔处渗透系数插值得到河套灌区全域渗透系数初值（图 6.2.3）。灌区内渗透系数大小趋势大致为从南到北逐渐减小。

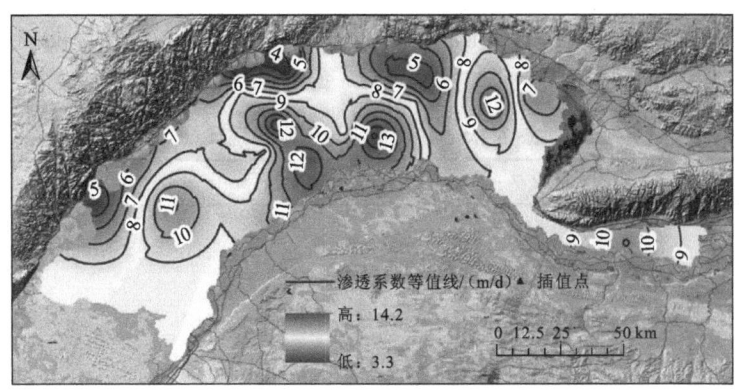

第 6 章 河套灌区农业灌溉地下水可开采量

图 6.2.3 渗透系数分布图

4. 灌区地下水补给

灌区地下水补给主要分为两部分：第一部分为灌溉入渗，即用于灌溉的渠系引水渗漏进入地下的水量；第二部分为降雨入渗，即降雨渗入地下的水量。此外，河套灌区春冬季还会出现土壤冻融的情况。

1) 灌溉入渗

根据相关渠系资料，河套灌区现有总干渠 1 条，干渠 13 条，分干渠 48 条，支渠 372 条，斗渠、农渠、毛渠 8.6 万多条，斗渠、农渠在平面上基本上均匀密布，引水量较均匀地分布至各渠道的灌溉控制区域，因此，将灌溉入渗均摊至灌溉控制面积上以面状补给的形式输入。

利用地理绘图软件 ArcGIS，依据灌区内排水沟和引水渠道分布情况，将排水沟作为各个分区的边界，划分各渠道灌溉控制区域。因为河套灌区区域广阔，模拟难度较大，同时考虑资料掌握情况，以主要干渠、分干渠灌溉控制区域为分区单位，将整个河套灌区分成 20 个灌溉控制区域，如图 6.2.4 所示。低级渠道由于过于细密，统一合并到各干渠所控制的区域内。

图 6.2.4 灌区各干渠、分干渠灌溉控制区域

· 117 ·

每个渠道所控制的区域都根据已有的引水资料（表 6.2.4），除以面积得到单位面积补给量。

表 6.2.4 各渠道平均引水量统计

渠名	引水量/（亿 m³）	面积/km²	单位面积补给量/m
一干渠	5.517	1 780.0	0.310
大滩渠	0.647	116.8	0.554
乌拉河	1.835	440.5	0.416
杨家河	3.785	673.0	0.562
南一分干渠	0.000	69.5	0.000
清惠渠	0.908	181.5	0.500
黄济渠	5.010	893.0	0.561
黄洋渠	0.175	83.0	0.211
永济渠	6.411	1 243.0	0.516
合济渠	1.212	256.0	0.473
南边渠	0.708	175.2	0.404
北边渠	0.197	89.5	0.220
南三支	0.309	138.5	0.223
丰济渠	4.250	1 143.0	0.372
复兴渠	4.654	827.0	0.563
义和渠	2.733	713.0	0.383
通济渠	2.451	510.0	0.481
长塔渠	3.870	806.0	0.480
华惠渠	0.216	158.5	0.136
四闸渠	0.765	562.0	0.136

注：表中数值均采用原始值计算，该表中数据进行了修约，因此，部分数据存在少许出入。

单位面积地下水入渗补给量为地表单位面积补给量与入渗系数之积，计算公式如式（6.2.4）、式（6.2.5）所示。

$$q_i = Q_i / S \qquad (6.2.4)$$
$$q_d = q_i \times S_d \qquad (6.2.5)$$

式中：q_i 为单位引水灌溉量；Q_i 为总灌溉量；S 为对应渠道的控制面积；q_d 为计算灌溉补给系数后得到的实际灌溉入渗量；S_d 为灌溉补给系数。

灌溉补给系数在不同灌溉控制区域及不同月份取不同值，实际取值根据最终结果反演得到，取值范围为 0.25~0.45。

2）降雨入渗

将整个河套灌区按照灌域分为五个部分，灌域内部取相同大小的降雨量，降雨量的大小则根据灌域内及灌域附近的雨量站观测资料确定。依据区内的雨量站分布情况,乌兰布和灌域采用磴口站降雨数据;解放闸灌域采用杭锦后旗站降雨数据;永济灌域采用临河站降雨数据;义长灌域采用五原站降雨数据;乌拉特灌域采用乌拉特前旗站降雨数据。再根据各个灌域所覆盖的灌溉控制区域进行赋值,对于降雨入渗补给系数,本节取值 0.1。降雨入渗补给量的计算公式为

$$q_{rd} = q_r \times \alpha_r \tag{6.2.6}$$

式中:q_{rd} 为每日降雨入渗补给量,m/d;q_r 为每日降雨量,由毫米降雨量转化得到,m/d;α_r 为降雨入渗补给系数,本节取为 0.1。

3)冻融期水量变化

冻融期水量变化机制十分复杂,不再依托于降雨、灌溉、蒸发及地下水开采等因素。研究表明,冻融期地下水变化的主要影响因素为土壤温度。河套灌区 11 月中旬~翌年 3 月初一般为土壤封冻期,随着温度降低,土壤自表层开始逐渐向下冻结,冻结速度随冻结深度的增加而减小,直至 3 月初,冻结速度趋近于 0,冻结深度达到最大。由于冻结区土壤水势降低,在此期间地下水不断向上补给土壤水,地下水埋深持续增加。3 月上旬,气温回升,地表温度由负转正,进入融冻期,冻结土壤从表层开始融化;3 月中旬左右,下层冻土也开始消融,融化水重新补给地下水,地下水埋深减小;至 4 月中旬,上下两层土壤融化锋面相交,土壤完全融冻。土壤封冻与融冻的直接影响因素是土壤温度,土壤温度受外界气温影响而变化。本节中采用冻融期地下水补排模型进行冻融期水量计算(杨文元 等,2017),计算公式如下:

$$T = \alpha_T \cos\left(\frac{2\pi t}{T_0} + \beta_T\right) + \gamma_T \tag{6.2.7}$$

$$H = H_0 + \alpha_H \cos\left(\frac{2\pi t}{T_0} + \beta_H\right) + \gamma_H \tag{6.2.8}$$

$$\tau = \alpha_H \sin\left(\frac{2\pi t_k}{T_0} + \beta_H\right) \bigg/ \left[\alpha_T \sin\left(\frac{2\pi t_{k-n}}{T_0} + \beta_T\right)\right] \tag{6.2.9}$$

$$n = (\beta_T - \beta_H) \cdot T_0 / (2\pi) \tag{6.2.10}$$

$$H_k - H_{k-1} = \tau \cdot (T_{k-n} - T_{k-n-1}) \tag{6.2.11}$$

$$W_k = \mu \cdot \tau \cdot (T_{k-n} - T_{k-n-1}) \tag{6.2.12}$$

式中:τ 为地下水埋深对气温的导数;t_k 为第 k 天的温度,℃;n 为气温对地下水埋深影响的滞后天数,d;H_k 为第 k 天的地下水埋深,mm;T_k 为第 k 天平滑后的气温,℃;T 为平滑后的气温,℃;t 为时间,d;H 为平滑后的地下水埋深,mm;H_0 为冻融期初地下水埋深,mm;T_0 为周期,取为 365 天;W_k 为第 k 天的地下水补排变化量,mm;μ 为对应区域的给水度;α_T、β_T、γ_T 为气温参数,℃;α_H、β_H、γ_H 为地下水埋深参数,mm。两组曲线周期相同,相位不同,可以通过余弦变换相互转换,可以理解为冻融期地下水埋深和气温具有相同的变化周期,两者的相位差即气温对地下水埋深影响的滞后天数。

在计算过程中乌兰布和灌域、解放闸灌域和永济灌域内灌溉控制区域的气温使用临

河站数据，义长灌域、乌拉特灌域内灌溉控制区域的气温使用乌拉特中旗站数据。因为气温数据单日变幅较大，所以需要平滑以后再使用，如图 6.2.5 所示。其中，各灌溉控制区域的地下水埋深参数与气温参数如表 6.2.5 所示。

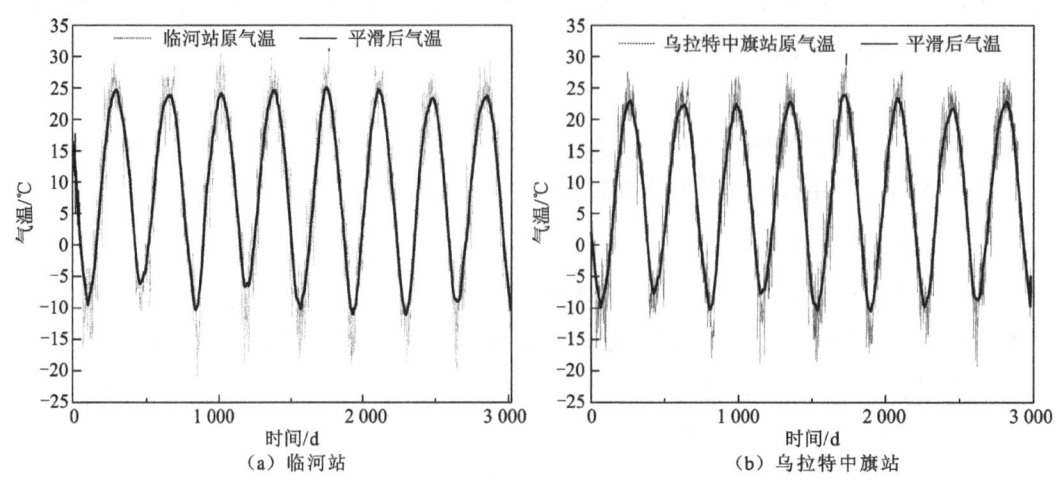

图 6.2.5 临河站与乌拉特中旗站气温

表 6.2.5 各灌溉控制区域的地下水埋深参数和气温参数及均方根误差

灌溉控制区域	灌域	灌域拟合地下水埋深均方根误差/m	气温参数/℃	地下水埋深参数/mm	滞后时间/d	灌溉控制区域拟合地下水埋深均方根误差/m
一干渠	乌兰布和灌域	0.074	17.074、2.915、9.001	−823.801、2.190、−112.354	42	0.077
大滩渠				−1 351.900、2.048、88.080	50	0.138
乌拉河	解放闸灌域	0.080	17.074、2.915、9.001	−1 055.500、2.095、−24.910	48	0.130
杨家河				−1 334.100、2.102、−54.600	47	0.119
清惠渠				—	—	
黄洋渠				−581.680、2.090、−0.479	48	0.181
黄济渠				−1 042.400、2.005、73.710	53	0.142
南一分干渠				−581.680、2.090、−0.479	48	0.288
永济渠	永济灌域	0.123	17.074、2.915、9.001	−938.306、1.984、37.247	54	0.135
合济渠				−1 013.100、1.933、122.700	57	0.178
南边渠				−817.622、2.018、110.174	52	0.192
北边渠				−817.622、2.018、110.174	52	0.337
丰济渠	义长灌域	0.142	18.151、2.913、6.326	−847.049、2.032、59.574	51	0.141
复兴渠				−1 157.200、2.059、28.100	48	0.164
义和渠				−1 103.100、2.086、−24.540	48	0.176
通济渠				−1 237.300、2.108、−46.930	47	0.194
南三支				−1 199.200、2.288、−270.300	36	0.156

续表

灌溉控制区域	灌域	灌域拟合地下水埋深均方根误差/m	气温参数/℃	地下水埋深参数/mm	滞后时间/d	灌溉控制区域拟合地下水埋深均方根误差/m
长塔渠	乌拉特灌域	0.156	18.151、2.913、6.326	−1 147.100、2.180、−126.800	43	0.160
四闸渠				−789.761、2.138、−178.120	45	0.205
华惠渠				−1 147.100、2.180、−126.800	43	—
河套灌区		0.077	17.610、2.914、2.094	−996.733、2.094、−43.718	48	0.077

5. 潜水蒸发

1) 蒸发分区

潜水资料采用了面状输入的方式，研究中收集了模拟区内及附近的磴口站（北纬40°20′，东经107°00′）、杭锦后旗站（北纬40°54′，东经107°08′）、临河站（北纬40°46′，东经107°24′）、五原站（北纬41°06′，东经108°17′）、乌拉特前旗站（北纬40°44′，东经108°39′）、大佘太站（北纬41°01′，东经109°08′）6个站点的蒸发数据，如图6.2.6所示。分区利用泰森多边形法进行，分区结果如图6.2.7所示。

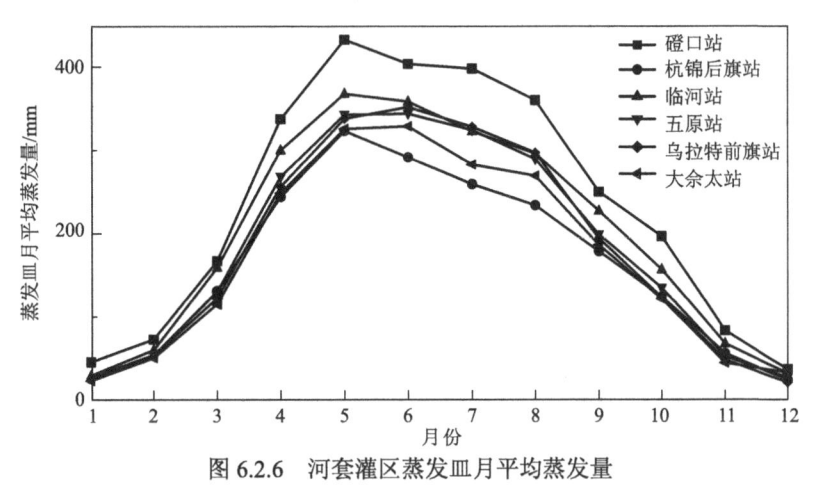

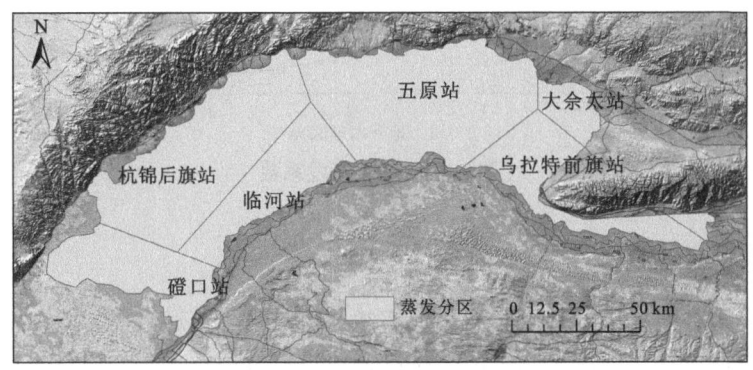

图6.2.6 河套灌区蒸发皿月平均蒸发量

图6.2.7 河套灌区蒸发分区

将各蒸发站蒸发皿所测数据乘以一定的蒸发折算系数[式（6.2.3）]得到水面蒸发量，水面蒸发量通过潜水蒸发系数可得到潜水蒸发量。河套灌区的蒸发数据由 20 cm 蒸发皿测量得到，因此模型使用该数据时需要将其通过不同型号蒸发皿的蒸发变化规律转化为水面蒸发量（钱云平 等，1998），具体蒸发折算系数如表 6.2.6 所示，将冻融期蒸发并入冻融期水量中。

$$KE=E_1/E_{20\,cm} \tag{6.2.13}$$

式中：KE 为蒸发折算系数；E_1 为实际水体蒸发量；$E_{20\,cm}$ 为 20 cm 蒸发皿所测数值。

表 6.2.6　蒸发折算系数表

月份	5	6	7	8	9	10	11
蒸发折算系数	0.438	0.478	0.516	0.567	0.6	0.592	0.594

2）潜水蒸发系数

潜水蒸发指的是潜水向包气带输送水分，并通过土壤蒸发和植物蒸腾散发进入大气的过程。由于土壤蒸发和植物蒸腾在土壤表层或根系层中消耗水分，潜水通过毛细作用不断向上补给水分，保证土壤蒸发和植物蒸腾持续进行。而潜水蒸发系数表示不同深度潜水蒸发量与水面蒸发量的比值。此处根据式（6.2.14）拟合得到潜水蒸发系数，各点参数由王亚东于沙壕分干渠试验得到（王亚东，2002），如图 6.2.8 所示。

$$C(h')=A\cdot e^{-ah'}+C \tag{6.2.14}$$

式中：h' 为地下水埋深，m；A、C 为拟合参数；a 为地下水埋深除以极限蒸发深度得到的比值，本节中极限蒸发深度取为 4.0 m。

图 6.2.8　潜水蒸发系数

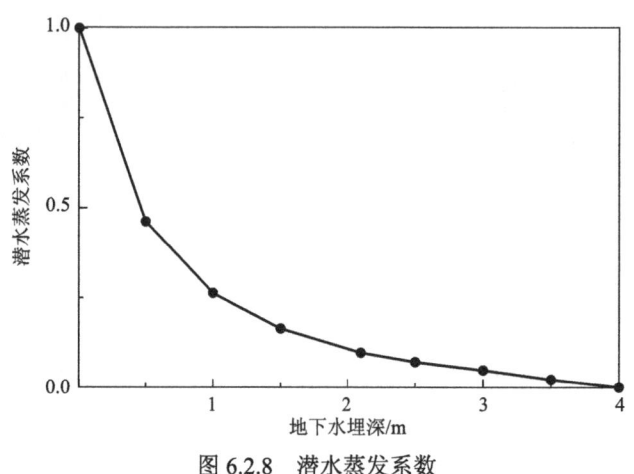

6. 排水沟设置

河套灌区内分布有大量且密集的排水系统，由于模型区域较大，且每个单元有一定的面积，不可能完全体现排水沟系统，所以本节只设置分干沟级别以上的排水沟，空间布置如图6.2.9所示。若含水层地下水水位低于排水沟底部,则排水量为零;若高于排水沟底部,则有排水。MODFLOW-2005中排水沟水力传导系数是一个综合系数,它反映了排水沟与地下水系统之间的水力传导性质,通过查阅灌区农水渠系相关手册,结合前人研究情况,将总排干沟深设为4 m,水力传导系数设为250 m²/d;将干沟深设为2 m,水力传导系数设为150 m²/d。

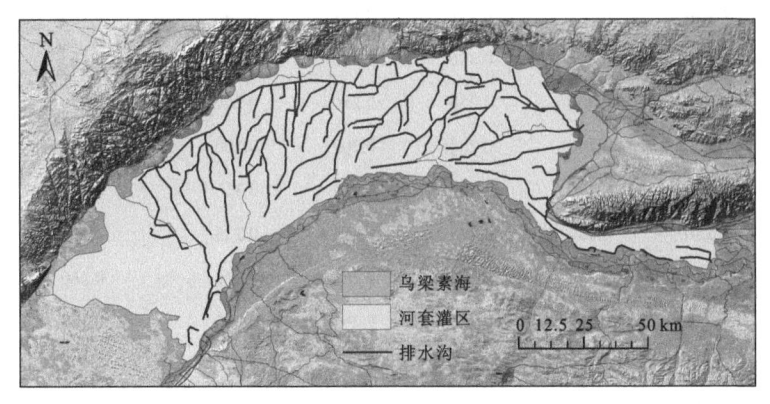

图6.2.9 排水沟布置情况

6.2.5 模型率定验证

1. 模型参数

灌区地下水数值模型中,主要参数有渗透系数、给水度、潜水蒸发系数、渠系输水地下水补给系数、降雨入渗补给系数和田间灌溉入渗地下水补给系数。其中,潜水蒸发系数采用王亚东公式[式(6.2.14)]计算,降雨入渗补给系数根据大量的试验研究成果作为已知项输入,渠系输水地下水补给系数和田间灌溉入渗地下水补给系数合并为综合入渗系数进行率定。综合入渗系数率定结果如表6.2.7所示,河套灌区全域综合入渗系数生育期平均为0.262,秋浇时平均为0.346,全年平均为0.286。秋浇时综合入渗系数普遍较大,原因在于经过生育期消耗,土壤含水率较低,而5月综合入渗系数较低,原因可能在于冻融期水量回补。

表6.2.7 综合入渗系数

渠名	生育期					秋浇	
	5月	6月	7月	8月	9月	10月	11月
一干渠	0.180	0.360	0.360	0.360	0.330	0.330	0.396
大滩渠	0.160	0.350	0.360	0.360	0.360	0.320	0.360
乌拉河	0.180	0.300	0.250	0.230	0.280	0.400	0.430
杨家河	0.225	0.290	0.264	0.230	0.200	0.383	0.414
南一分干渠	0.360	0.300	0.250	0.250	0.250	0.270	0.360
清惠渠	0.180	0.210	0.150	0.150	0.150	0.200	0.230

续表

渠名	生育期					秋浇	
	5月	6月	7月	8月	9月	10月	11月
黄济渠	0.240	0.290	0.264	0.264	0.216	0.338	0.414
黄洋渠	0.240	0.195	0.163	0.163	0.163	0.160	0.220
永济渠	0.240	0.232	0.192	0.192	0.192	0.209	0.288
合济渠	0.240	0.406	0.336	0.336	0.336	0.365	0.404
南边渠	0.240	0.300	0.250	0.250	0.250	0.270	0.360
北边渠	0.270	0.240	0.200	0.200	0.200	0.180	0.250
南三支	0.360	0.390	0.325	0.325	0.325	0.340	0.420
丰济渠	0.250	0.300	0.275	0.275	0.225	0.300	0.360
复兴渠	0.230	0.290	0.264	0.264	0.216	0.260	0.340
义和渠	0.210	0.290	0.264	0.264	0.216	0.380	0.420
通济渠	0.210	0.290	0.264	0.264	0.216	0.326	0.414
长塔渠	0.220	0.300	0.275	0.275	0.225	0.324	0.414
华惠渠	0.240	0.300	0.275	0.275	0.225	0.338	0.414
四闸渠	0.240	0.360	0.300	0.300	0.450	0.480	0.450

给水度和弹性释水系数如表 6.2.8 所示，第一层弱透水层给水度在 0.02 左右，第二层和第三层给水度为 0.034 0~0.051 6，弹性释水系数为 0.000 002~0.000 005 m^{-1}。结果表明，除南部沿河区域土质偏沙，给水度偏大，而弹性释水系数偏小外，各区平均来看差别不大。该参数结果符合地下水文土壤参数指标，结果较为准确可信。全区整个含水层的水平渗透系数如表 6.2.8 所示，数值为 8.060~9.670 m/d。

表 6.2.8 地质参数

分层	灌域	给水度	弹性释水系数/m^{-1}	水平渗透系数/(m/d)
弱透水层	乌兰布和灌域	0.028 0	0.000 005	8.060
	解放闸灌域	0.020 0	0.000 005	8.100
	永济灌域	0.022 0	0.000 005	9.670
	义长灌域	0.014 8	0.000 005	8.220
	乌拉特灌域	0.019 2	0.000 005	8.910
	平均值	0.020 8	0.000 005	8.592
第一含水层	乌兰布和灌域	0.051 6	0.000 002	8.060
	解放闸灌域	0.047 0	0.000 002	8.100
	永济灌域	0.046 0	0.000 002	9.670
	义长灌域	0.034 0	0.000 002	8.220
	乌拉特灌域	0.037 0	0.000 002	8.910
	平均值	0.043 1	0.000 002	8.592

2. 地下水位率定验证

本节利用 2006～2013 年河套灌区内 219 眼观测井的地下水位观测数据进行参数率定，以月为应力期，率定期共 96 个应力期。图 6.2.10 为部分灌溉控制区域率定结果，从结果可以看出，河套灌区地下水位年内变化十分明显，即每年有两个上升、两个下降，土壤冻结期间，受温度梯度的影响，地下水位呈下降趋势；土壤解冻期间，冻土逐渐融化，在重力作用下，融化的水供给地下水，地下水位呈现上升趋势。在作物生长灌水期间，虽然灌区引入了大量的灌溉用水，但在这一时期作物蒸散发大，耗水量大，作物消耗大量的地下水（即作物的地下水利用量），地下水位有下降的趋势。秋季灌溉时，灌溉水量大，时间集中，作物用水量少，地下水得到补充，地下水位迅速上升。河套灌区率定结果均方根误差 RMSE 为 0.374 m，平均绝对误差 MAE 为 0.289 m，基本满足了地下水模拟精度要求。对于各个灌溉控制区域，RMSE 基本在 0.4 m 左右，MAE 大部分在 0.2～0.4 m，满足模拟的精度要求。

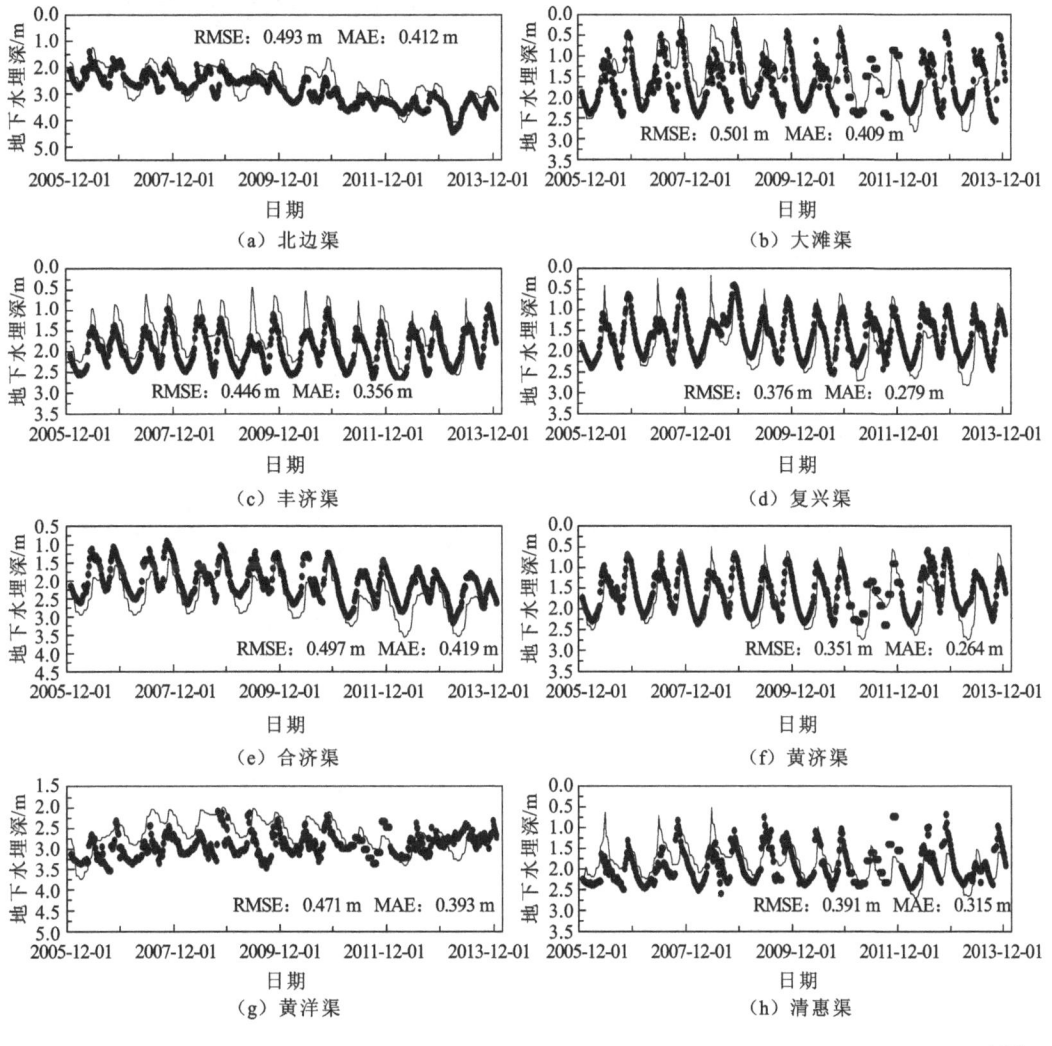

(a) 北边渠

(b) 大滩渠

(c) 丰济渠

(d) 复兴渠

(e) 合济渠

(f) 黄济渠

(g) 黄洋渠

(h) 清惠渠

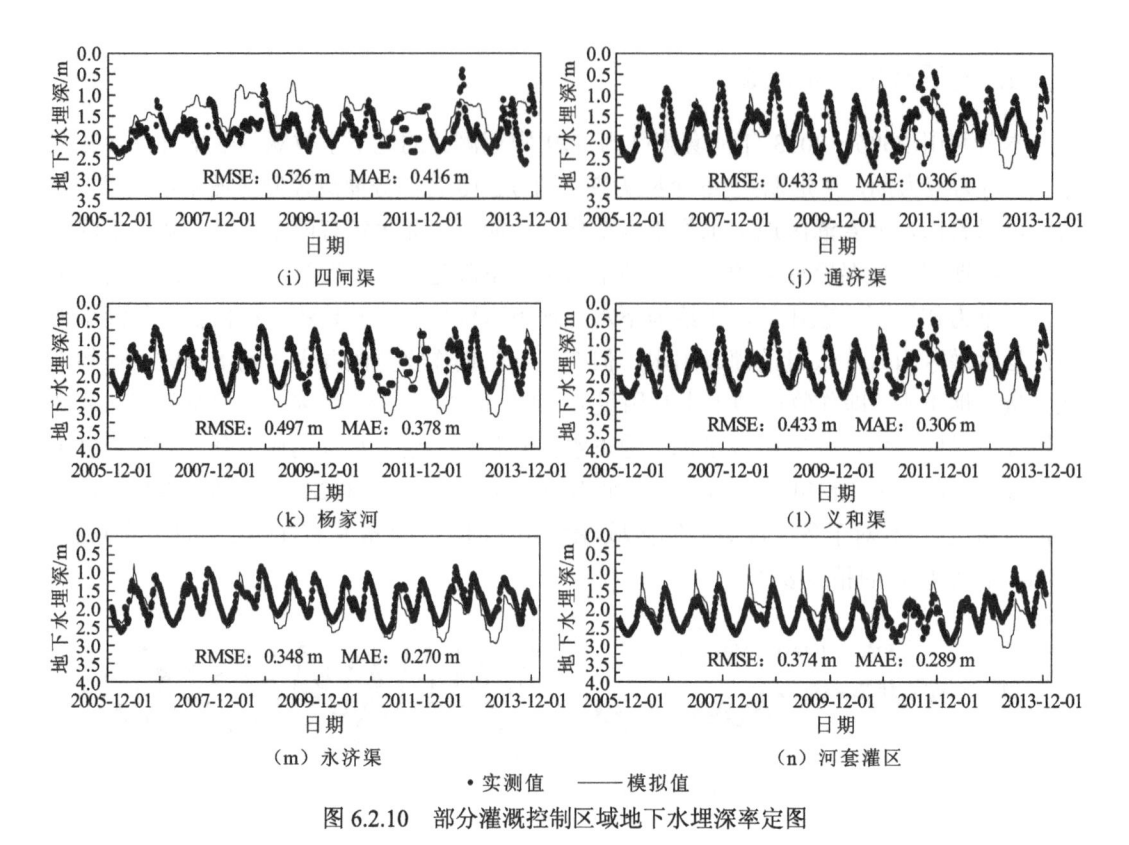

图 6.2.10　部分灌溉控制区域地下水埋深率定图

利用 2014～2017 年河套灌区的地下水埋深观测数据进行参数验证，图 6.2.11 为灌区验证结果，河套灌区 RMSE 为 0.408 m，MAE 为 0.343 m，各灌溉控制区域 MAE 在 0.6 m 以下，RMSE 在 0.7 m 以下，部分灌溉控制区域，两个评价指标较高，但鉴于验证期地下水埋深数据不够全面及资料精度问题，并且模拟情况与实际情况类似，因此认为该验证期结果符合要求。

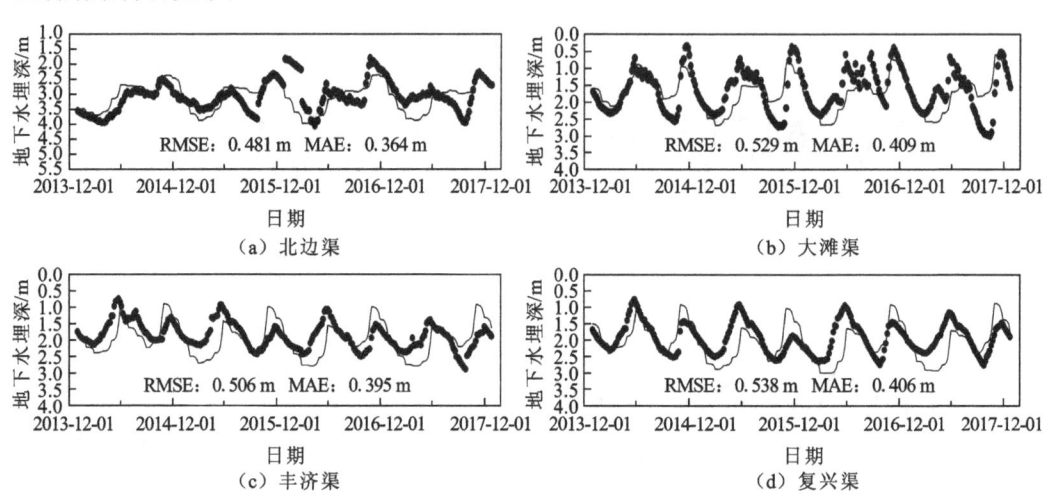

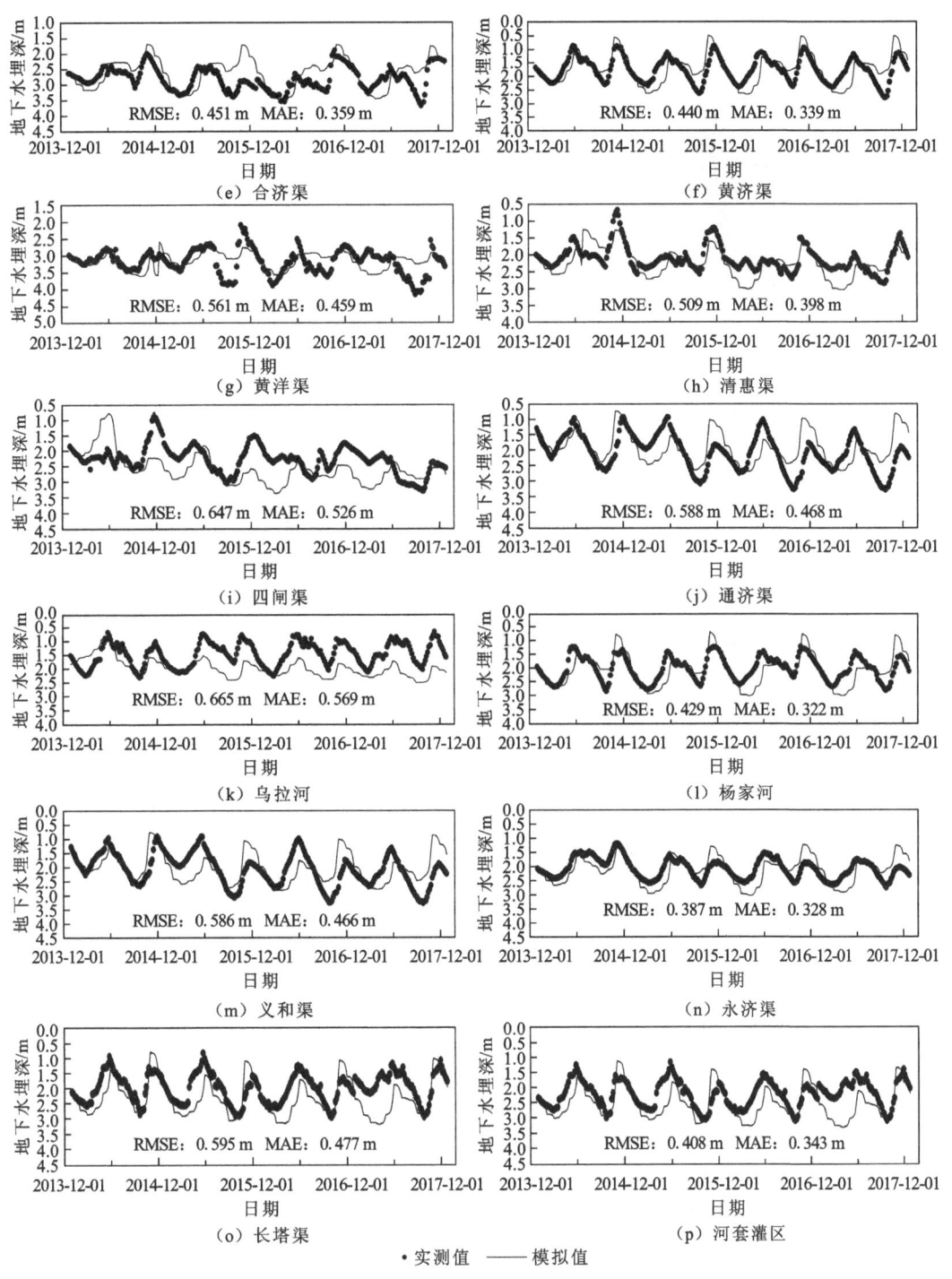

图 6.2.11 部分灌溉控制区域地下水埋深验证图

率定期和验证期的地下水埋深模拟值与实测值散点对比如图 6.2.12 和图 6.2.13 所示，河套灌区内各观测井的地下水埋深实测值与模拟值均匀地分布在 45°线附近，表明模型没有系统性误差。

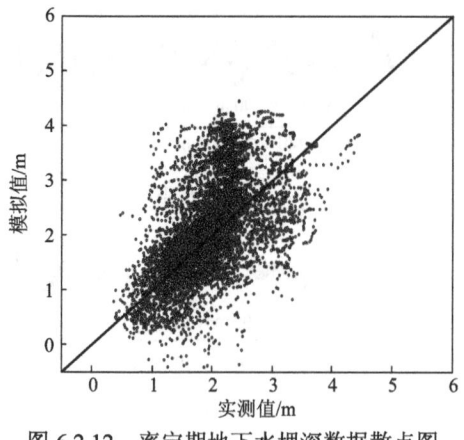

图 6.2.12　率定期地下水埋深数据散点图 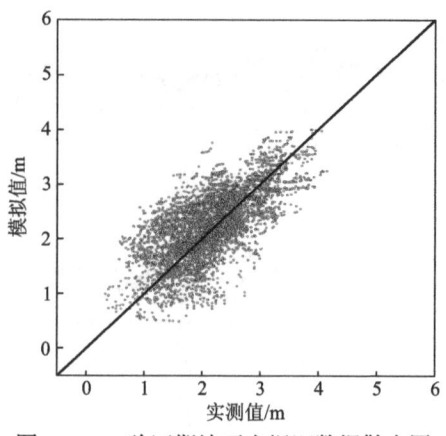　　　图 6.2.13　验证期地下水埋深数据散点图

3. 水量均衡分析

率定期年水量均衡分析结果如表 6.2.9 所示。河套灌区地下水储量波动较小，进入灌区和排出灌区的水量大致相等。率定期、验证期潜水蒸发所损失的水量平均每年为 13.55 亿 m^3，是河套灌区地下水最大的消耗项；灌溉入渗和降雨入渗两者作为河套灌区内地下水最大的补给来源，率定期每年向地下水补充 15.09 亿 m^3，验证期每年向地下水补充 13.42 亿 m^3，潜水蒸发与灌溉入渗和降雨入渗补给较为接近，是控制灌区地下水位动态变化的关键因素。黄河侧渗也是河套灌区地下水较重要的补给源，率定期平均每年为 0.987 亿 m^3，验证期平均每年为 0.760 亿 m^3，该部分占整体水量的比例较小，认为误差在可接受的范围。乌梁素海接受河套灌区排水的同时，也直接与地下水进行水量交换，但是交换量较小。率定期河套灌区每年通过排水沟排水 1.547 亿 m^3，数值与实际情况较为接近。率定期模拟误差为 0.854%，验证期模拟误差为 0.834%，模型整体水量平衡，模型精确可信。

表 6.2.9　河套灌区水量均衡分析　　　　　　（单位：亿 m^3）

项目	地下水储量变化值	潜水蒸发值	入渗补给值	湖泊侧渗值	黄河侧渗值	排水沟排水量	合计
率定期	−0.035	−14.22	15.09	−0.003	0.987	−1.547	0.272
验证期	0.327	−12.88	13.42	−0.001	0.760	−1.386	0.240

6.2.6　井渠结合实施后灌区地下水位的预测分析

1. 井灌区布置情况

井渠结合井灌区要求地下水矿化度较小，以满足灌溉水质的基本要求。结合地下水水质勘探资料，利用 ArcGIS 绘出地下水矿化度小于 2.0 g/L、小于 3.0 g/L 的区域并将其作为地下水可开采区，如图 6.1.2 所示。在此基础上得到不同灌溉控制区域中满足开采条件的区域面积,并按照不同灌域的渠井结合面积比及井灌区面积进行布置。

确定合理的渠井结合面积比以保证地下水采补平衡,是发展井渠结合灌溉、保证灌区节水和可持续发展的重点与难点。根据王璐瑶(2018)基于采补平衡的河套灌区井渠结合模式及节水潜力研究,渠井结合面积比以 2.3~3.4 为宜,过大将导致地下水过度开采,从而带来生态环境问题,过小无法充分利用地下水。李郝(2015)通过建立河套灌区地下水平衡概化模型研究了合理的渠井结合面积比,结果表明,灌区井渠结合区内渠灌与井灌的面积比应控制在 2.5~3.5,且各个灌域的渠井结合面积比从上游到下游基本上呈递增趋势。考虑到不同灌域的引水量差异较大,引黄水对地下水的补给量差别明显,对于上游引黄灌溉水量较大的灌域,应适当加大地下水开采量以开发井灌,减小渠井结合面积比;对于下游引黄灌溉水量较小的灌域,应适当减小地下水开采量,增大渠井结合面积比。本节将处于上游的乌兰布和灌域、永济灌域和解放闸灌域的渠井结合面积比定为 2.5,将处于下游的义长灌域和乌拉特灌域的渠井结合面积比定为 3.4(武汉大学,2017)。

考虑到井渠结合实施后不同井灌区之间也有可能相互影响,认为单个井灌区的面积以 $1.1 \times 10^7 \sim 1.5 \times 10^7 \text{ m}^2$ 为宜。本节将单个井灌区的面积定为 $1.2 \times 10^7 \text{ m}^2$,从而可以计算得到各个灌溉控制区域理论上需要布置的井灌区数量,之后根据实际情况如取整、开采后埋深等微调布置点位,便能得到实际需要布置的井灌区数量。实际布置情况统计如表 6.2.10 与表 6.2.11 所示,矿化度小于 2 g/L 下共布置 80 个井灌区,矿化度小于 3 g/L 下共布置 130 个井灌区。

表 6.2.10　开采矿化度小于 2 g/L 情况下井渠结合井灌区布置情况

渠名	渠井结合面积比	渠道控制面积/(亿 m²)	矿化度小于 2 g/L 占比/%	矿化度小于 2 g/L 面积/(亿 m²)	理论井灌区布置数量	实际井灌区布置数量
一干渠	2.5	17.80	95.0	16.91	40	30
大滩渠	2.5	1.168	90.5	1.06	3	2
乌拉河	2.5	4.405	50.5	2.22	5	5
杨家河	2.5	6.730	19.2	1.29	3	3
南一分干渠	2.5	0.695	81.4	0.57	1	1
清惠渠	2.5	1.815	60.2	1.09	3	3
黄济渠	2.5	8.930	9.8	0.88	2	2
黄洋渠	2.5	0.830	63.7	0.53	1	1
永济渠	2.5	12.430	41.8	5.20	12	12
合济渠	2.5	2.560	74.2	1.90	5	5
南边渠	2.5	1.752	59.5	1.04	2	2
北边渠	2.5	0.895	77.3	0.69	2	2

续表

渠名	渠井结合面积比	渠道控制面积/(亿 m²)	矿化度小于2 g/L 占比/%	矿化度小于2 g/L 面积/(亿 m²)	理论井灌区布置数量	实际井灌区布置数量
南三支	3.4	1.385	0.0	0.00	0	0
丰济渠	3.4	11.430	20.7	2.37	4	4
复兴渠	3.4	8.270	0.1	0.01	0	0
义和渠	3.4	7.130	8.5	0.61	1	1
通济渠	3.4	5.100	0.0	0.00	0	0
长塔渠	3.4	8.060	0.0	0.00	0	0
华惠渠	3.4	1.585	0.0	0.00	0	0
四闸渠	3.4	5.620	63.8	3.59	7	7
汇总	—	108.59	—	39.94	91	80

注：表中数值均采用原始值计算，该表中数据进行了修约，因此，部分数据存在少许出入。

表 6.2.11　开采矿化度小于 3 g/L 情况下井渠结合井灌区布置情况

渠名	渠井结合面积比	渠道控制面积/(亿 m²)	矿化度小于3 g/L 占比/%	矿化度小于3 g/L 面积/(亿 m²)	理论井灌区布置数量	实际井灌区布置数量
一干渠	2.5	17.80	100.0	17.80	42	32
大滩渠	2.5	1.168	92.7	1.08	3	2
乌拉河	2.5	4.405	81.3	3.58	9	9
杨家河	2.5	6.730	50.7	3.41	8	7
南一分干渠	2.5	0.695	90.3	0.63	1	1
清惠渠	2.5	1.815	78.6	1.43	3	3
黄济渠	2.5	8.930	41.3	3.69	9	9
黄洋渠	2.5	0.830	100.0	0.83	2	2
永济渠	2.5	12.430	64.2	7.98	19	19
合济渠	2.5	2.560	100.0	2.56	6	6
南边渠	2.5	1.752	83.0	1.45	3	3
北边渠	2.5	0.895	100.0	0.90	2	2
南三支	3.4	1.385	0.6	0.01	0	0
丰济渠	3.4	11.430	63.7	7.28	14	14
复兴渠	3.4	8.270	37.2	3.08	6	6
义和渠	3.4	7.130	56.2	4.01	8	7
通济渠	3.4	5.100	10.9	0.56	1	1
长塔渠	3.4	8.060	0.7	0.06	0	0

续表

渠名	渠井结合面积比	渠道控制面积/(亿 m²)	矿化度小于3 g/L 占比/%	矿化度小于3 g/L 面积/(亿 m²)	理论井灌区布置数量	实际井灌区布置数量
华惠渠	3.4	1.585	0.0	0.00	0	0
四闸渠	3.4	5.620	71.7	4.03	8	7
汇总	—	108.59	—	64.35	144	130

注：表中数值均采用原始值计算，该表中数据进行了修约，因此，部分数据存在少许出入。

根据上述得到的井灌区布置数量，在 ArcGIS 软件上进行井灌区的实际布置，布置时应当注意让井灌区位于满足矿化度要求的区域内，并且尽量沿干渠布置，同时保持每个井灌区周围有至少 2.5 倍于自身面积的渠灌区（王璐瑶，2018）。在乌兰布和灌域应避开沙漠布置井灌区，因此布置的点数较预期值少，且井灌区布置相较于其他灌域密集。两种开采条件下的布置情况如图 6.2.14 与图 6.2.15 所示。

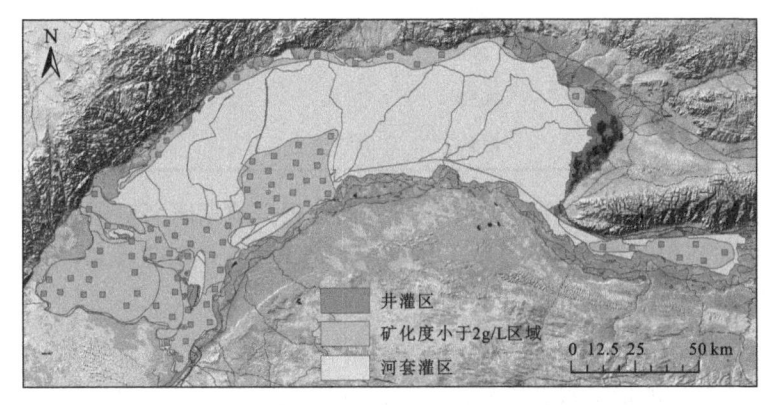

图 6.2.14 开采矿化度小于 2 g/L 情况下井灌区布置图

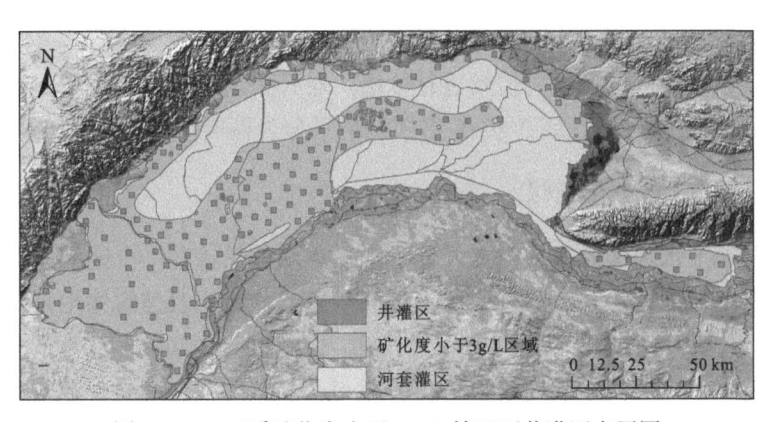

图 6.2.15 开采矿化度小于 3 g/L 情况下井灌区布置图

2. 灌溉水量设置

由于国家政策需要，河套灌区需要减少引水量至 40 亿 m³，在进行水权转让后需要进一步减少引水量至 36.4 亿 m³。本次模拟按照一定系数对灌溉水量进行调整从而达到预定的引水量要求，模拟中共设置 40 亿 m³、38.8 亿 m³ 和 36.4 亿 m³ 三种引水量条件，在不同引水量的基础上再布置井灌区对地下水进行开采。井渠结合井灌区生育期的净灌溉定额取 196 m³/亩，毛灌溉定额等于净灌溉定额除以井灌的灌溉水利用系数（0.81）。井渠结合井灌区秋浇时若抽取地下水灌溉，净灌溉定额为 100 m³/亩，一年一秋浇，若秋浇时不开采地下水，则采用引黄水灌溉。在此基础上通过微调作物种植比例，可以得到 90%、95%、100%、105% 和 110% 净灌溉定额的开采方案，如表 6.2.12 所示。渠灌区、井渠结合渠灌区的灌溉定额及灌溉水利用系数数据来源于灌区多年的水利统计资料。

表 6.2.12 井灌区净灌溉定额

净灌溉定额百分比/%	生育期净灌溉定额/(m³/亩)	秋浇净灌溉定额/(m³/亩)
90	176.4	100
95	186.2	100
100	196	100
105	205.8	100
110	215.6	100

在得到了不同灌溉控制区域的灌溉水量之后，根据前期研究得到的井灌区土地利用系数 0.535，便可以得到模型中实际均分到各个井灌区单元的开采水量，每个单元的实际地下水补给量为

$$q = (q_k a_k s_d - q_k)\beta + P\alpha_r \tag{6.2.15}$$

式中：q 为每个单元的地下水补给量，m³；q_k 为开采水量，m³；β 为井灌区土地利用系数，取为 0.535；a_k 为灌溉水利用系数，取为 0.81；s_d 为灌溉综合入渗系数；P 为降雨量，m³；α_r 为降雨入渗补给系数，本处取为 0.1。

根据上述条件便可以对不同情景进行分析，对开采地下水之后的情况进行模拟。根据开采地下水矿化度（2 g/L 或 3 g/L）将模拟情景分为两类，总共得到 60 种情境。

3. 安全控制地下水埋深

安全控制地下水埋深要求适当开采地下水，让水位保持在一个区间内，既不能过量开采影响自然植被生存，又应该避免水位过高导致的盐碱化及建筑物地基破坏等情况的出现（王琨 等，2014）。对于土地盐碱化问题，张长春等（2003）认为华北中东部平原防治土壤盐碱化的合理地下水埋深为 2.0~2.5 m，有利于地下水获得最大补给的地下水埋深为 3.0~5.0 m；对于河套灌区，有研究表明当地下水埋深在 2.0~2.5 m 时小麦、玉米等作物能达到节水控盐增产的效果（张义强，2013）。因此，结合前人研究认为当地下水埋深为 2.0~2.5 m 时能有效降低土壤盐渍化风险。

有研究表明当河套灌区地下水埋深超过 3.0 m 时，幼树枯梢枯干现象随地下水位的

下降而增多（高鸿永 等，2008；纪连军 等，2006）；樊自立（1993）认为 2.0~4.0 m 地下水埋深为适宜生态地下水埋深，4.0~6.0 m 地下水埋深就会对自然植物的生长产生胁迫；王水献等（2011）通过对焉耆盆地地下水埋深与土壤盐碱化、植被生长和潜水蒸发的相互关系研究，确定了绿洲灌区适宜地下水埋深为 3.0~4.0 m；邱飞艳（2015）在焉耆盆地通过试验区资料确定了适宜地下水埋深为 3.0~4.5 m，且以试验区地下水埋深>4.5 m 的面积小于总面积的 15%为控制地下水埋深的限制条件。

通过对河套灌区的实地调研得知，当地总排干以北经过 2016 年的大规模土地平整，农田面积大幅增加，荒地变少，荒地往往接受附近农田灌溉的侧渗补给，对于地下水位的依存性较低，但在总排干以南依然存在未经平整的荒地。本节结合部分学者的研究成果，将安全控制地下水埋深取为 3.0~4.0 m，且以灌区地下水埋深>4.0 m 的面积小于总面积的 15%为控制地下水可开采量的限制条件，认为在该限制条件下盐碱能够得到有效控制，同时野生植物通过地下水及灌溉时产生的侧向补给可以生存。

在计算时计算单元是否超过安全控制地下水埋深，并统计其所占面积百分比的方法为：单元内每当某一月份的地下水埋深超过安全控制地下水埋深时将该月记为 1，未超过则记为 0，每个月份的值相加后除以总月数，具体见式（6.2.16）与式（6.2.17）。

$$\text{CI} = \frac{\sum P_{i,j,t}}{\sum S_{i,j,t}} \times 100\% \tag{6.2.16}$$

$$P_{i,j,t} = \begin{cases} 0, & h_{i,j,t} \leqslant h_{\text{safe}} \\ 1, & h_{i,j,t} > h_{\text{safe}} \end{cases} \tag{6.2.17}$$

式中：CI 为面积百分比，%；$P_{i,j,t}$ 为 0 或 1，代表某一月份单元地下水埋深未超过或超过安全控制地下水埋深；$\sum S_{i,j,t}$ 为控制单元总量与总月数的乘积；h_{safe} 为安全控制地下水埋深，m；$h_{i,j,t}$ 为某个单元某个时间的地下水埋深，m；i、j、t 分别为单元的行、列及所处时间。

6.2.7 矿化度 2 g/L 下方案选择

根据 6.2.6 小节的叙述，将地下水埋深超过安全控制地下水埋深的区域认定为超采区域，区域的面积为超采面积。按照某方案开采地下水，若稳定之后灌区内地下水埋深超过 4 m 的面积低于总面积的 15%则认为开采结果在可接受范围，本节计算时将持续开采 7 年后的地下水埋深数值作为计算结果与标准进行对比，并按照不同引水量情况选取合适的方案。

1. 40 亿 m³ 引水量条件

在 40 亿 m³ 引水量条件下，根据不同灌溉定额及灌溉方式设置模拟条件，计算结果见表 6.2.13。表 6.2.13 中"仅生育期"指井灌区仅生育期开采地下水，其他时间引水灌溉；"生育期+秋浇"指的是生育期、秋浇时都开采地下水灌溉；4 m 安全控制地下水埋深超采百分比指的是灌溉控制区域内超采面积占整个灌溉控制区域面积的百分比。由表 6.2.13 中内容可知,对于 4 m 安全控制地下水埋深超采百分比要求,可发现仅生育期开采地下水的方案均能采用,生育期、秋浇时同时开采地下水的方案均不能满足要求。因此,在 40 亿 m³ 引水量条件下,选择 110%灌溉定额仅生育期开采的方案作为 2 g/L 的开采方案,此开采方案下河套灌区年平均地下水埋深为 2.68 m,井灌区年平均地下水埋深为 4.17 m,渠灌区年平均地下水埋深为 2.54 m。此时井渠结合条件下灌区可开采地下水量为 2.22 亿 m³。

表 6.2.13　40 亿 m³ 引水量开采矿化度 2 g/L 下超采面积统计表

灌溉定额与方式	4 m 安全控制地下水埋深超采面积/(亿 m²)	4 m 安全控制地下水埋深超采百分比/%	井灌区年平均地下水埋深/m	渠灌区年平均地下水埋深/m	全区年平均地下水埋深/m	开采水量/(亿 m³)
90%仅生育期	13.52	12.45	3.86	2.46	2.58	1.82
95%仅生育期	13.90	12.80	3.94	2.48	2.61	1.92
100%仅生育期	14.36	13.22	4.02	2.50	2.63	2.02
105%仅生育期	14.79	13.62	4.09	2.52	2.66	2.13
110%仅生育期	15.14	13.94	4.17	2.54	2.68	2.22
90%生育期+秋浇	20.55	18.92	5.10	2.75	2.95	2.86
95%生育期+秋浇	21.43	19.74	5.27	2.79	3.00	2.96
100%生育期+秋浇	22.20	20.44	5.43	2.83	3.05	3.06
105%生育期+秋浇	23.03	21.21	5.60	2.87	3.10	3.16
110%生育期+秋浇	23.88	21.99	5.78	2.91	3.16	3.26

表 6.2.14 为上述开采方案下各灌溉控制区域的地下水埋深计算结果。由表 6.2.14 可知,大部分灌溉控制区域的年平均地下水埋深在河套灌区地下水埋深均值上下,但存在部分灌溉控制区域年平均地下水埋深较大的情况,如四闸渠、清惠渠和北边渠,这是因为该区域初始地下水埋深较大,在井渠结合实施后抽取地下水导致地下水埋深进一步变大。因此,建议在上述灌溉控制区域少布置井灌区或不布置井灌区。同时,杨家河和黄济渠的井灌区与渠灌区年平均地下水埋深相差很大,这主要是因为这两个灌溉控制区域的井灌区均布置在山前区域,虽然山前区域地下水矿化度较小,但地下水埋深较大,因此也不建议在山前区域布置井灌区。

表 6.2.14　矿化度 2 g/L、引水量 40 亿 m³ 开采方案下各灌溉控制区域地下水埋深数据

灌溉控制区域	4 m 安全控制地下水埋深超采百分比/%	井灌区年平均地下水埋深/m	渠灌区年平均地下水埋深/m	年平均地下水埋深/m
乌拉河	7.49	2.49	1.50	1.63
义和渠	2.60	3.30	2.20	2.21
永济渠	16.97	4.37	2.72	2.91
长塔渠	0.58	—	1.53	1.53
杨家河	13.42	7.03	2.46	2.71

续表

灌溉控制区域	4 m 安全控制地下水埋深超采百分比/%	井灌区年平均地下水埋深/m	渠灌区年平均地下水埋深/m	年平均地下水埋深/m
通济渠	1.89	—	1.98	1.98
四闸渠	66.48	7.29	7.19	7.20
清惠渠	46.33	4.38	4.09	4.13
南一分干渠	23.61	3.30	2.85	2.93
南三支	0.32	—	1.11	1.11
南边渠	17.46	3.31	2.62	2.72
黄洋渠	5.00	3.69	3.00	3.10
黄济渠	3.01	6.16	1.74	1.81
华惠渠	17.12	—	2.58	2.58
合济渠	14.07	3.64	3.10	3.24
复兴渠	0.24	—	1.90	1.90
丰济渠	7.33	3.44	2.18	2.24
大滩渠	0.61	2.23	0.94	1.32
北边渠	54.85	4.79	3.98	4.10
一干渠	23.17	3.47	2.84	2.96

在此方案下开采 7 年后年平均地下水埋深等值线图如图 6.2.16 所示。与率定期地下水埋深情况（图 6.2.17）对比可知，两者都在乌兰布和灌域接近山前地区及乌拉特灌域有明显的地下水漏斗，乌拉特灌域产生地下水漏斗的原因在于该地区的引水量较少，抽水较多，乌兰布和灌域产生地下水漏斗的可能原因在于该地区原本就存在抽水的情况。两者不同之处在于，在井灌区布置地区能明显注意到地下水变深的情况，能够注意到在井灌区布置较密集的地区会出现轻微的漏斗，如永济灌域。此外，引水量的变化导致其他地区的地下水埋深也有轻微的变深，总体来看，地下水埋深变化处于能接受的范围内。

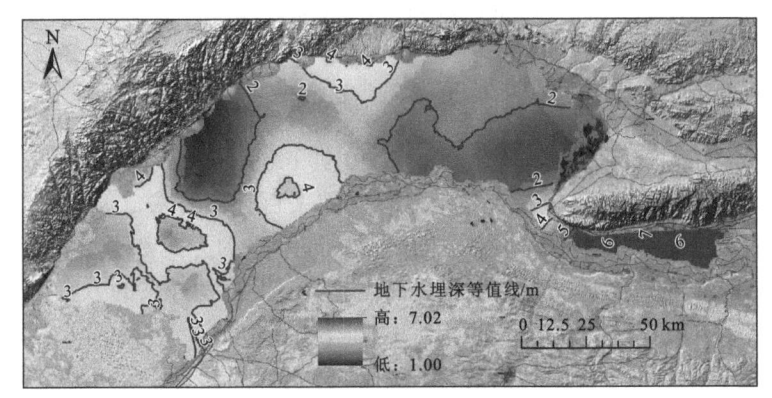

图 6.2.16 矿化度 2 g/L、引水量 40 亿 m³ 开采方案下年平均地下水埋深等值线图

图 6.2.17 率定期 2012 年年平均地下水埋深等值线图

在此方案下开采 7 年内各灌溉控制区域的地下水埋深变化如图 6.2.18 所示，7 年后地下水在所有灌溉控制区域都能保持稳定，没有继续加深的迹象，认为地下水开采区可以在该引水量条件下维持采补平衡，可以采用该方案进行开采。

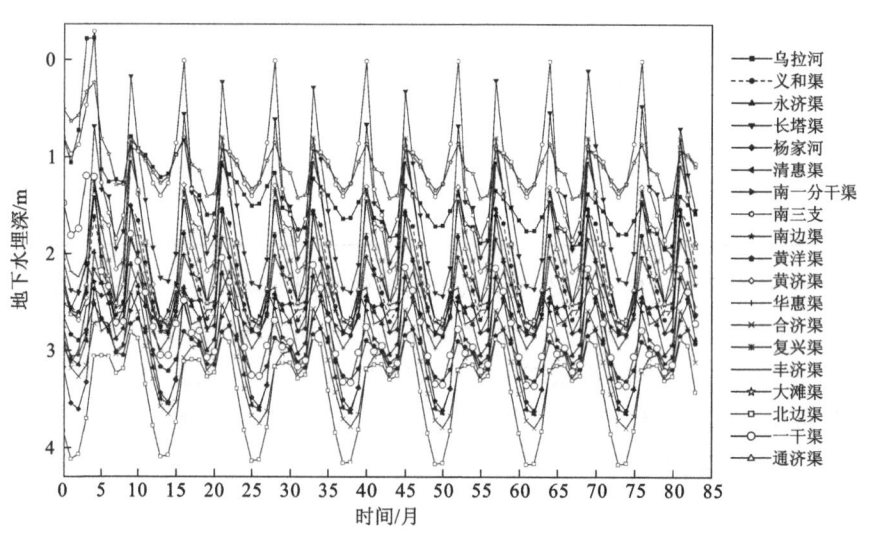

图 6.2.18 矿化度 2 g/L、引水量 40 亿 m³ 开采方案下地下水埋深变化图
四闸渠地下水埋深较深，结果未显示

2. 38.8 亿 m³ 引水量条件

38.8 亿 m³ 引水量条件下的计算方法与 40 亿 m³ 引水量条件下相同，计算结果如表 6.2.15 所示。对于 4 m 安全控制地下水埋深超采百分比要求，仅生育期开采地下水的方案都能满足要求，生育期、秋浇时同时开采地下水的方案都不能满足要求。因此，在 38.8 亿 m³ 引水量条件下，选择 110%灌溉定额仅生育期开采的方案作为 2 g/L 的开采方案，此开采方案下河套灌区年平均地下水埋深为 2.72 m，井灌区年平均地下水埋深为 4.23 m，渠灌区年平均地下水埋深为 2.58 m。此时井渠结合条件下灌区可开采地下水量为 2.22 亿 m³。

第6章 河套灌区农业灌溉地下水可开采量

表6.2.15 38.8亿 m³引水量开采矿化度 2 g/L 下超采面积统计表

灌溉定额与方式	4 m 安全控制地下水埋深超采面积/(亿 m²)	4 m 安全控制地下水埋深超采百分比/%	井灌区年平均地下水埋深/m	渠灌区年平均地下水埋深/m	全区年平均地下水埋深/m	开采水量/(亿 m³)
90%仅生育期	13.88	12.78	3.91	2.50	2.62	1.82
95%仅生育期	14.31	13.18	3.99	2.52	2.64	1.92
100%仅生育期	14.75	13.59	4.07	2.54	2.67	2.02
105%仅生育期	15.21	14.00	4.15	2.56	2.69	2.13
110%仅生育期	15.65	14.41	4.23	2.58	2.72	2.22
90%生育期+秋浇	21.21	19.53	5.17	2.79	2.99	2.86
95%生育期+秋浇	22.08	20.33	5.34	2.83	3.05	2.96
100%生育期+秋浇	22.81	21.01	5.50	2.87	3.09	3.06
105%生育期+秋浇	23.67	21.80	5.67	2.91	3.15	3.16
110%生育期+秋浇	24.48	22.54	5.85	2.95	3.20	3.26

表6.2.16为该开采方案下各灌溉控制区域的地下水埋深计算结果,由表6.2.16可知,大部分灌溉控制区域的年平均地下水埋深在河套灌区地下水埋深均值附近,地下水埋深略大于40亿 m³引水量条件下的方案,但数值上十分接近。其余规律基本与40亿 m³引水量条件下一致。

表6.2.16 矿化度 2 g/L、引水量 38.8亿 m³开采方案下各灌溉控制区域的地下水埋深数据

灌溉控制区域	4 m 安全控制地下水埋深超采百分比/%	井灌区年平均地下水埋深/m	渠灌区年平均地下水埋深/m	年平均地下水埋深/m
乌拉河	7.78	2.55	1.54	1.68
义和渠	2.77	3.36	2.23	2.25
永济渠	17.93	4.44	2.76	2.96
长塔渠	0.58	—	1.55	1.55
杨家河	13.89	7.13	2.51	2.75
通济渠	1.98	—	2.01	2.01
四闸渠	66.53	7.31	7.22	7.23
清惠渠	47.65	4.44	4.16	4.19
南一分干渠	24.41	3.32	2.87	2.95
南三支	0.32	—	1.13	1.13
南边渠	18.11	3.34	2.65	2.74
黄洋渠	5.57	3.74	3.04	3.15
黄济渠	3.06	6.23	1.77	1.85
华惠渠	17.19	—	2.58	2.58
合济渠	15.35	3.70	3.16	3.30

续表

灌溉控制区域	4 m 安全控制地下水埋深超采百分比/%	井灌区年平均地下水埋深/m	渠灌区年平均地下水埋深/m	年平均地下水埋深/m
复兴渠	0.26	—	1.93	1.93
丰济渠	7.58	3.50	2.22	2.28
大滩渠	0.64	2.25	0.95	1.34
北边渠	55.78	4.82	4.00	4.13
一干渠	24.30	3.54	2.91	3.03

在此方案下开采 7 年后年平均地下水埋深等值线图如图 6.2.19 所示。与率定期地下水埋深情况（图 6.2.17）对比可知，大体上规律与 40 亿 m³ 引水量条件下一致，全区地下水埋深略有下降，主要的变化在于在乌兰布和灌域地下水漏斗进一步加深，这主要是因为引水量减少。

在此方案下开采 7 年内灌溉控制区域的地下水埋深变化如图 6.2.20 所示，7 年后地

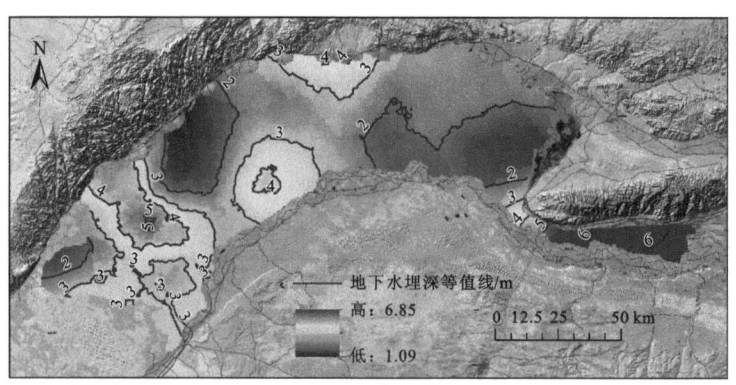

图 6.2.19　矿化度 2 g/L、引水量 38.8 亿 m³ 开采方案下年平均地下水埋深等值线图

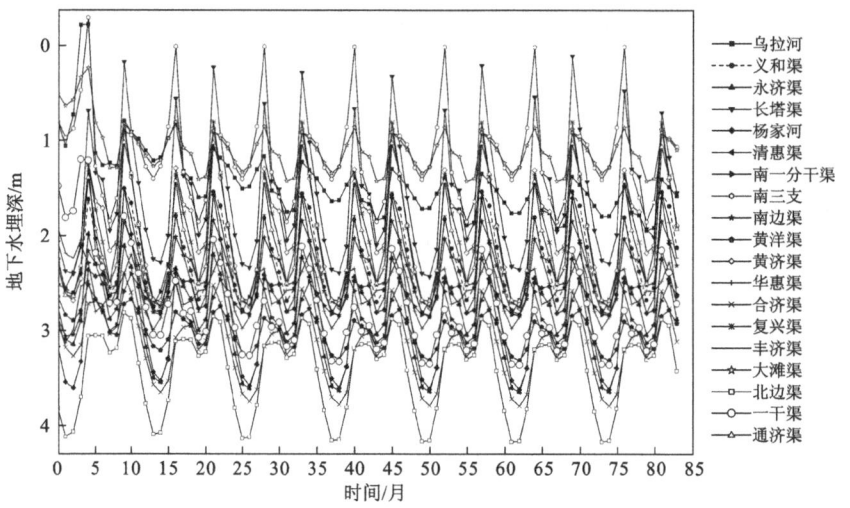

图 6.2.20　矿化度 2 g/L、引水量 38.8 亿 m³ 开采方案下地下水埋深变化图
四闸渠地下水埋深较深，结果未显示

下水在所有灌溉控制区域都能保持稳定，没有明显下降趋势，认为地下水开采区可以维持采补平衡，可以采用该方案进行开采。

3. 36.4 亿 m^3 引水量条件

36.4 亿 m^3 引水量条件下的计算方法与 40 亿 m^3 引水量条件下相同，计算结果如表 6.2.17 所示。对于 4 m 安全控制地下水埋深超采百分比要求，仅生育期开采 105%灌溉定额及以下的方案能满足要求，生育期、秋浇时同时开采地下水的方案均不能满足要求。因此，在 36.4 亿 m^3 引水量条件下，选择 105%灌溉定额仅生育期开采的方案作为 2 g/L 的开采方案，此开采方案下河套灌区年平均地下水埋深为 2.76 m，井灌区年平均地下水埋深为 4.25 m，渠灌区年平均地下水埋深为 2.62 m。此时井渠结合条件下灌区可开采地下水量为 2.13 亿 m^3。

表 6.2.17　36.4 亿 m^3 引水量开采矿化度 2 g/L 下超采面积统计表

灌溉定额与方式	4 m 安全控制地下水埋深超采面积/(亿 m^2)	4 m 安全控制地下水埋深超采百分比/%	井灌区年平均地下水埋深/m	渠灌区年平均地下水埋深/m	全区年平均地下水埋深/m	开采水量/(亿 m^3)
90%仅生育期	14.70	13.54	4.02	2.57	2.70	1.82
95%仅生育期	15.05	13.86	4.09	2.58	2.71	1.92
100%仅生育期	15.49	14.27	4.17	2.60	2.73	2.02
105%仅生育期	15.95	14.69	4.25	2.62	2.76	2.13
110%仅生育期	16.47	15.17	4.34	2.64	2.79	2.22
90%生育期+秋浇	22.21	20.45	5.90	2.85	3.07	2.86
95%生育期+秋浇	23.18	21.34	5.46	2.91	3.13	2.96
100%生育期+秋浇	23.99	22.09	5.63	2.95	3.18	3.06
105%生育期+秋浇	24.85	22.89	5.82	2.99	3.23	3.16
110%生育期+秋浇	25.59	23.57	6.01	3.03	3.29	3.26

表 6.2.18 为该开采方案下各灌溉控制区域的地下水埋深计算结果，由表 6.2.18 可知，大部分灌溉控制区域的年平均地下水埋深在河套灌区地下水埋深均值附近，地下水埋深基本上略大于 38.8 亿、40 亿 m^3 引水量条件下的方案，但数值上十分接近。

表 6.2.18　矿化度 2 g/L、引水量 36.4 亿 m^3 开采方案下各灌溉控制区域的地下水埋深数据

灌溉控制区域	4 m 安全控制地下水埋深超采百分比/%	井灌区年平均地下水埋深/m	渠灌区年平均地下水埋深/m	年平均地下水埋深/m
乌拉河	8.07	2.60	1.61	1.74
义和渠	2.95	3.40	2.29	2.30
永济渠	18.16	4.44	2.80	2.99
长塔渠	0.54	—	1.57	1.57

续表

灌溉控制区域	4 m 安全控制地下水埋深超采百分比/%	井灌区年平均地下水埋深/m	渠灌区年平均地下水埋深/m	年平均地下水埋深/m
杨家河	14.22	7.19	2.56	2.80
通济渠	2.15	—	2.06	2.06
四闸渠	65.67	7.08	7.09	7.09
清惠渠	49.27	4.46	4.23	4.26
南一分干渠	24.63	3.31	2.88	2.96
南三支	0.29	—	1.16	1.16
南边渠	17.34	3.29	2.65	2.74
黄洋渠	5.78	3.75	3.08	3.18
黄济渠	3.12	6.26	1.80	1.88
华惠渠	17.10	—	2.58	2.58
合济渠	15.84	3.73	3.21	3.34
复兴渠	0.28	—	1.96	1.96
丰济渠	7.88	3.52	2.27	2.32
大滩渠	0.53	2.25	0.98	1.36
北边渠	54.17	4.73	3.94	4.06
一干渠	25.48	3.61	3.00	3.11

在此方案下开采 7 年后年平均地下水埋深等值线图如图 6.2.21 所示。与率定期地下水埋深情况（图 6.2.17）对比可知，大体上规律与 40 亿 m^3 引水量条件下一致，主要的变化在于引水量减少，地下水埋深略有下降。

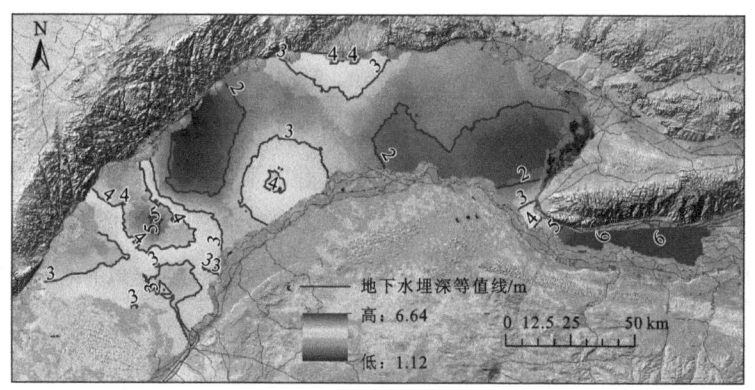

图 6.2.21 矿化度 2 g/L、引水量 36.4 亿 m^3 开采方案下年平均地下水埋深等值线图

在此方案下开采 7 年内灌溉控制区域的地下水埋深变化如图 6.2.22 所示，7 年后地下水在所有灌溉控制区域都能保持稳定，认为地下水开采区可以维持采补平衡，可以采用该方案进行开采。

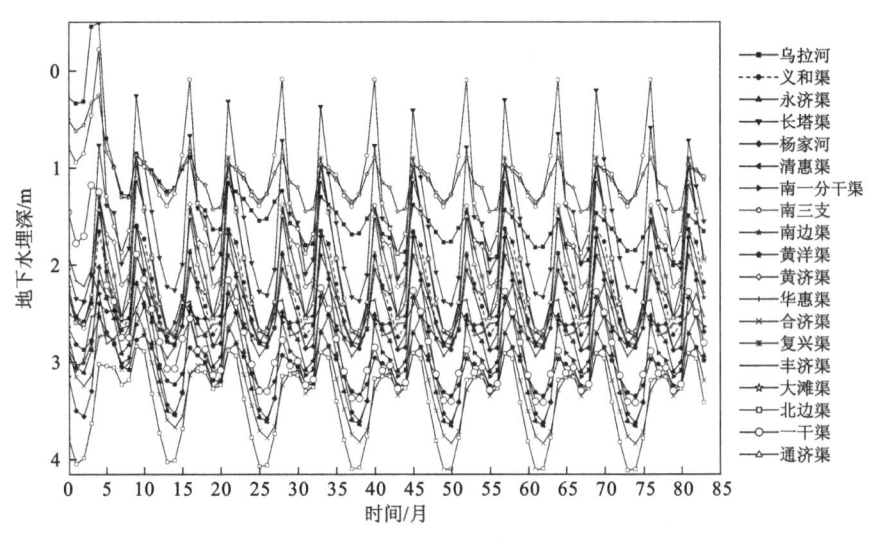

图 6.2.22 矿化度 2 g/L、引水量 36.4 亿 m³ 开采方案下地下水埋深变化图

四闸渠地下水埋深较深，结果未显示

6.2.8 矿化度 3 g/L 下方案选择

根据矿化度 3 g/L 下井灌区布置方案来进行模拟计算，不同引水量条件下的计算方法与 6.2.7 小节 40 亿 m³ 引水量条件下相同。通过计算可知，相比于 2 g/L 情况下的开采水量，3 g/L 矿化度下开采水量明显增大，导致开采后地下水埋深变大，但井渠结合井灌区平均地下水埋深变小，这与 3 g/L 矿化度下井灌区布置数量变多，相应的控制面积变大有关。

1. 40 亿 m³ 引水量条件

40 亿 m³ 引水量条件下的计算结果如表 6.2.19 所示，对于 4 m 安全控制地下水埋深超采百分比要求，仅生育期开采 95%灌溉定额及以下的方案能满足要求，生育期、秋浇时同时开采地下水的方案均不能满足要求。因此，在 40 亿 m³ 引水量条件下，选择 95%灌溉定额仅生育期开采的方案作为 3 g/L 的开采方案，此开采方案下河套灌区年平均地下水埋深为 2.76 m，井灌区年平均地下水埋深为 3.60 m，渠灌区年平均地下水埋深为 2.63 m。此时井渠结合条件下灌区可开采地下水量为 2.94 亿 m³。

表 6.2.19 40 亿 m³ 引水量开采矿化度 3 g/L 下超采面积统计表

灌溉定额与方式	4 m 安全控制地下水埋深超采面积/（亿 m²）	4 m 安全控制地下水埋深超采百分比/%	井灌区年平均地下水埋深/m	渠灌区年平均地下水埋深/m	全区年平均地下水埋深/m	开采水量/（亿 m³）
90%仅生育期	15.10	13.91	3.52	2.60	2.73	2.79
95%仅生育期	15.74	14.50	3.60	2.63	2.76	2.94
100%仅生育期	16.33	15.04	3.66	2.65	2.79	3.10

续表

灌溉定额与方式	4 m安全控制地下水埋深超采面积/(亿 m²)	4 m安全控制地下水埋深超采百分比/%	井灌区年平均地下水埋深/m	渠灌区年平均地下水埋深/m	全区年平均地下水埋深/m	开采水量/(亿 m³)
105%仅生育期	17.05	15.70	3.74	2.68	2.83	3.25
110%仅生育期	17.56	16.17	3.81	2.70	2.85	3.41
90%生育期+秋浇	27.56	25.38	4.80	3.07	3.31	4.37
95%生育期+秋浇	29.13	26.82	4.97	3.15	3.39	4.53
100%生育期+秋浇	30.51	28.09	5.13	3.20	3.47	4.68
105%生育期+秋浇	31.95	29.42	5.32	3.28	3.56	4.84
110%生育期+秋浇	33.41	30.77	5.52	3.36	3.65	4.99

表 6.2.20 为该开采方案下各灌溉控制区域的地下水埋深计算结果,由表 6.2.20 可知,大部分灌溉控制区域的年平均地下水埋深在河套灌区地下水埋深均值附近,数值上十分接近。

表 6.2.20 矿化度 3 g/L、引水量 40 亿 m³ 开采方案下各灌溉控制区域的地下水埋深数据

灌溉控制区域	4 m安全控制地下水埋深超采百分比/%	井灌区年平均地下水埋深/m	渠灌区年平均地下水埋深/m	年平均地下水埋深/m
乌拉河	8.69	2.11	1.71	1.81
义和渠	5.72	3.31	2.42	2.52
永济渠	16.85	3.90	2.88	3.06
长塔渠	0.58	—	1.54	1.54
杨家河	14.40	5.06	2.56	2.85
通济渠	2.77	3.31	2.02	2.06
四闸渠	63.31	6.57	6.79	6.76
清惠渠	48.03	4.10	4.32	4.29
南一分干渠	22.76	3.24	2.84	2.91
南三支	0.32	—	1.11	1.11
南边渠	21.23	3.20	2.68	2.79
黄洋渠	15.99	3.81	3.41	3.53
黄济渠	3.53	3.35	1.87	2.03
华惠渠	17.14	—	2.58	2.58
合济渠	15.88	3.69	3.32	3.44
复兴渠	1.32	2.80	2.01	2.08
丰济渠	9.08	2.92	2.39	2.47
大滩渠	0.32	2.14	0.92	1.28
北边渠	52.57	4.51	3.89	3.98

第 6 章 河套灌区农业灌溉地下水可开采量

续表

灌溉控制区域	4 m 安全控制地下水埋深超采百分比/%	井灌区年平均地下水埋深/m	渠灌区年平均地下水埋深/m	年平均地下水埋深/m
一干渠	22.43	3.32	2.83	2.93

在此方案下开采 7 年后年平均地下水埋深等值线图如图 6.2.23 所示。与率定期地下水埋深情况（图 6.2.17）对比可知，大体上规律与 2 g/L 矿化度下 40 亿 m³ 引水量条件下一致，主要的变化在于随着引水量的减少，全区地下水埋深略有下降，同时注意到永济灌域和义长灌域漏斗面积有所扩大，原因在于 3 g/L 矿化度条件下在这些地区增加了井灌区，并且在义长灌域有集中布置。

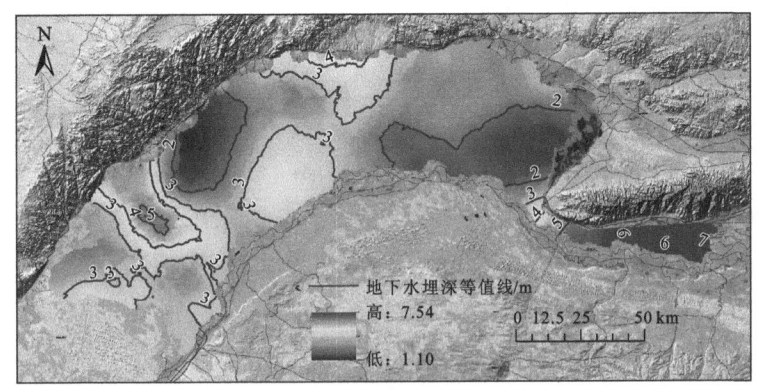

图 6.2.23 矿化度 3 g/L、引水量 40 亿 m³ 开采方案下年平均地下水埋深等值线图

在此方案下开采 7 年内灌溉控制区域的地下水埋深变化如图 6.2.24 所示，7 年后地下水在所有灌溉控制区域都能保持稳定，认为地下水开采区可以维持采补平衡，可以采用该方案进行开采。

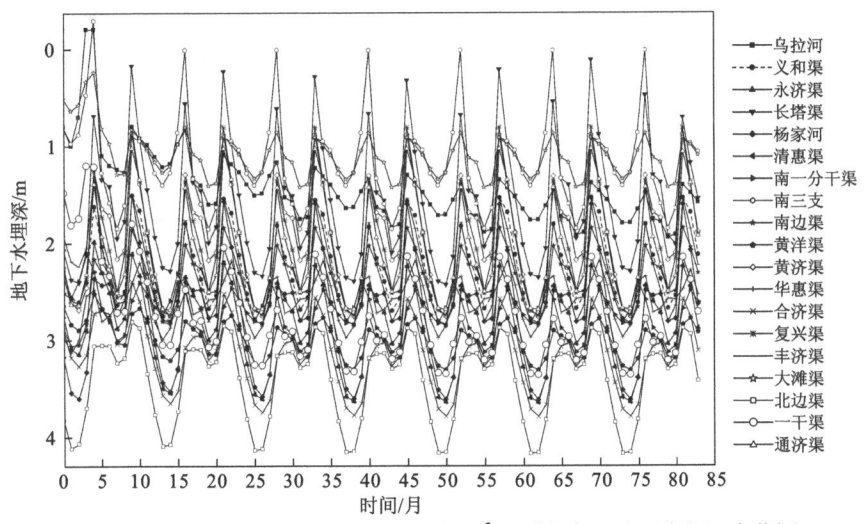

图 6.2.24 矿化度 3 g/L、引水量 40 亿 m³ 开采方案下地下水埋深变化图
四闸渠地下水埋深较深，结果未显示

2. 38.8 亿 m³ 引水量条件

38.8 亿 m³ 引水量条件下的计算结果如表 6.2.21 所示,对于 4 m 安全控制地下水埋深超采百分比要求,仅生育期开采 95% 灌溉定额及以下的方案能满足要求,生育期、秋浇同时开采地下水的方案均不能满足要求。因此,在 38.8 亿 m³ 引水量条件下,选择 95% 灌溉定额仅生育期开采的方案作为 3 g/L 的开采方案,此开采方案下河套灌区年平均地下水埋深为 2.80 m,井灌区年平均地下水埋深为 3.64 m,渠灌区年平均地下水埋深为 2.66 m。此时灌区可开采地下水量为 2.94 亿 m³。

表 6.2.21 38.8 亿 m³ 引水量开采矿化度 3 g/L 下超采面积统计表

灌溉定额与方式	4 m 安全控制地下水埋深超采面积/(亿 m²)	4 m 安全控制地下水埋深超采百分比/%	井灌区年平均地下水埋深/m	渠灌区年平均地下水埋深/m	全区年平均地下水埋深/m	开采水量/(亿 m³)
90%仅生育期	15.61	14.38	3.57	2.64	2.77	2.79
95%仅生育期	16.22	14.93	3.64	2.66	2.80	2.94
100%仅生育期	16.91	15.57	3.72	2.69	2.84	3.10
105%仅生育期	17.62	16.22	3.80	2.72	2.87	3.25
110%仅生育期	18.27	16.82	3.87	2.75	2.90	3.41
90%生育期+秋浇	28.65	26.38	4.88	3.13	3.37	4.37
95%生育期+秋浇	30.12	27.74	5.05	3.20	3.45	4.53
100%生育期+秋浇	31.48	28.99	5.22	3.26	3.53	4.68
105%生育期+秋浇	33.11	30.49	5.42	3.35	3.63	4.84
110%生育期+秋浇	34.40	31.68	5.61	3.42	3.72	4.99

表 6.2.22 为该开采方案下各灌溉控制区域的地下水埋深计算结果,由表 6.2.22 可知,大部分灌溉控制区域的年平均地下水埋深在河套灌区地下水埋深均值附近,地下水埋深略大于 40 亿 m³ 引水量条件下的方案,但数值上十分接近。

表 6.2.22 矿化度 3 g/L、引水量 38.8 亿 m³ 开采方案下各灌溉控制区域的地下水埋深数据

灌溉控制区域	4 m 安全控制地下水埋深超采百分比/%	井灌区年平均地下水埋深/m	渠灌区年平均地下水埋深/m	年平均地下水埋深/m
乌拉河	8.96	2.15	1.75	1.86
义和渠	6.16	3.36	2.46	2.56
永济渠	17.68	3.95	2.91	3.10
长塔渠	0.58	—	1.55	1.55
杨家河	14.66	5.12	2.60	2.88
通济渠	2.91	3.34	2.04	2.08

续表

灌溉控制区域	4 m 安全控制地下水埋深超采百分比/%	井灌区年平均地下水埋深/m	渠灌区年平均地下水埋深/m	年平均地下水埋深/m
四闸渠	63.53	6.60	6.81	6.78
清惠渠	49.31	4.15	4.38	4.35
南一分干渠	23.66	3.26	2.86	2.93
南三支	0.32	—	1.13	1.13
南边渠	21.75	3.21	2.70	2.81
黄洋渠	17.50	3.86	3.46	3.58
黄济渠	3.59	3.40	1.89	2.05
华惠渠	17.19	—	2.58	2.58
合济渠	17.20	3.75	3.38	3.49
复兴渠	1.36	2.83	2.03	2.10
丰济渠	9.38	2.95	2.42	2.50
大滩渠	0.32	2.16	0.93	1.30
北边渠	53.06	4.53	3.90	4.00
一干渠	23.29	3.38	2.89	2.99

在此方案下开采 7 年后年平均地下水埋深等值线图如图 6.2.25 所示。与率定期地下水埋深情况（图 6.2.17）对比可知，相比于 2 g/L 矿化度中的方案，3 g/L 矿化度的方案下义长灌域产生了与永济灌域相同的轻微地下水漏斗，且永济灌域的漏斗面积有所扩大，主要原因在于 3 g/L 矿化度条件下，在这些地区增加了井灌区，并且在义长灌域有集中布置。

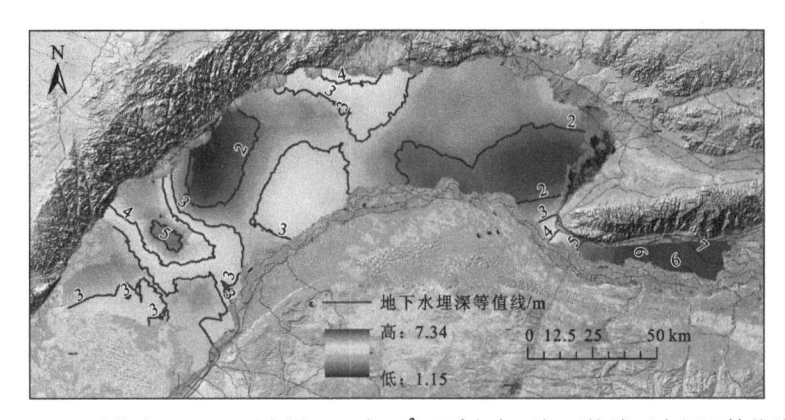

图 6.2.25　矿化度 3 g/L、引水量 38.8 亿 m³ 开采方案下年平均地下水埋深等值线图

在此方案下开采 7 年内灌溉控制区域的地下水埋深变化如图 6.2.26 所示，7 年后地下水在所有灌溉控制区域都能保持稳定，认为地下水开采区可以维持采补平衡，可以采用该方案进行开采。

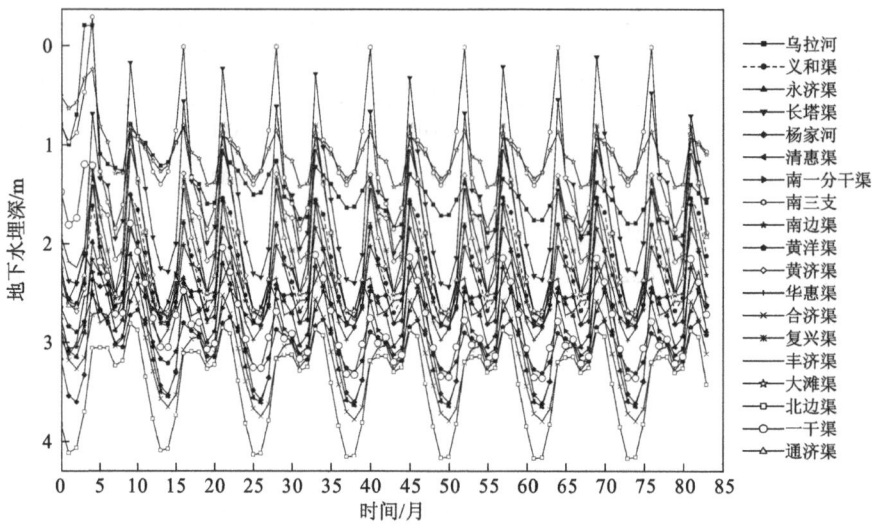

图 6.2.26　矿化度 3 g/L、引水量 38.8 亿 m³ 开采方案下地下水埋深变化图

四闸渠地下水埋深较深，结果未显示

3. 36.4 亿 m³ 引水量条件

36.4 亿 m³ 引水量条件下的计算结果如表 6.2.23 所示，观察可发现没有方案能够满足 4 m 安全控制地下水埋深超采百分比低于 15% 的要求，故 36.4 亿 m³ 引水量时不建议在矿化度 3 g/L 下开采，建议采用矿化度 2 g/L 下的方案，此时地下水可开采量为 2.13 亿 m³。

表 6.2.23　36.4 亿 m³ 引水量开采矿化度 3 g/L 下超采面积统计表

灌溉定额与方式	4 m 安全控制地下水埋深超采面积/(亿 m²)	4 m 安全控制地下水埋深超采百分比/%	井灌区年平均地下水埋深/m	渠灌区年平均地下水埋深/m	全区年平均地下水埋深/m	开采水量/(亿 m³)
90%仅生育期	16.70	15.38	3.68	2.72	2.85	2.79
95%仅生育期	17.25	15.89	3.74	2.74	2.87	2.94
100%仅生育期	18.11	16.68	3.83	2.77	2.92	2.51
105%仅生育期	18.75	17.26	3.90	2.79	2.95	3.25
110%仅生育期	19.59	18.04	3.98	2.83	2.99	3.41
90%生育期+秋浇	30.34	27.94	5.01	3.22	3.47	4.37
95%生育期+秋浇	31.83	29.31	5.18	3.29	3.55	4.53
100%生育期+秋浇	33.30	30.66	5.37	3.37	3.64	4.68
105%生育期+秋浇	34.84	32.08	5.58	3.45	3.75	4.84
110%生育期+秋浇	36.00	33.15	5.77	3.52	3.83	4.99

6.2.9 开采方案分析

6.2.7 小节、6.2.8 小节通过多种方式对方案的可行性进行了分析，并在不同情境下选择了不同的地下水开采方案，本小节将对选择的方案进行开采后灌区水环境、水量均衡等方面的分析。

1. 空间分析

1) 开采量空间分布

根据上述开采方案可以得到各方案下各灌域的开采量分布，图 6.2.27 为矿化度 2 g/L 下开采量分布，由于引水量 40 亿 m³、38.8 亿 m³ 情境下所选择的灌溉定额比相同，所以两种方案下的开采总量皆为 2.22 亿 m³。同时，由于引水量为 36.4 亿 m³ 时，矿化度 2 g/L 与 3 g/L 下的开采方案相同，所以这两种方案下开采总量皆为 2.13 亿 m³（图 6.2.28）。因为各灌域开采面积与灌溉定额一致，所以矿化度 2 g/L 下不同引水量方案的各灌域开采量分布一致。其中，乌兰布和灌域开采地下水量在各种情况下都最多，义长灌域开采量最少，主要原因在于两者在矿化度及灌域面积上的差距。

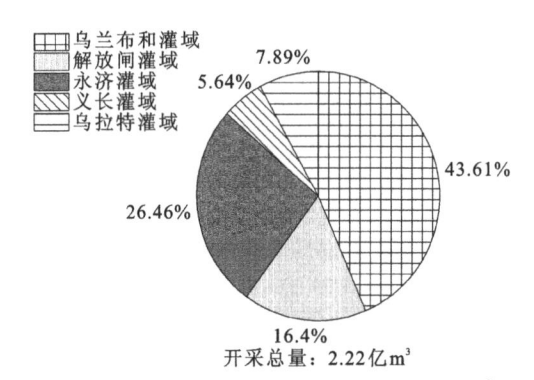

图 6.2.27　矿化度 2 g/L 下引水量为 40 亿 m³/38.8 亿 m³ 时的开采量空间占比

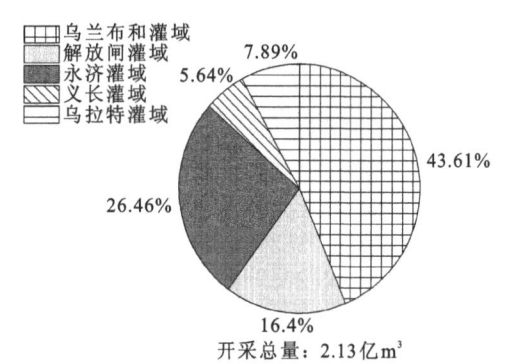

图 6.2.28　矿化度 2 g/L 或 3 g/L 下引水量为 36.4 亿 m³ 时的开采量空间占比

图 6.2.29 为矿化度 3 g/L 下开采量分布，由于引水量 40 亿 m³、38.8 亿 m³ 情境下所选择的灌溉定额比相同，所以两种方案下的开采总量皆为 2.94 亿 m³。通过矿化度标准的降低，井渠结合区的面积有着较大的提高，因此开采总量较前几种情境下皆有提高。义长灌域在矿化度变化时开采量提升最大，因为在义长灌域新布置了较多井灌区；乌拉特灌域开采量最少，原因在于该灌域地下水矿化度较高，因而随矿化度标准降低增加的开采面积不大；乌兰布和灌域开采量基本维持不变，因为乌兰布和灌域地下水矿化度较低，开采面积在 2 g/L 下已经达到最大。

2) 流线分析

图 6.2.30 为率定期 2012 年及矿化度 2 g/L 下 40 亿 m³ 引水量开采方案开采 7 年后的流线情况对比。可以观察到，率定期流线较为散乱，开采后的流线在布置井灌区的地区

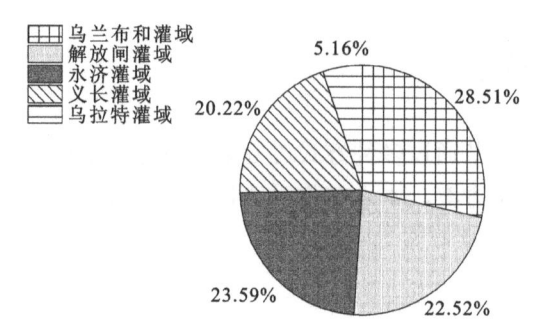

图 6.2.29　矿化度 3 g/L 下引水量为 40 亿 m³ 或 38.8 亿 m³ 时的开采量空间占比

及周边有明显的变化，在永济灌域尤为明显。而在其他未布置井灌区的区域，流线则变化较小，大体上与开采前的流线保持一致。因此，可以认为在合理的开采方案下，井灌区的布置对于河套灌区地下水流场的影响具有区域局限性，不会对河套灌区全区域的流场产生太大的影响。

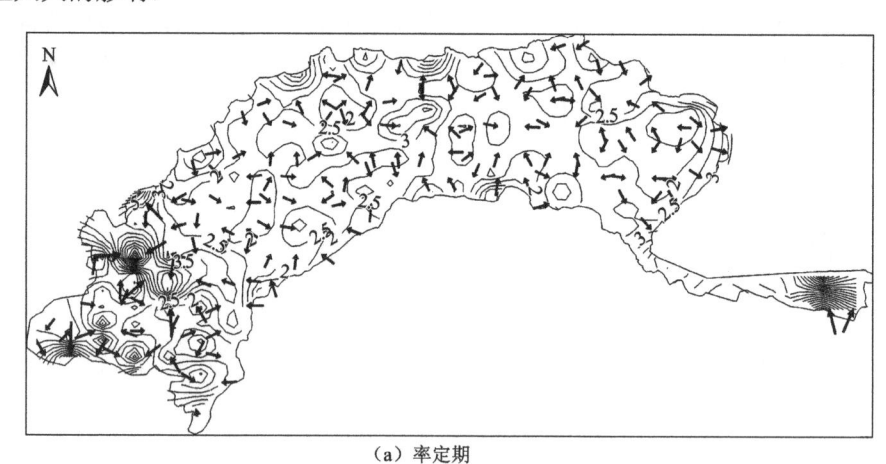

（a）率定期

（b）开采后

—— 地下水埋深等值线（单位：m）　　→ 流线

图 6.2.30　灌区开采前后流线对比

2. 水量均衡分析

1）稳定后水量均衡分析

表 6.2.24 为根据不同开采方案开采 7 年后水位稳定时的水量均衡情况，率定期、验证期为模拟期多年平均水量均衡情况。由于井灌区的布置及引水量的减少，对比率定期、验证期水量均衡下灌区潜水蒸发值、入渗补给值及排水沟排水量明显减少。同时，随着引水量的减少，开采量的增多，潜水蒸发值、入渗补给值有着继续减小的趋势，排水沟排水量变化较少，黄河侧渗值稍有增加，但变化水量较小，原因在于黄河周边井渠结合区数量并不多，对黄河侧渗值的影响较小。入渗补给值的主要组成为引水灌溉产生的入渗，因此当引水量下降时，入渗补给值从 15.09 亿 m^3 减少至 12 亿 m^3 以下。模型整体平衡，地下水储量变化较验证期明显减小，说明水位已经基本保持稳定。

表 6.2.24　河套灌区多情境下水量均衡对比　　　　（单位：亿 m^3）

方案	地下水储量变化值	潜水蒸发值	入渗补给值	黄河侧渗值	开采水量	排水沟排水量
率定期	-0.035	-14.22	15.09	0.987	0	-1.547
验证期	0.327	-12.88	13.42	0.760	0	-1.386
矿化度为 2 g/L，引水量为 40 亿 m^3	0.05	-9.56	11.56	1.25	-2.22	-1.15
矿化度为 2 g/L，引水量为 38.8 亿 m^3	0.07	-9.12	11.03	1.25	-2.22	-1.12
矿化度为 2 g/L，引水量为 36.4 亿 m^3	0.06	-8.76	10.58	1.26	-2.13	-1.10
矿化度为 3 g/L，引水量为 40 亿 m^3	0.06	-8.81	11.36	1.24	-2.94	-1.11
矿化度为 3 g/L，引水量为 38.8 亿 m^3	0.07	-8.23	10.65	1.24	-2.94	-1.08

2）稳定期水量均衡项变化

在开采地下水，并且地下水稳定过程中，各水量均衡项也在发生着变化，现对几项变化较为明显的水量均衡项在开采过程中的变化情况进行分析。

图 6.2.31 为矿化度 2 g/L、引水量 40 亿 m^3 下的开采方案开采 7 年时间内潜水蒸发值、黄河侧渗值及排水沟排水量的变化情况，以此为典型情况进行分析。可以注意到，排水沟排水量在开采后第 1~2 年快速下降，随后有轻微的减小趋势，但总体保持稳定。潜水蒸发值在前 4 年始终保持着减小的趋势，说明地下水处于下降趋势，第 5 年开始逐渐趋于稳定，说明地下水随着开采时间的延长逐渐趋于稳定。黄河侧渗值的变化规律与排水沟排水量的变化规律恰好相反，在第 1~2 年快速增长，但随后便保持着较小的增大趋势。

从整体来看，地下水开采之后各主要水量均衡项在第 1~2 年有着较大的变化，说明在短时间内地下水埋深有着较大的变化，但随后地下水埋深便趋于稳定，说明在地下水埋深变化之后，补给消耗重新达到平衡，因此能够维持灌区内地下水的稳定。

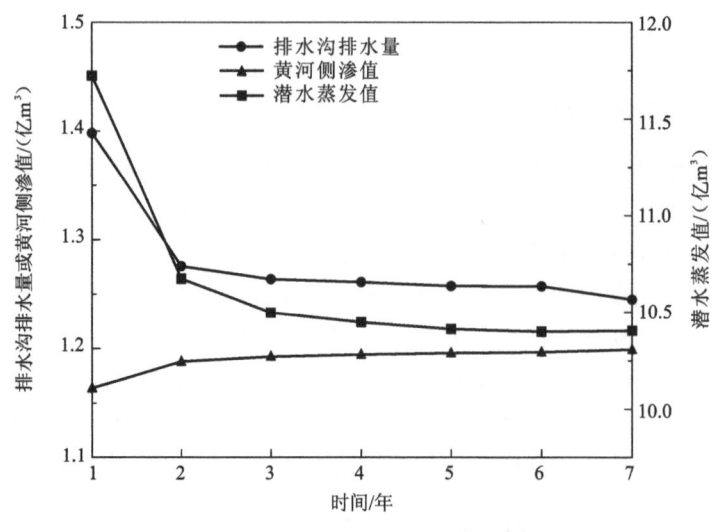

图 6.2.31　水量均衡项随时间的变化情况图

3. 井灌区发展面积

根据上述开采方案确定河套灌区井渠结合实施后各灌域井灌区发展面积。结合 6.2.6 小节井灌区布置情况，考虑到井渠结合实施后不同井灌区之间的相互影响，将单个井灌区的面积定为 $1.2×10^7\ m^2$，并保持每个井灌区周围有至少 2.5 倍于自身面积的渠灌区。根据河套灌区地下水矿化度分布，在 2 g/L 矿化度下共布置 80 个井灌区，井灌区发展面积为 9.6 亿 m^2，折合成灌溉面积为 5.1 亿 m^2，在 3 g/L 矿化度下共布置 130 个井灌区，井灌区发展面积为 15.6 亿 m^3，折合成灌溉面积为 8.3 亿 m^2。各灌域在不同矿化度下的井灌区发展面积如表 6.2.25 所示。

表 6.2.25　各灌域在不同矿化度下的井灌区发展面积

矿化度	灌域	井灌区个数	井灌区发展面积/(亿 m^2)
2 g/L	乌兰布和灌域	32	3.84
	解放闸灌域	15	1.8
	永济灌域	21	2.52
	义长灌域	5	0.6
	乌拉特灌域	7	0.84
3 g/L	乌兰布和灌域	34	4.08
	解放闸灌域	31	3.72
	永济灌域	30	3.6
	义长灌域	28	3.36
	乌拉特灌域	7	0.84

6.3 本章小结

本章基于可开采系数法和动力学模型分别计算了整个河套灌区的地下水可开采量及开采条件下灌区地下水动态变化,主要结论如下。

(1) 基于可开采系数法的研究结果表明,在现状引水量和节水措施条件下,以地下水矿化度<2.0 g/L 为限制开采标准,河套灌区地下水可开采量为 2.479 亿 m³,以地下水矿化度<3.0 g/L 为限制开采标准,地下水可开采量为 4.250 亿 m³。在 40 亿 m³、38.8 亿 m³ 和 36.4 亿 m³ 引水量条件下,开采地下水矿化度<2.0 g/L 时,河套灌区地下水可开采量分别为 2.250 亿 m³、2.198 亿 m³ 及 2.090 亿 m³;开采地下水矿化度<3.0 g/L 时,河套灌区地下水可开采量分别为 3.853 亿 m³、3.760 亿 m³ 及 3.574 亿 m³。

(2) 基于动力学模型的研究结果表明,开采地下水矿化度上限为 2 g/L 时,在 40 亿 m³、38.8 亿 m³ 和 36.4 亿 m³ 引水量下,河套灌区井渠结合条件下地下水可开采量分别为 2.22 亿 m³、2.22 亿 m³ 及 2.13 亿 m³。开采地下水矿化度上限为 3 g/L 时,在 40 亿 m³、38.8 亿 m³ 和 36.4 亿 m³ 引水量下,河套灌区井渠结合条件下地下水可开采量分别为 2.94 亿 m³、2.94 亿 m³ 及 2.13 亿 m³。

(3) 井渠结合模式下,以地下水矿化度<2.0 g/L 为限制开采标准,河套灌区可布置 80 个井灌区,井灌区发展面积为 9.6 亿 m²,折合成灌溉面积为 5.1 亿 m²;以地下水矿化度<3.0 g/L 为限制开采标准,河套灌区可布置 130 个井灌区,井灌区发展面积为 15.6 亿 m²,折合成灌溉面积为 8.3 亿 m²。

第 7 章 河套灌区水资源供需平衡分析

本章通过调查河套灌区不同来源的可供水量与不同行业用水量，进行现状及未来限制引水条件下水资源供需平衡分析。本章的主要关注点在于灌区除引水量以外的水资源量，是否可以满足除农业用水之外的其他用水户的用水需求。

7.1 河套灌区可供水量

根据观测资料的完整程度河套灌区可供水量可以分为三类，分别为具有完整观测资料的数据、只有部分年份观测资料的数据和难以观测需要估算的量。具有完整观测资料的数据有引水量，只有部分年份观测资料的数据有分洪分凌水量、淖尔水量、水库水量、退水量、再生水量，难以观测需要估算的量是地下水可开采量。

7.1.1 河套灌区引水量

河套灌区分为 5 个灌域，分别是乌兰布和灌域、解放闸灌域、永济灌域、义长灌域和乌拉特灌域。1998～2017 年，灌区年均引水量为 48.3 亿 m^3，该引水量为总干渠引水量，等于各个灌域引水量与总干渠的输水渗漏损失之和。1998～2017 年河套灌区及各个灌域的引水量变化趋势如图 7.1.1 所示。从图 7.1.1 中可得，河套灌区引水量总体上呈现

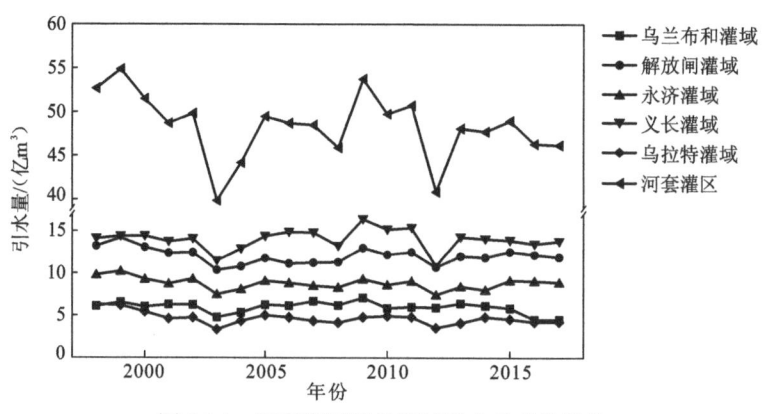

图 7.1.1 河套灌区及各灌域引水量变化趋势

缓慢下降的趋势。引水量年际波动主要受水文年型的影响。此外，河套灌区5个灌域的引水量从大到小依次为义长灌域、解放闸灌域、永济灌域、乌兰布和灌域、乌拉特灌域，年均引水量分别为14.0亿 m^3、12.0亿 m^3、8.8亿 m^3、5.9亿 m^3 和4.7亿 m^3。

7.1.2 河套灌区分洪分凌水量

河套灌区分凌主要在每年3月，为缓解下游防凌压力进行泄凌，分凌水大部分进入乌梁素海、牧羊海等大型淖尔，少量对乌兰布和沙地进行生态补水或为秋浇预留干地补墒。河套灌区2014~2018年分洪分凌水量如表7.1.1所示，灌区年均分凌水量为2.54亿 m^3，没有统计分洪水量。分洪分凌水量与水文、气象、上游来水条件密切相关，表现出一定的随机性，年际差异性较大。河套灌区的分凌水目前并不占用河套灌区的引水量指标，因此需要单独考虑。

表 7.1.1 河套灌区 2014~2018 年分洪分凌水量表 （单位：亿 m^3）

年份	乌兰布和灌域 分凌	乌兰布和灌域 分洪	解放闸灌域 分凌	解放闸灌域 分洪	永济灌域 分凌	永济灌域 分洪	义长灌域 分凌	义长灌域 分洪	乌拉特灌域 分凌	乌拉特灌域 分洪	河套灌区 分凌	河套灌区 分洪
2014	0.00	—	0.00	—	0.00	—	1.40	—	0.28	—	1.68	—
2015	0.12	—	0.16	—	0.00	—	1.40	—	0.41	—	2.09	—
2016	0.32	—	0.03	—	0.01	—	2.12	—	0.87	—	3.35	—
2017	0.27	—	0.00	—	0.00	—	0.73	—	0.71	—	1.71	—
2018	0.57	—	0.58	—	0.29	—	1.76	—	0.68	—	3.88	—
平均值	0.26	—	0.15	—	0.06	—	1.48	—	0.59	—	2.54	—

7.1.3 河套灌区淖尔水量

河套灌区存在大量淖尔，其水量来源为灌区排水注入、洪水泄洪或地下水排泄。淖尔水量估算主要涉及两个参数，分别是淖尔面积与淖尔水深。本节主要参考徐冰等（2016）采用遥感解译与实地调查相结合的方法得到的计算结果，需要说明的是，该结果主要针对水面面积大于50亩的淖尔进行计算。结果显示，2008~2016年河套灌区淖尔春季（3月）水量为1.21亿~2.65亿 m^3，夏季（8月）水量为0.73亿~2.76亿 m^3。总体上春季水量大于夏季。对于每年的淖尔水量，取3月和8月的均值作为年均淖尔水量。灌区多年平均淖尔水量为1.50亿 m^3。

需要说明的是，灌区分洪分凌水量与淖尔水量存在一部分重合，分洪分凌水量是淖尔水量的一个重要补给来源。根据2008~2015年的统计结果，淖尔水量有25%的补给来源是分洪分凌水量。因此，在进行灌区总可供水量的计算时，将淖尔水量扣除25%。

7.1.4　河套灌区水库水量

根据《巴彦淖尔市第一次水利普查公报》的数据，巴彦淖尔共有水库 39 座，其中中型水库 7 座，小型水库 32 座，7 座中型水库中，增隆昌水库、红山口水库位于河套灌区内部。巴彦淖尔水库总库容为 3.65 亿 m^3，中型水库库容占总库容的 68.5%，小型水库库容占总库容的 31.5%，水库数量及库容如表 7.1.2 所示。表 7.1.3 为巴彦淖尔中型水库 2015 年、2016 年总的蓄水量统计结果，将增隆昌水库、红山口水库的蓄水量作为河套灌区可供水库水量，2015 年、2016 年河套灌区可供水库水量的均值为 0.013 亿 m^3。

表 7.1.2　巴彦淖尔水库数量及库容

项目	合计	大型	中型	小型 小计	小（1）	小（2）
水库数量/座	39	0	7	32	28	4
库容/(亿 m^3)	3.65	0	2.50	1.15	1.14	0.01

表 7.1.3　巴彦淖尔中型水库 2015 年、2016 年蓄水量统计

项目	2016 年末蓄水量/(亿 m^3)	2015 年末蓄水量/(亿 m^3)
增隆昌水库	0.009	0.009
红山口水库	0.005	0.002
狼山水库	0.004	0.033
韩乌拉水库	0.012	0.009
德岭山水库	0.014	0.008
石哈河水库	0.001	0.000
红格尔水库	0.006	0.006
总量	0.051	0.067
河套灌区	0.014	0.011

7.1.5　河套灌区退水量

河套灌区内的退水包括了灌溉退水和生活退水，以灌溉退水为主。灌溉退水的主要来源为灌区的灌溉用水。河套灌区 1998～2013 年的退水量变化如图 7.1.2 所示。从图 7.1.2 中可以看出，河套灌区的退水量总体呈减少趋势，从 1998 年的 6 亿 m^3 左右减少到 2013 年的 3 亿 m^3 左右，原因有以下两点：一是黄河引水量减少，从整体上导致灌区退水量减少；二是河套灌区渠系衬砌长度加长，导致渠道中渗入土壤的水分减少，提高了水的利用效率。另外，节水意识的增强，也减少了灌区的灌溉退水。根据内蒙古河套灌区管理总局的结论，目前灌区退水量稳定在 3 亿 m^3 左右。

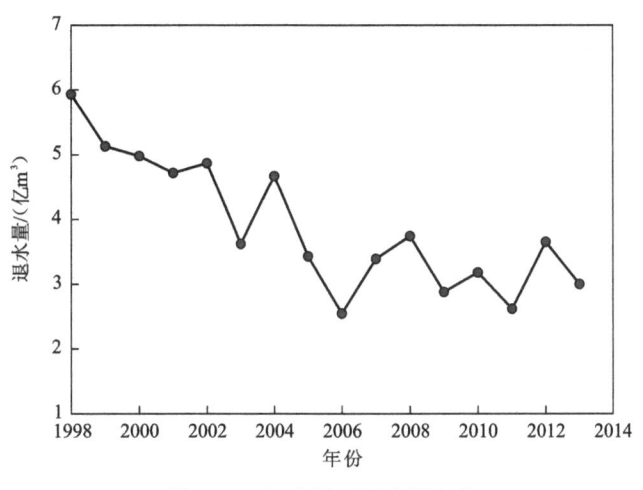

图 7.1.2 河套灌区退水量变化

7.1.6 河套灌区再生水量

再生水主要指的是污水处理后的可利用水资源，巴彦淖尔及河套灌区内污水处理厂分布及其处理能力如表 7.1.4 所示，按照现有的污水处理能力，全市年可处理污水 0.71 亿 m^3，河套灌区年可处理污水 0.63 亿 m^3。表 7.1.5 是历年巴彦淖尔的工业废水排放情况表（《巴彦淖尔市水资源公报》），2007~2016 年年均工业废水排放量为 0.31 亿 m^3，河套灌区的工业废水排放量为 0.27 亿 m^3。目前污水处理厂的处理能力能够处理排放的工业废水。

表 7.1.4 巴彦淖尔及河套灌区内污水处理厂分布及其处理能力

行政区	污水处理厂名称	设计处理规模/(万 m^3/d)	实际处理规模/(万 m^3/d)	年处理规模/(亿 m^3)
临河	临河区东城区污水处理厂	13	11.3	0.41
五原	宏珠环保污水处理厂	2.2	1.3	0.05
磴口	滨辉污水处理厂	3	2.6	0.09
乌拉特前旗	乌拉特前旗污水处理厂	2	1.5	0.05
乌拉特中旗	洁源污水处理厂	1	0.7	0.03
乌拉特后旗	乌拉特后旗污水处理厂	0.6	0.3	0.01
杭锦后旗	杭锦后旗亿源污水处理厂	2	1.8	0.07
全市		23.8	19.5	0.71
河套灌区		21.2	17.4	0.63

表 7.1.5 巴彦淖尔及河套灌区的工业废水排放情况表   （单位：亿 m^3）

地区	2007	2010	2011	2012	2014	2015	2016
临河	0.04	0.14	0.09	0.10	0.13	0.16	0.12
磴口	0.02	0.02	0.01	0.02	0.02	0.02	0.01
杭锦后旗	0.06	0.02	0.02	0.01	0.01	0.02	0.02
五原	0.06	0.08	0.03	0.11	0.05	0.05	0.01
乌拉特前旗	0.18	0.21	0.14	0.00	0.01	0.01	0.03
乌拉特中旗	0.00	0.00	0.01	0.00	0.02	0.01	0.01
乌拉特后旗	0.00	0.00	0.00	0.03	0.02	0.02	0.01
全市	0.36	0.47	0.30	0.27	0.26	0.29	0.21
河套灌区	0.29	0.44	0.28	0.23	0.23	0.25	0.18

7.1.7 河套灌区地下水可开采量

现阶段河套灌区的地下水开发较少，在未来限制引水条件下，灌区可能开发利用地下水资源以弥补地表引水的不足。根据第 6 章的计算可以得到满足农业用水标准的地下水可开采量，在现状引水量和节水措施条件下，以地下水矿化度<2.0 g/L 为限制开采标准，河套灌区地下水可开采量为 2.479 亿 m^3，以地下水矿化度<3.0 g/L 为限制开采标准，地下水可开采量为 4.250 亿 m^3。在 40 亿 m^3、38.8 亿 m^3 和 36.4 亿 m^3 引水量条件下，开采地下水矿化度<2.0 g/L 时，河套灌区地下水可开采量分别为 2.250 亿 m^3、2.198 亿 m^3 及 2.090 亿 m^3；开采地下水矿化度<3.0 g/L 时，河套灌区地下水可开采量分别为 3.853 亿 m^3、3.760 亿 m^3 及 3.574 亿 m^3。

7.1.8 可供水量供水状况分析

河套灌区的历年可供水量数据存在缺失的情况，为了得出历年可供水量的结果，采用以下原则处理：①对于在灌区总体可供水量中占比较大的项，通过合理的估算以获得较准确的结果，如采用可开采系数法与数值模拟法估算地下水可开采量；②对于在灌区总体可供水量中占比较小、变化稳定且存在缺失的项，采用其多年平均的结果，如分凌水量、淖尔水量、再生水量；③对于在灌区总体可供水量中占比较小，但变化剧烈且存在缺失的项，采用近 5 年观测值的平均值，如退水量；④淖尔水量中有 25%的补给来源是分洪分凌水量，因此最终可供水量中将对淖尔水量进行折减。

综上，可得 1998~2017 年历年河套灌区可供水量统计表，如表 7.1.6 所示。由结果可知，现状条件下地表多年平均可供水量为 56 亿 m^3。在地表水资源中，灌区最主要的可供水量为引水量，多年平均值为 48.32 亿 m^3，占总可供水量的比例约为 86.29%。除引水量外的地表多年平均可供水量为 7.68 亿 m³,占总可供水量的比例约为 13.71%。地表水资源中除引水量外,占比较大的还有退水量、分凌水量与淖尔水量。退水量总体上呈现逐渐减少的趋势,近些年稳定在 3 亿 m³ 左右。分凌水量与淖尔水量合计占灌区可供水量的 6.25%左右,但是两者时空变异性很大,分凌水量受季节影响显著,淖尔水量受季节与位置影响。水库水量与再生水量极小,可以忽略。

表 7.1.6 1998～2017 年河套灌区可供水量统计表 （单位：亿 m³）

年份	引水量	分凌水量	淖尔水量	水库水量	退水量	再生水量	地下水可开采量
1998	52.69	—	—	—	5.93	—	—
1999	54.87	—	—	—	5.13	—	—
2000	51.50	—	—	—	4.98	—	—
2001	48.69	—	—	—	4.72	—	—
2002	49.82	—	—	—	4.87	—	—
2003	39.86	—	—	—	3.62	—	—
2004	44.18	—	—	—	4.67	—	—
2005	49.47	—	—	—	3.43	—	—
2006	48.68	—	—	—	2.55	—	—
2007	48.47	—	—	—	3.39	0.29	—
2008	45.89	—	0.83	—	3.74	—	—
2009	53.75	—	0.71	—	2.88	—	—
2010	49.74	—	0.80	—	3.18	0.44	—
2011	50.74	—	0.88	—	2.62	0.28	—
2012	40.87	—	1.55	—	3.65	0.23	—
2013	48.08	—	1.72	—	3.00	—	—
2014	47.71	1.68	1.31	—	—	0.23	—
2015	48.93	2.09	1.25	0.01	—	0.25	—
2016	46.32	3.35	1.11	0.01	—	0.18	—
2017	46.17	—	—	—	—	—	—
平均值	48.32	2.37	1.13	0.01	3.90	0.27	4.25

注：本表统一修约至小数点后两位。2017 年除了引水量和分凌水量外,其他可供水量均无数据,这里仅统计引水量。

在现状条件下满足农业用水标准的地下水可开采量（以地下水矿化度<3.0 g/L 为限制开采标准）为 4.25 亿 m³。截至目前,灌区农业用水中地下水开发利用量较小,因此地下水资源是灌区未来具有开发潜力的可供水量来源。

7.2 河套灌区用水现状分析

本节分析河套灌区的用水现状，主要分为生活用水、生产用水和生态用水三个部分。生活用水为城镇和农村生活用水。生产用水指经济产出的各类生产活动所需的水量，包括第一产业用水、第二产业用水及第三产业用水。生态用水指为维护生态功能和生态环境建设所需的水量。需要指出的是，由于资料限制，很难获取基于河套灌区的各项用水量。河套灌区是巴彦淖尔最主要的工农业生产区与人口分布区，因此将巴彦淖尔现状生活用水、生产用水和生态用水作为河套灌区的现状用水量。

7.2.1 河套灌区生活用水

巴彦淖尔 1950～2018 年人口统计如表 7.2.1 所示，数据来源为巴彦淖尔统计公报。河套灌区是巴彦淖尔人口的主要分布区，因此假设河套灌区的人口数量等于全市人口数量。从变化趋势可以看出，城镇人口总体呈增加趋势，乡村人口总体呈减少趋势，原因是随着城镇化的加快，越来越多的乡村人口涌向城镇。

表 7.2.1 巴彦淖尔历年人口统计表

年份	总人口/万人	城镇人口/万人	乡村人口/万人	出生率/‰	死亡率/‰	自然增长率/‰
1950	43.81	3.99	39.82	28.8	7.4	21.4
1953	51.17	2.82	—	27.9	6.4	21.5
1955	53.73	5.68	48.05	27.3	6.3	21
1960	71.81	11.68	60.13	20.9	6.7	14.2
1964	84.39	9.62	—	21.46	6.5	14.96
1965	89.78	11.62	78.16	36.8	7	29.8
1970	110.69	11.57	99.12	29.8	4.7	25.1
1975	123.76	17.14	106.62	21.8	4.5	17.3
1980	131.22	20.71	110.51	13.8	4.1	9.7
1982	135.44	—	—	16.46	4.1	12.36
1985	141.04	25.87	115.17	13.3	3.27	10.03
1990	153.84	31.36	122.48	24.6	4.2	20.4
1995	165.90	36.95	128.95	14.93	2.85	12.08
2000	171.38	63.24	108.14	—	—	—
2001	173.61	—	—	—	—	—
2002	174.13	—	—	—	—	—
2003	176.13	—	—	—	—	—
2004	172.38	—	—	—	—	—
2005	173.2	71.98	101.22	9.49	5.91	3.58

续表

年份	总人口/万人	城镇人口/万人	乡村人口/万人	出生率/‰	死亡率/‰	自然增长率/‰
2006	173.61	74.25	99.36	9.29	6.35	2.94
2007	174.19	76.03	98.16	9.45	6.12	3.33
2008	173.76	77.49	96.27	9.13	6.08	3.05
2009	173.27	79.46	93.81	8.57	6.04	2.53
2010	166.99	—	—	—	—	—
2011	166.33	81.94	84.39	8.24	5.66	2.58
2012	166.92	83.81	83.11	8.34	5.82	2.52
2013	167.1	85.3	81.8	—	—	—
2014	167.2	86.5	80.7	—	—	—
2015	167.7	88.2	79.5	—	—	—
2016	168.3	89.9	78.4	—	—	—
2017	168.5	91.3	77.2	—	—	—
2018	169	92.7	76.3	8.06	5.45	2.61

生活用水量根据人口和定额的乘积确定。人口分为城镇人口和乡村人口，城镇人口人均日用水定额按照《内蒙古自治区行业用水定额》的标准定为 90 L，乡村人口人均日用水定额为 70 L，计算得到的 2005～2018 年生活用水量如表 7.2.2 所示。由计算结果可知，河套灌区多年平均生活用水量为 0.5 亿 m³。生活用水量较为稳定，且年际变化很小。

表 7.2.2　河套灌区 2005～2018 年生活用水量统计表　　　　（单位：亿 m³）

年份	总生活用水量	城镇生活用水量	农村生活用水量
2005	0.50	0.24	0.26
2006	0.50	0.24	0.25
2007	0.50	0.25	0.25
2008	0.50	0.25	0.25
2009	0.50	0.26	0.24
2011	0.48	0.27	0.22
2012	0.49	0.28	0.21
2013	0.49	0.28	0.21
2014	0.49	0.28	0.21
2015	0.49	0.29	0.20
2016	0.50	0.30	0.20
2017	0.50	0.30	0.20
2018	0.50	0.30	0.19

注：表中数值均采用原始值计算，该表中数据进行了修约，因此，部分数据存在少许出入。

7.2.2 河套灌区第一产业用水

第一产业用水包括种植业与林牧渔业用水,对于河套灌区而言,主要是农业用水与畜牧业用水。

1. 农业用水

河套灌区现状农业用水由引水量供给,历年引水量的变化及分析见第4章。未来条件下河套灌区农业用水量及发展模式将在第8章进行详细叙述。

2. 畜牧业用水

巴彦淖尔的主要牲畜为羊、牛、猪,近年来畜群结构不断优化,以羊养殖为主的畜牧业健康发展,根据巴彦淖尔统计公报数据,2005~2018年牲畜的数量是呈增加趋势的,2018年牲畜的总数是841.2万头,其中羊的数量为794.5万头,大牲畜/牛的数量为17万头,猪的数量为29.7万头。由统计数据可知,巴彦淖尔羊的数量占到牲畜总数的92%左右。巴彦淖尔的羊养殖产业以肉羊为主。根据《巴彦淖尔市农牧业绿色发展规划 2018—2025(第八稿)》(巴彦淖尔市农牧业局,2018),肉羊主要集中分布在河套灌区内,从羊的数量统计及变化趋势来看,其总体呈现增加趋势,2005~2018年其变化范围在642.5万~841万头;大牲畜/牛占的比例比较小,多年平均数量占牲畜总数的2%左右,并呈现出下降趋势,目前稳定在17万头左右;猪的多年平均数量占牲畜总数的5%左右,2009~2018年总体呈现下降趋势,从2009年的45.9万头降到2018年的29.7万头。各种牲畜的数量如表7.2.3所示。

表 7.2.3　2005~2018 年河套灌区牲畜数量统计表　　　(单位:万头)

年份	牲畜数量	羊	大牲畜/牛	猪
2005	733.65	642.5	—	—
2006	651.02	—	—	—
2007	695.06	—	—	—
2008	698.9	—	—	—
2009	714.6	644.7	24	45.9
2010	702	—	—	—
2011	911.6	833.5	24.2	53.9
2012	922.9	841	25.1	56.8
2013	796.4	729.9	24.6	41.9
2014	773.2	716.4	14.9	41.9
2015	801.5	746.8	15.4	39.3
2016	767.5	710.6	16.7	40.2

续表

年份	牲畜数量	羊	大牲畜/牛	猪
2017	800.4	746.5	17	36.9
2018	841.2	794.5	17	29.7

根据内蒙古自治区水利厅发布的《内蒙古自治区行业用水定额》中对于牲畜日用水定额的规定，分为工厂集约化养殖和家庭饲养放牧两种情况，本次计算取羊日用水定额为 10 L，大牲畜/牛日用水定额为 120 L，猪日用水定额为 50 L。根据历年的牲畜数量，乘以用水定额便得到牲畜的用水量，如表 7.2.4 所示，由于数据残缺不全，只计算了 2009~2018 年的牲畜用水量。

表 7.2.4　河套灌区 2009~2018 年牲畜用水量统计表　　（单位：亿 m³）

年份	牲畜用水量	羊	大牲畜/牛	猪
2009	0.42	0.24	0.11	0.08
2010	—	—	—	—
2011	0.51	0.30	0.11	0.10
2012	0.52	0.31	0.11	0.10
2013	0.45	0.27	0.11	0.08
2014	0.40	0.26	0.07	0.08
2015	0.41	0.27	0.07	0.07
2016	0.41	0.26	0.07	0.07
2017	0.41	0.27	0.07	0.07
2018	0.42	0.29	0.07	0.05

注：表中数值均采用原始值计算，该表中数据进行了修约，因此，部分数据存在少许出入。

综上，河套灌区第一产业用水以农业用水为主，牲畜用水量占比非常小，且牲畜用水量年际变化较为稳定。

7.2.3　河套灌区第二产业用水

第二产业用水包括工业用水和建筑业用水。根据 2015 年巴彦淖尔市统计局公布的第三次全国经济普查的数据，巴彦淖尔的工业以重工业为主，工业中资产靠前的几个行业是电力、热力生产和供应业，黑色金属矿采选业，有色金属矿采选业等，3 个行业占全部第二产业生产总值的 43.6%，且均为工业中耗水较多的行业。

巴彦淖尔大部分的工业及建筑业等产业位于河套灌区内，因此将巴彦淖尔统计公报中巴彦淖尔工业用水量作为河套灌区的工业用水量。第二产业历年生产总值和用水量数据见表 7.2.5。第二产业的生产总值与第二产业用水量之间的关系如图 7.2.1 所示。从图 7.2.1 中可知，第二产业的用水量与第二产业生产总值在 2004~2013 年总体处于增加状态。在 2013 年以后，巴彦淖尔第二产业生产总值趋于稳定，2017 年有所下降，而第二产业用水量在 2013 年之后变为下降的趋势。此外，巴彦淖尔的第二产业万元生产总值用水量总体呈现下降的趋势，近年趋于稳定。

表 7.2.5　1998～2017 年巴彦淖尔第二产业生产总值与用水量

年份	第二产业生产总值/亿元	第二产业用水量/(亿 m³)	第二产业万元生产总值用水量/(m³/万元)
1998	21.91	—	—
1999	25.21	—	—
2000	28.68	—	—
2001	30.22	—	—
2002	32.22	—	—
2003	44.47	0.93	209.1
2004	66.04	0.44	66.6
2005	82.59	0.55	66.6
2006	125.02	—	—
2007	168.51	0.83	49.3
2008	229.61	0.96	41.8
2009	279.90	0.98	35.0
2010	339.68	1.20	35.3
2011	414.07	1.22	29.5
2012	478.83	1.24	25.9
2013	469.50	1.27	27.1
2014	478.30	1.01	21.1
2015	450.61	0.98	21.7
2016	463.40	0.96	20.7
2017	292.30	0.95	32.5

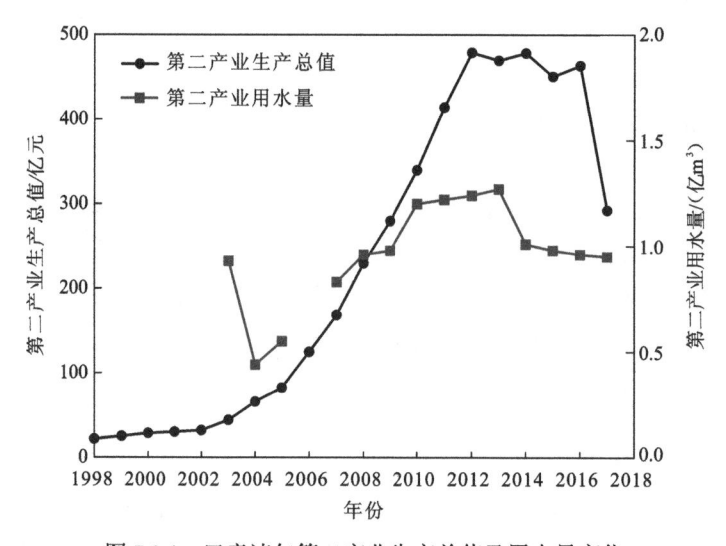

图 7.2.1　巴彦淖尔第二产业生产总值及用水量变化

巴彦淖尔现状各工业企业用水以地下水为主（王霞和李忠，2013），现有 80%的企业供水水源仍然是地下水（李继超和王玲，2018）。按照国家的产业政策，多数企业的生产用水严禁采用地下水。随着城镇化和工业化的发展、人口的不断增加，为保证城镇和农村生活用水安全、防止生态环境的恶化，现状工业企业的生产用水应按国家的产业政策规定寻找和开拓再生水、雨水、微咸水和洪水等非常规水资源，或者将水权转让的水量作为供水水源。

7.2.4 河套灌区第三产业用水

根据巴彦淖尔市统计局公布的第三次全国经济普查结果，得到巴彦淖尔第三产业构成，如表 7.2.6 所示。将巴彦淖尔的第三产业划分为房地产业、租赁和商务服务业、批发和零售行业等 12 个类别，第三产业企业法人单位数为 3 196 个，从业人员 88 148 人，总投资为 684.21 亿元，其中房地产业、租赁和商务服务业、批发和零售行业的总资产最多，三者占第三产业总资产的 88%，分别为 43%、25%、19%。

表 7.2.6 巴彦淖尔第三产业构成

序号	行业	企业法人单位数/个	从业人员/个	总资产/亿元
1	房地产业	280	6 168	296.49
2	租赁和商务服务业	310	3 508	170.56
3	批发和零售行业	1 490	19 292	131.91
4	交通运输业	135	13 336	40.8
5	信息传输、软件和信息技术服务业	39	2 468	20.98
6	其他行业	942	43 376	23.47
	合计	3 196	88 148	684.21

第三产业用水一般由城市供水系统统一提供。根据巴彦淖尔统计公报，2005~2017 年巴彦淖尔第三产业生产总值与用水量见表 7.2.7 与图 7.2.2。可以发现，巴彦淖尔第三产业生产总值和用水量均呈现显著的上升趋势。第三产业的万元生产总值用水量则常年保持稳定，基本在 8 m³/万元上下波动。

表 7.2.7 2005~2017 年巴彦淖尔第三产业生产总值及用水量统计

年份	第三产业生产总值/亿元	第三产业用水量/(亿 m³)	第三产业万元生产总值用水量/(m³/万元)
2005	67.07	0.054	8.05
2006	80.91	0.06	7.42
2007	97.63	0.08	8.19
2008	116.8	0.09	7.71
2009	130.6	0.10	7.66
2010	144.6	0.12	8.30

续表

年份	第三产业生产总值/亿元	第三产业用水量/(亿 m³)	第三产业万元生产总值用水量/(m³/万元)
2011	166	0.13	7.83
2012	183.3	0.15	8.18
2013	203.2	0.16	7.87
2014	220.8	0.18	8.15
2015	271.2	0.22	8.11
2016	293.8	0.24	8.17
2017	288.9	0.23	7.96

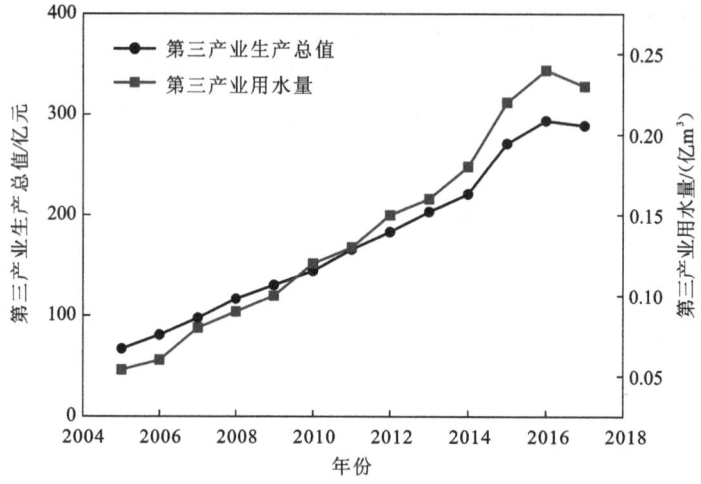

图 7.2.2 巴彦淖尔第三产业生产总值及用水量变化

7.2.5 河套灌区生态用水

生态用水分为河道内生态用水和河道外生态用水。对于河套灌区而言，不需要考虑河道内生态用水，只计算河道外生态用水即可。河道外生态用水由城镇生态环境需水量和农村生态环境需水量两部分组成，供水水源主要是地下水。表 7.2.8 是巴彦淖尔及河套灌区历年生态用水量，数据来源于《巴彦淖尔市水资源公报》，河套灌区的历年生态用水量根据所包含的行政区域的生态用水量计算得到。

表 7.2.8 巴彦淖尔及河套灌区历年生态用水量 （单位：亿 m³）

地区	年份					
	2010	2011	2012	2014	2015	2016
临河	0.033	0.029	0.014	0.039	0.051	0.088
磴口	0.004	0.009	0.406	0.005	0.027	0.031
杭锦后旗	0.012	0.007	0.009	0.010	0.038	0.057

续表

地区	2010	2011	2012	2014	2015	2016
五原	0.011	0.012	0.008	0.010	0.028	0.040
乌拉特前旗	0.015	0.013	0.85	0.027	0.025	0.035
乌拉特中旗	0.004	0.007	0.006	0.019	0.02	0.022
乌拉特后旗	0.004	0.009	0.006	0.009	0.026	0.026
全市	0.083	0.086	1.299	0.119	0.215	0.299
河套灌区	0.075	0.070	1.287	0.091	0.169	0.251

7.2.6 河套灌区用水总量

综合河套灌区各用水项可得河套灌区用水量统计表，如表 7.2.9 所示。可以发现，河套灌区年均总用水量在 50.69 亿 m³。河套灌区生活用水多年保持稳定。灌区最主要的用水为生产用水，其中以第一产业中的农业用水最多，其多年平均值占河套灌区全部用水的 95%以上。畜牧业用水多年保持稳定。河套灌区第二产业用水多年平均值占河套灌区全部用水的 1.91%，随时间推移总体呈现先上升后下降的趋势，万元生产总值用水量总体呈现下降的趋势。第二产业用水量与万元生产总值用水量均在近年趋于稳定。河套灌区第三产业用水多年平均值占河套灌区全部用水的 0.28%，随时间推移呈现上升趋势，第三产业的万元生产总值用水量则常年保持稳定，基本在 8 m³/万元上下波动。河套灌区生态用水年际变化较大，但是所占比例较小。

表 7.2.9　1998～2017 年河套灌区用水量统计表　　（单位：亿 m³）

年份	生活用水	第一产业用水 农业用水	畜牧业用水	第二产业用水	第三产业用水	生态用水
1998	—	52.69	—	—	—	—
1999	—	54.87	—	—	—	—
2000	—	51.50	—	—	—	—
2001	—	48.69	—	—	—	—
2002	—	49.82	—	—	—	—
2003	—	39.86	—	0.93	—	—
2004	—	44.18	—	0.44	—	—
2005	0.50	49.47	—	0.55	0.05	—
2006	0.50	48.68	—	—	0.06	—
2007	0.50	48.47	—	0.83	0.08	—

续表

年份	生活用水	第一产业用水 农业用水	第一产业用水 畜牧业用水	第二产业用水	第三产业用水	生态用水
2008	0.50	45.89	—	0.96	0.09	—
2009	0.50	53.75	0.42	0.98	0.10	—
2010	0.48	49.74	—	1.20	0.12	0.08
2011	0.48	50.74	0.51	1.22	0.13	0.07
2012	0.49	40.87	0.52	1.24	0.15	1.29
2013	0.49	48.08	0.45	1.27	0.16	
2014	0.49	47.71	0.40	1.01	0.18	0.09
2015	0.49	48.93	0.41	0.98	0.22	0.17
2016	0.50	46.32	0.41	0.96	0.24	0.25
2017	0.50	46.17	0.41	0.95	0.23	—
平均值	0.50	48.32	0.44	0.97	0.14	0.32

注：本表统一修约至小数点后两位。表中数值均采用原始值计算，该表中数据进行了修约，因此，部分数据存在少许出入。

7.3 河套灌区水资源供需平衡预测分析

本节首先分析了河套灌区现状年的水量供需情况，之后按照相关的产业规划对河套灌区 2025 年和 2030 年各个产业的未来用水量进行预测，并进行水资源供需平衡分析。水资源供需平衡分析的主要关注点在于灌区除引水量以外的可供水量，是否可以满足除农业用水之外的其他用水户的用水需求。

7.3.1 河套灌区现状水量供需平衡分析

现状条件下河套灌区水量供需情况如表 7.3.1 所示。从结果可以看出，现状条件下可以保证灌区水资源的供需平衡。现状条件下灌区地表可供水量总计 56 亿 m^3。灌区最主要的地表可供水量为引水量，其多年平均值为 48.32 亿 m^3，占总可供水量的比例为 86.29%。除引水量外的地表水资源量的多年平均值为 7.68 亿 m^3，占总可供水量的比例为 13.71%。地表水资源量中除引水量外，占比较大的还有退水量、分凌水量与淖尔水量。退水量总体上呈现逐渐减少的趋势，近些年稳定在 3 亿 m^3 左右。分凌水量与淖尔水量时空变异性很大，目前主要用作生态补水、秋浇预留干地补墒等。水库水量和再生水量等其他水资源量较小。在现状条件下满足农业用水标准的地下水可开采量（以地下水矿化度<3.0 g/L 为限制开采标准）为 4.25 亿 m^3。

第7章 河套灌区水资源供需平衡分析

表 7.3.1 河套灌区现状年水量供需情况表

项目		数值/(亿 m³)
可供水量	引水量	48.32
	分洪分凌水量	2.37
	淖尔水量	1.13
	水库水量	0.01
	退水量	3.90
	再生水量	0.27
	合计	56
用水量	生活用水量	0.50
	农业用水量	48.32
	畜牧业用水量	0.44
	第二产业用水量	0.97
	第三产业用水量	0.14
	生态用水量	0.32
	合计	50.69

河套灌区多年平均用水量为 50.69 亿 m³，包括生活用水 0.50 亿 m³、生产用水 49.87 亿 m³ 和生态用水 0.32 亿 m³。生产用水中消耗水量最多的为第一产业中的农业用水，其多年平均值占河套灌区全部用水的 95%以上，现状条件下完全由引水量提供。第二产业用水量不足 1.0 亿 m³，地下水及其他供水水源完全可以满足第二产业用水需求，但是目前第二产业用水来源主要为地下水资源，供水水源有待置换。第三产业用水量逐年增大并趋于稳定，其万元生产总值用水量一直较为稳定。灌区生态用水年际变化较大，但是用水量较小。

在现状条件下，除引水量以外的地表水资源量的多年平均值为 7.68 亿 m³。除农业用水之外的其他用水户多年平均用水量为 2.37 亿 m³。因此，现状条件下，灌区除引水量以外的地表水资源量完全满足除农业用水之外的其他用水户的用水需求。但是需要说明的是，随着城镇化和工业化的发展，人口不断增加，为保证城镇和农村生活用水安全，防止生态环境的恶化，第二产业用水、第三产业用水应按国家的产业政策规定寻找和开拓再生水、水库水、退水等非常规水资源，或者将水权转让的水量作为供水水源。

7.3.2 河套灌区生产用水量预测

1. 第一产业用水预测

内蒙古作为全国水权项目试点地区，依据国家要求，将分期实施盟市间水权转让试点工作，由建设项目业主单位对河套灌区农业节水改造工程进行投资建设，然后将节水工程节约的水权指标再有偿转让给新增的工业建设项目。试点工程一期计划水权转让 1.2 亿 m³，所有水权转让共计 3.6 亿 m³。因此，假设河套灌区一期水权转让在 2025 年完成，即 2025 年河套灌区引黄渠系可供水量为 38.8 亿 m³；所有水权转让在 2030 年完成，即 2030 年河套灌区引黄渠系可供水量为 36.4 亿 m³。

河套灌区未来农业用水量由引水量和地下水开采量供给，采用非充分灌溉的方式，以供代需。根据第 6.2.7 小节中的结果，矿化度 2 g/L 下引水量为 40 亿 m³、38.8 亿 m³ 和 36.4 亿 m³ 时的河套灌区地下水可开采量分别为 2.22 亿 m³、2.22 亿 m³ 和 2.13 亿 m³，因此当引水量为 38.8 亿 m³ 时，河套灌区的农业用水量为 41.02 亿 m³，当引水量为 36.4 亿 m³ 时，河套灌区的农业用水量为 38.53 亿 m³。

牲畜的用水量根据牲畜的数量和牲畜的用水定额来确定，主要参考《巴彦淖尔市农牧业绿色发展规划 2018—2025（第八稿）》（巴彦淖尔市农牧业局，2018）和《巴彦淖尔市水利发展"十三五"规划报告》（巴彦淖尔市河套水利水电勘察设计有限公司，2017）。到 2025 年，全市肉羊存栏量达到 1 000 万头，出栏 1 300 万头。到 2030 年，全市肉羊存栏量达到 1 150 万头，出栏 1 500 万头。根据上述规划对 2025 年和 2030 年巴彦淖尔的牲畜数量进行预测，如表 7.3.2 所示。根据内蒙古自治区水利厅发布的《内蒙古自治区行业用水定额》中对于牲畜日用水定额的规定，羊日用水定额为 10 L，大牲畜/牛日用水定额为 120 L，猪日用水定额为 50 L。

表 7.3.2　2025 年和 2030 年巴彦淖尔牲畜数量预测　　　　　（单位：万头）

年份	羊	大牲畜/牛	猪
2025	1 000	25	50
2030	1 150	55	120

根据 2025 年和 2030 年预测得到的牲畜数量及牲畜用水定额，采用用水定额与数量相乘的方法计算用水量，得到 2025 年和 2030 年牲畜的用水量，如表 7.3.3 所示。牲畜用水的主要来源是地下水。

表 7.3.3　2025 年和 2030 年牲畜用水量预测　　　　　（单位：万 m³）

年份	羊	大牲畜/牛	猪	合计
2025	3 650	1 095	912.5	5 657.5
2030	4 198	2 409	2 190	8 797

注：表中数值均采用原始值计算，该表中数据进行了修约，因此，部分数据存在少许出入。

2. 第二、三产业用水预测

按照巴彦淖尔"十三五"规划的发展要求，巴彦淖尔 2015 年的生产总值达到 890 亿元，2025 年生产总值达到 1 304 亿元，2030 年生产总值达到 1 752 亿元。根据巴彦淖尔的"十三五"规划报告，第三产业的比重会不断增加，因此预测 2025 年、2030 年第三产业比重分别为 40%、44%。2025 年、2030 年各产业比重预测结果如表 7.3.4 所示。

第 7 章 河套灌区水资源供需平衡分析

表 7.3.4 巴彦淖尔工业增加值预测及第一、二、三产业比重预测

年份	生产总值/亿元	第一产业比重/%	第二产业比重/%	第三产业比重/%	第一产业增加值/亿元	第二产业增加值/亿元	第三产业增加值/亿元
2025	1 304	22	38	40	287	495	522
2030	1 752	20	36	44	350	631	771

按照对巴彦淖尔万元工业增加值用水量的预测，采用第二产业增加值与万元工业增加值用水量相乘的方法计算工业用水量；第三产业的用水量也根据第三产业增加值与万元工业增加值用水量进行计算。第三产业万元工业增加值用水量依据 7.2.4 小节对水资源的调查及《内蒙古自治区行业用水定额》，取 2025 年为 8 m³/万元，2030 年为 6 m³/万元。第二、三产业的未来用水量如表 7.3.5 所示，2025 年和 2030 年的第二产业用水量为 1.24 亿 m³、1.26 亿 m³，第三产业用水量为 0.42 亿 m³、0.46 亿 m³。

表 7.3.5 巴彦淖尔 2025 年和 2030 年第二、三产业用水量预测

年份	第二产业增加值/亿元	第三产业增加值/亿元	第二产业万元工业增加值用水量/(m³/万元)	第三产业万元工业增加值用水量/(m³/万元)	第二产业用水量/(亿 m³)	第三产业用水量/(亿 m³)	合计/(亿 m³)
2025	495	522	25	8	1.24	0.42	1.66
2030	631	771	20	6	1.26	0.46	1.72

7.3.3 河套灌区生活与生态用水量预测

本小节预测河套灌区的生活和生态用水量。调查资料显示人口自然增长率的变化趋势趋于稳定，人口的预测采用指数型公式进行：

$$P_n = P_0 \times (1+a)^n \quad (7.3.1)$$

式中：P_n 为第 n 年的总人口；P_0 为初始年份的总人口；a 为人口自然增长率；n 为年数。这里的 P_0 取 2018 年的总人口，P_0=169 万人；a 最近几年趋于稳定，取为 3‰。

基于巴彦淖尔"十三五"规划要求，巴彦淖尔常住人口城镇化率在 2025 年将达到 57.8%，预测到 2030 年常住人口城镇化率可达到 63.0%。计算 2025 年和 2030 年的城镇人口和乡村人口数量，结果见表 7.3.6。

表 7.3.6 2025 年和 2030 年城镇人口和乡村人口预测

年份	总人口/万人	城镇化率/%	城镇人口/万人	乡村人口/万人
2025	170.02	57.8	98.27	71.75
2030	175.19	63.0	110.37	64.82

根据《内蒙古自治区水资源公报》，2003~2017 年农村的日均生活用水量逐年增高，2017 年基本与城镇持平。考虑生活水平的逐步提高，将城镇人口的日均生活用水量取为 100 L，将乡村人口的日均生活用水量取为 90 L，计算得到 2025 年和 2030 年的生活用水总量，如表 7.3.7 所示。

表 7.3.7 2025 年和 2030 年生活用水量的计算

年份	城镇人口 /万人	乡村人口 /万人	城镇人口日用水定额 /[L/(人·d)]	乡村人口日用水定额 /[L/(人·d)]	城镇年用水量/（万 m³）	农村年用水量/（万 m³）	生活用水量/（万 m³）
2025	98.27	71.75	100	90	3 587	2 357	5 944
2030	110.37	64.82	100	90	4 028	2 129	6 158

注：表中数值均采用原始值计算，该表中数据进行了修约，因此，部分数据存在少许出入。

生态用水可以分为河道内生态用水和河道外生态用水。对于河套灌区而言，仅需考虑河道外生态用水即可。河道外生态用水量由城镇生态环境需水量和农村生态环境需水量两部分组成。城镇生态环境需水量主要包括城镇绿化、环境卫生和城镇河湖等，因灌区内城镇河湖面积较小，本次规划不单独考虑。城镇生态环境需水量用城镇公共服务净需水量代替，通过城镇人口数与计算水平年人均公共用水定额的乘积来计算，计算公式为

$$X = 365 \times R \times K / 1\,000 \qquad (7.3.2)$$

式中：X 为城镇水平年公共服务净需水量，万 m³；R 为预测水平年城镇人口数，万人；K 为该城镇在计算水平年拟定的人均公共用水定额，L/(人·d)。根据《内蒙古自治区行业用水定额》取人均公共用水定额为 27 L/(人·d)。考虑到未来人均公共用水定额会增加，这里取 K=30 L/(人·d)，计算结果如表 7.3.8 所示。

表 7.3.8 2025 年和 2030 年河套灌区城镇生态环境需水量

年份	城镇人口/万人	人均公共用水定额/[L/(人·d)]	城镇生态环境需水量/（万 m³）
2025	98.27	30	1 076
2030	110.37	30	1 209

河套灌区的农村生态环境需水量主要涉及水土保持、防林护草、防风固沙等方面，由于这方面的数据难以收集，以《内蒙古自治区巴彦淖尔市水资源综合规划报告》（武汉大学，2005）为预测依据，城镇生态环境需水量和农村生态环境需水量如表 7.3.9 所示。

表 7.3.9 2025 年和 2030 年河套灌区生态用水量预测 （单位：亿 m³）

年份	城镇生态环境需水量	农村生态环境需水量	合计
2025	0.11	0.88	0.99
2030	0.12	1.00	1.12

注：本表统一修约至小数点后两位。

7.3.4 河套灌区用水量预测及未来供需平衡分析

2025 年、2030 年河套灌区的用水预测见表 7.3.10。随着时间的推移，河套灌区生活、生态用水量基本稳定并稍有增加，灌区农业用水量逐渐减少。随着经济的发展，灌区未

来用水增加较多的主要是第二、三产业的用水需求。

表 7.3.10   2025 年和 2030 年河套灌区用水预测   （单位：亿 m³）

年份	生活用水	生产用水		生态用水
		农业用水	其他生产用水	
2025	0.59	41.02	2.23	0.99
2030	0.62	38.53	2.60	1.12

注：本表统一修约至小数点后两位。

2025 年河套灌区水资源供需情况见表 7.3.11。2025 年河套灌区用水量预计为 44.83 亿 m³，其中农业用水预计为 41.02 亿 m³，除农业用水之外的其他用水户的用水需求为 3.81 亿 m³。2025 年河套灌区地表可供水量预计为 45.05 亿 m³，其中引水量为 38.8 亿 m³，除引水量以外的地表水资源量为 6.25 亿 m³。引水量不能满足农业用水需求，因此农业用水需要开发 2.22 亿 m³ 的地下水资源。因此，从水量来看，除引水量以外的地表、地下水资源量满足除农业用水之外的其他用水户的用水需求。

表 7.3.11   河套灌区 2025 年水资源供需情况表

	项目	数值/(亿 m³)
可供水量	引水量	38.8
	除引水量以外的地表水资源量	6.25
	农业灌溉地下水开采量	2.22
用水量	农业用水	41.02
	除农业用水之外的其他用水户的用水需求	3.81

2030 年的河套灌区水资源供需情况见表 7.3.12。2030 年河套灌区用水量预计为 42.87 亿 m³，其中农业用水预计为 38.53 亿 m³，除农业用水之外的其他用水户的用水需求为 4.34 亿 m³。2030 年河套灌区地表可供水量预计为 42.78 亿 m³，其中引水量为 36.4 亿 m³，除引水量以外的地表水资源量为 6.38 亿 m³。引水量不能满足农业用水需求，因此农业用水需要开发 2.13 亿 m³ 的地下水资源。同样，从水量来看，除引水量以外的地表、地下水资源量完全满足除农业用水之外的其他用水户的用水需求。

表 7.3.12   河套灌区 2030 年水资源供需情况表

	项目	数值/(亿 m³)
可供水量	引水量	36.4
	除引水量以外的地表水资源量	6.38
	农业灌溉地下水开采量	2.13
用水量	农业用水	38.53
	除农业用水之外的其他用水户的用水需求	4.34

需要注意的是，除引水量以外的灌区地表可供水量时空变异性很大。分凌水量受季节影响显著，退水量和淖尔水量受季节与位置影响，因此存在供水不稳定的问题。目前退水主要补给乌梁素海，未来可以开发用作第二、三产业用水。灌区退水量大约为 3.90 亿 m³，且退水较集中的八、九、十排干距离乌拉特前旗工业园区比较近，因此建议第二、三产业优先使用附近的退水。淖尔水、水库水、再生水与地下水作为退水的补充与调节存在。生活用水建议采用水质较好的引水和地下水。畜牧业用水与生态用水可以从淖尔水、水库水、地下水中获取。地下水可供开发量相对充足，农业灌溉对地下水的开采，不会影响到第二、三产业用水和生活用水等其他用水可能存在的对地下水的开发利用。

7.4 本章小结

本章以河套灌区为整体，研究了河套灌区的可供水量来源与不同行业用水量，进行了现状及未来限制引水条件下水资源供需平衡分析，主要结论如下：

（1）河套灌区主要供水来源为引水、分洪分凌水、淖尔水、水库水、退水、再生水和地下水。现状条件下地表多年平均可供水量为 56 亿 m³。在地表水资源中，灌区最主要的可供水量为引水量，多年平均情况下占总可供水量的比例为 86.29%。分洪分凌水与淖尔水时空变异性较大，适合作为主要水源的补充。水库水与再生水水量较小。退水目前直接排入乌梁素海，有待开发利用。地下水资源是灌区未来具有开发潜力的可供水量来源。

（2）河套灌区现状用水主要包括生活用水、生产用水和生态用水。河套灌区多年平均用水量为 50.69 亿 m³。最主要的用水为第一产业中的农业用水，其多年平均值占河套灌区全部用水的 95% 以上。其余生产用水在近年来已基本稳定。需要注意的是，第二产业用水的来源主要为地下水资源，供水水源有待置换。灌区生活用水一直较为稳定，生态用水年际变化较大，但是用水量较小。

（3）2025 年、2030 年河套灌区除农业用水之外的其他用水户的用水需求为 3.81 亿 m³、4.34 亿 m³，除引水量以外的地表水资源量为 6.25 亿 m³、6.38 亿 m³，除引水量以外的地表、地下水资源量满足除农业用水之外的其他用水户的用水需求。

第 8 章 河套灌区农业灌溉用水量与发展模式研究

本章主要以河套灌区为整体,基于第 2~7 章分析所得作物灌溉定额、灌溉水利用系数、灌溉面积等基础数据,分析预测规划年的农业最小引黄水量,同时,根据灌区未来限制引水条件,确定未来灌区适宜的发展模式。

8.1 河套灌区农业灌溉用水量与发展模式预测内容

基于作物灌溉定额、灌溉水利用系数、灌溉面积、种植结构、地下水利用量,可以确定不同灌溉面积的灌区最小引水量。根据灌溉面积与灌区最小引水量的关系,开展以下内容的研究。

(1) 根据现状年(2017 年,由于 2013~2017 年均为平水年,计算中取值为 2013~2017 年的平均值)的灌溉面积和所有规划年的预测参数,确定规划年(2020 年、2025 年、2030 年、2035 年、2040 年、2050 年)的最小引水量。

(2) 根据引水量限制条件(40 亿 m^3、38.8 亿 m^3、36.4 亿 m^3 等),确定灌区的灌溉面积。

(3) 在 2 个空间尺度(灌区尺度和灌域尺度)和 3 种时间尺度(全年尺度、两灌期尺度、三灌期尺度)进行以上分析,比较不同方法的计算结果,不同尺度的成果相互验证。

8.2 基于不同时空尺度的灌区引水量预测方法

为了使规划年灌区的引水量计算结果更合理,采用不同空间尺度与时间尺度组合的计算方法来分析灌区引水量。用不同计算方法得到的灌区引水量会存在差别,如果不同的计算方法得到的结果相差较小,则说明得到的结果是可信的。

8.2.1 基于年灌溉定额的灌区和灌域尺度引水量计算

1. 灌区尺度引水量计算方法

当不考虑灌区的地下水利用时,灌区的引水量 Q 为

$$Q = A\sum_{i}(M_{年净,i} \times \beta_i)/\eta \tag{8.2.1}$$

式中：Q 为灌区在黄河上的引水量，m^3；A 为灌区的灌溉面积，亩；$M_{年净,i}$ 为作物 i 的年净灌溉定额，$m^3/亩$；β_i 为灌区尺度上作物 i 的种植面积比例；η 为灌区的灌溉水利用系数。

当考虑灌区的地下水利用时，灌区的引水量 Q 为

$$Q = A\sum_{i}(M_{年净,i} \times \beta_i)/\eta - Q^g/\eta_{渠系} \tag{8.2.2}$$

式中：Q^g 为灌区的地下水可开采量，m^3；$\eta_{渠系}$ 为灌区的渠系水利用系数。

2. 灌域尺度引水量计算方法

灌域的引水量利用式（8.2.3）计算：

$$Q^j = A^j\sum_{i}(M^j_{年净,i} \times \beta^j_i)/\eta^j \tag{8.2.3}$$

式中：j 为灌域的编号，分别表示乌兰布和灌域、解放闸灌域、永济灌域、义长灌域和乌拉特灌域；Q^j 为灌域 j 在总干渠的引水量（乌兰布和灌域为在黄河上的引水量），m^3；A^j 为灌域 j 的总灌溉面积，亩；$M^j_{年净,i}$ 为灌域 j 中作物 i 的年净灌溉定额，$m^3/亩$；β^j_i 为灌域 j 中作物 i 的种植面积比例；η^j 为灌域 j 的灌溉水利用系数。

ω^j 为灌域 j 的灌溉面积比（即灌域灌溉面积占灌区灌溉面积的比例），给出总灌溉面积 A，则可以确定灌域 j 的灌溉面积为 $A^j = \omega^j A$，则式（8.2.3）可以表示为

$$Q^j = A\sum_{i}(M^j_{年净,i}\omega^j\beta^j_i)/\eta^j \tag{8.2.4}$$

灌区的引水量为

$$Q = Q^{乌兰布和灌域} + \left(Q^{解放闸灌域} + Q^{永济灌域} + Q^{义长灌域} + Q^{乌拉特灌域}\right)/\eta_{总干} \tag{8.2.5}$$

当考虑灌区的地下水利用时，灌区的引水量为

$$Q = Q^{乌兰布和灌域} + \left(Q^{解放闸灌域} + Q^{永济灌域} + Q^{义长灌域} + Q^{乌拉特灌域}\right)/\eta_{总干} - Q^g/\eta_{渠系} \tag{8.2.6}$$

式中：$\eta_{总干}$ 为总干渠的渠道水利用系数。

8.2.2 基于年内两灌期的灌区和灌域尺度引水量计算

年内两灌期是指将一年内的灌溉分为春灌及生育期和秋浇两个灌期。

1. 灌区尺度引水量计算方法

1）春灌及生育期引水量计算

春灌及生育期引水量为

$$Q_{春灌及生育期} = A\sum_{i}(M_{春灌及生育期净,i} \times \beta_i)/\eta \tag{8.2.7}$$

式中：$Q_{春灌及生育期}$ 为灌区春灌及生育期在黄河上的引水量；A 为灌区的灌溉面积；$M_{春灌及生育期净,i}$

为灌区作物春灌及生育期的净灌溉定额，$m^3/亩$；β_i 为灌区作物 i 的种植面积比例；η 为灌区的灌溉水利用系数。

2）秋浇引水量计算

灌区秋浇引水量 $Q_{秋浇}$：

$$Q_{秋浇} = A_{秋浇} M_{秋浇净} / \eta \tag{8.2.8}$$

式中：$Q_{秋浇}$ 为秋浇引水量，m^3；$A_{秋浇}$ 为秋浇面积，亩；$M_{秋浇净}$ 为秋浇净灌溉定额，$m^3/亩$。

3）灌区的引水量计算

灌区在黄河上的引水量 Q 为

$$Q = Q_{春灌及生育期} + Q_{秋浇} \tag{8.2.9}$$

2. 灌域尺度引水量计算方法

1）春灌及生育期引水量计算

灌域 j 在春灌及生育期的引水量：

$$Q^j_{春灌及生育期} = A^j \sum_i (M^j_{春灌及生育期净,i} \times \beta^j_i) / \eta^j \tag{8.2.10}$$

式中：$Q^j_{春灌及生育期}$ 为灌域 j 春灌及生育期的引水量；A^j 为灌域 j 的灌溉面积；$M^j_{春灌及生育期净,i}$ 为灌域 j 中作物 i 的春灌及生育期净灌溉定额，$m^3/亩$；β^j_i 为灌域 j 中作物 i 的种植面积比例；η^j 灌域 j 的灌溉水利用系数。

2）秋浇引水量计算

灌域 j 的秋浇引水量 $Q^j_{秋浇}$ 利用式（8.2.11）计算：

$$Q^j_{秋浇} = A^j_{秋浇} M^j_{秋浇净} / \eta^j \tag{8.2.11}$$

式中：$A^j_{秋浇}$ 为灌域 j 的秋浇面积；$M^j_{秋浇净}$ 为灌域 j 的秋浇净灌溉定额。

灌域 j 的引水量 Q^j 为

$$Q^j = Q^j_{春灌及生育期} + Q^j_{秋浇} \tag{8.2.12}$$

其中，j 分别为乌兰布和灌域、解放闸灌域、永济灌域、义长灌域、乌拉特灌域。

3）灌区的引水量计算

灌区的引水量为

$$Q = Q^{乌兰布和灌域} + \left(Q^{解放闸灌域} + Q^{永济灌域} + Q^{义长灌域} + Q^{乌拉特灌域}\right) / \eta_{总干} \tag{8.2.13}$$

当考虑灌区的地下水利用时，灌区的引水量为

$$Q = Q^{乌兰布和灌域} + \left(Q^{解放闸灌域} + Q^{永济灌域} + Q^{义长灌域} + Q^{乌拉特灌域}\right) / \eta_{总干} - Q^g / \eta_{渠系} \tag{8.2.14}$$

8.2.3 基于年内三灌期的灌区和灌域尺度引水量计算

年内三灌期是指将一年内的灌溉分为春灌、生育期和秋浇三个灌期。

1. 灌区尺度引水量计算方法

1）春灌引水量计算

春灌引水量 $Q_{春灌}$：

$$Q_{春灌} = A_{春灌} M_{春灌净} / \eta \tag{8.2.15}$$

式中：$A_{春灌}$ 为春灌面积；$M_{春灌净}$ 为春灌净灌溉定额。

2）生育期引水量计算

生育期引水量：

$$Q_{生育期} = A \sum_{i}(M_{生育期净,i} \times \beta_i) / \eta \tag{8.2.16}$$

式中：$M_{生育期净,i}$ 为 i 种作物生育期净灌溉定额。

3）秋浇引水量计算

灌区秋浇引水量 $Q_{秋浇}$ 可利用式（8.2.17）计算：

$$Q_{秋浇} = A_{秋浇} M_{秋浇净} / \eta \tag{8.2.17}$$

设 $\omega_{春灌}$ 为灌区的春灌面积比（即灌区的春灌面积占灌区灌溉面积的比例），$\omega_{秋浇}$ 为灌区的秋浇面积比（即灌区的秋浇面积占灌区灌溉面积的比例）。给出总灌溉面积，则可以确定相应的春灌面积和秋浇面积：

$$\begin{cases} A_{春灌} = \omega_{春灌} A \\ A_{秋浇} = \omega_{秋浇} A \end{cases} \tag{8.2.18}$$

根据式（8.2.18），便可以根据灌溉面积 A 得到灌区的春灌面积 $A_{春灌}$ 和秋浇面积 $A_{秋浇}$。由各灌域的春灌面积比 $\omega^j_{春灌}$（各灌域的春灌面积占灌区春灌面积的比例）和各灌域的秋浇面积比 $\omega^j_{秋浇}$（各灌域的秋浇面积占灌区秋浇面积的比例），可以得到灌域 j 的春灌面积 $A^j_{春灌}$ 和灌域 j 的秋浇面积 $A^j_{秋浇}$：

$$\begin{matrix} A^j_{春灌} = \omega^j_{春灌} A_{春灌} \\ A^j_{秋浇} = \omega^j_{秋浇} A_{秋浇} \end{matrix} \tag{8.2.19}$$

这样，只要给出灌区的灌溉面积，就可以得到灌域的灌溉面积 A^j，以及灌区的春灌面积 $A_{春灌}$、灌区的秋浇面积 $A_{秋浇}$。

4）灌区的引水量计算

灌区在黄河上的引水量 Q 为

$$Q = Q_{春灌} + Q_{生育期} + Q_{秋浇} \tag{8.2.20}$$

2. 灌域尺度引水量计算方法

1）春灌引水量计算

灌域 j 春灌引水量（是灌域的引水量，乌兰布和灌域在黄河上引水，其余灌域在总干渠上引水）$Q^j_{春灌}$：

$$Q^j_{春灌} = A^j_{春灌} M^j_{春灌净} / \eta^j \quad (8.2.21)$$

式中：$M^j_{春灌净}$ 为灌域 j 春灌净灌溉定额。

2）生育期引水量计算

灌域 j 生育期引水量：

$$Q^j_{生育期} = A^j \sum_i (M^j_{生育期净,i} \times \beta^j_i) / \eta^j \quad (8.2.22)$$

式中：$M^j_{生育期净,i}$ 为灌域 j 第 i 种作物生育期净灌溉定额。

3）秋浇引水量计算

灌域 j 的秋浇引水量 $Q^j_{秋浇}$ 可利用式（8.2.23）计算：

$$Q^j_{秋浇} = A^j_{秋浇} M^j_{秋浇净} / \eta^j \quad (8.2.23)$$

灌域 j 的引水量 Q^j 为

$$Q^j = Q^j_{春灌} + Q^j_{生育期} + Q^j_{秋浇} \quad (8.2.24)$$

4）灌区的引水量计算

灌区的引水量：

$$Q = Q_{乌兰布和灌域} + \left(Q_{解放闸灌域} + Q_{永济灌域} + Q_{义长灌域} + Q_{乌拉特灌域} \right) / \eta_{总干} \quad (8.2.25)$$

8.2.4 考虑地下水开发利用的灌区最小引水量计算

对于全年尺度：

$$Q = Q_{全年} - Q^g / \eta_{渠系} \quad (8.2.26)$$

对于两灌期分划：

$$Q = Q_{春灌及生育期} + Q_{秋浇} - Q^g / \eta_{渠系} \quad (8.2.27)$$

对于三灌期分划：

$$Q = Q_{春灌} + Q_{生育期} + Q_{秋浇} - Q^g / \eta_{渠系} \quad (8.2.28)$$

式中：$Q_{全年}$ 为全年引水量；Q^g 为灌区的地下水可开采量；$\eta_{渠系}$ 为灌区的渠系水利用系数。

8.3 规划年关键数据预测分析

为了预测河套灌区规划年的最小引水量，需要对规划年灌溉定额、种植结构、灌溉水利用效率、灌溉面积等进行预测。

8.3.1 规划年灌溉定额的预测分析

第 5 章中由水均衡法计算出了不同作物全年、春灌及生育期、生育期的净灌溉定额，取 2013~2017 年的均值得到了现状河套灌区及各灌域不同灌期的净灌溉定额，分别如表 8.3.1~表 8.3.4 所示。表 8.3.1~表 8.3.4 中的值代表了现状引水量条件下作物的净灌溉定额，根据目前河套灌区的用水情况和地下水位变化情况，灌区地下水位呈下降趋势，作物的地下水利用量将减少，作物生育期净灌溉定额应该增加才能满足作物的需水要求。因此，需要分别对未来限制引水条件下不同灌期的净灌溉定额进行合理预测。

表 8.3.1　河套灌区及各灌域各作物现状全年净灌溉定额　　（单位：m³/亩）

地区	小麦	玉米	葵花	番茄	甜菜	瓜菜	夏杂	秋杂	油料	林地	牧草
乌兰布和灌域	257	226	181	170	244	148	183	211	240	165	165
解放闸灌域	271	241	186	197	260	180	196	228	244	133	139
永济灌域	269	246	165	198	258	188	197	228	243	128	128
义长灌域	245	204	149	174	234	155	170	202	229	133	133
乌拉特灌域	189	160	90	136	181	123	137	155	155	100	85
河套灌区	252	220	151	178	249	164	182	211	226	139	137

表 8.3.2　河套灌区及各灌域各作物现状春灌及生育期净灌溉定额　　（单位：m³/亩）

地区	小麦	玉米	葵花	番茄	甜菜	瓜菜	夏杂	秋杂	油料	林地	牧草
乌兰布和灌域	182	152	175	98	169	76	110	138	165	160	160
解放闸灌域	144	118	167	78	134	62	77	105	120	120	125
永济灌域	139	118	150	74	129	65	74	102	116	116	116
义长灌域	117	86	114	63	109	49	61	85	105	101	101
乌拉特灌域	88	67	69	48	82	38	48	63	63	77	66
河套灌区	132	105	128	70	130	58	73	97	110	118	116

表 8.3.3　河套灌区及各灌域各作物现状生育期净灌溉定额　　（单位：m³/亩）

地区	小麦	玉米	葵花	番茄	甜菜	瓜菜	夏杂	秋杂	油料	林地	牧草
乌兰布和灌域	167	139	124	90	155	70	101	126	152	147	147
解放闸灌域	116	95	86	62	108	50	62	85	96	96	100
永济灌域	120	102	75	65	112	56	64	88	100	100	100
义长灌域	106	78	65	57	98	44	55	77	95	91	91
乌拉特灌域	70	52	28	38	65	30	38	49	49	61	52
河套灌区	115	91	69	61	113	50	63	85	95	103	101

第8章 河套灌区农业灌溉用水量与发展模式研究

表 8.3.4 河套灌区秋浇与春灌现状净灌溉定额 （单位：m³/亩）

灌期	乌兰布和灌域	解放闸灌域	永济灌域	义长灌域	乌拉特灌域	河套灌区
秋浇	81	152	155	120	112	129
春灌	48	91	93	72	67	77

1. 作物生育期灌溉定额的预测

5.6.6 小节中计算得到了限制引水条件下各灌域及河套灌区推荐的灌溉定额增加值，该灌溉定额指的是生育期的综合净灌溉定额，由式（5.1.14）中典型作物净灌溉定额与综合净灌溉定额的关系，即可得到限制引水条件下河套灌区及各灌域典型作物净灌溉定额增加值（表 8.3.5）。在现状年典型作物生育期净灌溉定额的基础上，考虑表 8.3.5 中的净灌溉定额增加值，得到了限制引水条件下河套灌区及各灌域典型作物生育期净灌溉定额，如表 8.3.6 所示。当限制引水量为 40 亿 m³ 时，河套灌区典型作物小麦的生育期净灌溉定额增加至 120.7 m³/亩；当限制引水量为 38.8 亿 m³ 时，河套灌区典型作物小麦的生育期净灌溉定额增加至 123.2 m³/亩；当限制引水量为 36.4 亿 m³ 时，河套灌区典型作物小麦的生育期净灌溉定额增加至 127.9 m³/亩；当限制引水量为 35 亿 m³ 时，河套灌区典型作物小麦的生育期净灌溉定额增加至 130.4 m³/亩；当限制引水量为 32 亿 m³ 时，河套灌区典型作物小麦的生育期净灌溉定额增加至 135.6 m³/亩；其他作物的生育期净灌溉定额可由式（5.1.12）及不同作物的灌溉定额比计算得到。

表 8.3.5 河套灌区及各灌域典型作物生育期净灌溉定额增加值 （单位：m³/亩）

引水量	乌兰布和灌域	解放闸灌域	永济灌域	义长灌域	乌拉特灌域	河套灌区
40 亿 m³	6.4	3.7	4.5	6.1	1.9	5.3
38.8 亿 m³	7.9	5.4	6.9	8.7	3.2	7.8
36.4 亿 m³	10.8	8.7	11.4	13.6	5.8	12.6
35 亿 m³	12.5	10.5	13.8	16.4	7.3	15.1
32 亿 m³	16.0	14.3	18.7	21.7	10.5	20.2

表 8.3.6 河套灌区及各灌域典型作物生育期净灌溉定额 （单位：m³/亩）

引水量	乌兰布和灌域	解放闸灌域	永济灌域	义长灌域	乌拉特灌域	河套灌区
40 亿 m³	173.3	119.3	124.8	111.8	71.6	120.7
38.8 亿 m³	174.8	121.0	127.2	114.3	72.9	123.2
36.4 亿 m³	177.8	124.3	131.7	119.2	75.5	127.9
35 亿 m³	179.4	126.1	134.0	122.0	77.0	130.4
32 亿 m³	182.9	129.8	139.0	127.4	80.2	135.6

注：表中数值均采用原始值计算，表 8.3.3、表 8.3.5 中的数据均进行了修约，因此，表中部分数据与由表 8.3.3、表 8.3.5 计算的值存在少许出入。

2. 秋浇和春灌灌溉定额的预测

将 2013~2017 年的平均秋浇灌溉定额作为现状秋浇灌溉定额，根据第 5 章的分析，河套灌区现状秋浇与春灌净灌溉定额见表 8.3.4。河套灌区的秋浇净灌溉定额为 129 m³/亩，春灌净灌溉定额为 77 m³/亩。

内蒙古自治区水利科学研究院采用灌区 20 年系列资料与试验测试数据相结合的方式，对比分析了调研资料、试验小区、典型监测区的数据成果。结果表明，根据试验测试数据和当地农民的秋浇用水量观测结果，合理的秋浇灌溉定额可以在目前灌溉定额基础上减少 30%左右，春灌灌溉定额可以适当增加。得出的河套灌区适宜秋浇净灌溉定额为 108 m³/亩，适宜春灌净灌溉定额为 80 m³/亩。相比于河套灌区的适宜秋浇和春灌净灌溉定额，现状年的秋浇净灌溉定额可以降低 21 m³/亩，现状年的春灌净灌溉定额可以增加 3 m³/亩。

当预测各个灌域的秋浇、春灌灌溉定额时，各灌域之间的秋浇、春灌灌溉定额比应保持相对稳定，即各灌域的秋浇、春灌灌溉定额应该与灌区的秋浇、春灌灌溉定额增减幅度一致。由此得到河套灌区及各灌域规划年的适宜秋浇、春灌净灌溉定额，如表 8.3.7 所示。现状年乌兰布和灌域受节水控水约限制，引水量减少，导致现状年的秋浇、春灌净灌溉定额较小，未来可以增加的空间大。

表 8.3.7　河套灌区及各灌域适宜秋浇和春灌净灌溉定额　　　（单位：m³/亩）

灌期	乌兰布和灌域	解放闸灌域	永济灌域	义长灌域	乌拉特灌域	河套灌区
秋浇	80	127	130	100	94	108
春灌	70	95	97	75	70	80

3. 春灌及生育期、全年灌溉定额的预测

作物春灌及生育期净灌溉定额的变化与作物春灌净灌溉定额、生育期净灌溉定额的变化均相关。上述分析中，限制引水条件下，作物生育期净灌溉定额改变，春灌净灌溉定额也改变，则作物春灌及生育期净灌溉定额也相应改变，改变的净灌溉定额如表 8.3.8 所示。由此，在现状年典型作物春灌及生育期净灌溉定额的基础上得到限制引水条件下典型作物春灌及生育期的净灌溉定额，如表 8.3.9 所示。同理，作物全年净灌溉定额的变化与作物生育期净灌溉定额、春灌净灌溉定额、秋浇净灌溉定额均相关。上述分析中，限制引水条件下，作物生育期净灌溉定额增加、秋浇净灌溉定额减少、春灌净灌溉定额增加，则作物全年净灌溉定额也相应有所改变，改变的净灌溉定额如表 8.3.10 所示。由此，在现状年典型作物全年净灌溉定额的基础上得到限制引水条件下作物全年净灌溉定额，如表 8.3.11 所示。

第8章 河套灌区农业灌溉用水量与发展模式研究

表 8.3.8 河套灌区及各灌域典型作物春灌及生育期净灌溉定额改变值　　（单位：m³/亩）

引水量	乌兰布和灌域	解放闸灌域	永济灌域	义长灌域	乌拉特灌域	河套灌区
40 亿 m³	16.0	5.2	6.1	7.4	2.9	6.6
38.8 亿 m³	17.5	6.9	8.5	9.9	4.2	9.1
36.4 亿 m³	20.4	10.2	13.0	14.8	6.9	13.8
35 亿 m³	22.1	12.0	15.4	17.6	8.4	16.3
32 亿 m³	25.5	15.8	20.3	23.0	11.6	21.5

表 8.3.9 河套灌区及各灌域典型作物春灌及生育期净灌溉定额　　（单位：m³/亩）

引水量	乌兰布和灌域	解放闸灌域	永济灌域	义长灌域	乌拉特灌域	河套灌区
40 亿 m³	197.9	149.0	144.9	124.6	91.3	138.9
38.8 亿 m³	199.4	150.6	147.2	127.1	92.7	141.4
36.4 亿 m³	202.3	154.0	151.7	132.0	95.3	146.2
35 亿 m³	204.0	155.8	154.1	134.9	96.8	148.7
32 亿 m³	207.4	159.5	159.1	140.2	100.0	153.8

注：表中数值均采用原始值计算，表 8.3.2、表 8.3.8 中的数据进行了修约，因此，表中数据与由表 8.3.2、表 8.3.8 计算的值存在少许出入。

表 8.3.10 河套灌区及各灌域典型作物全年净灌溉定额改变值　　（单位：m³/亩）

引水量	乌兰布和灌域	解放闸灌域	永济灌域	义长灌域	乌拉特灌域	河套灌区
40 亿 m³	27.1	−17.7	−17.3	−10.6	−14.1	−10.6
38.8 亿 m³	28.6	−16.0	−14.9	−8.0	−12.8	−8.1
36.4 亿 m³	31.6	−12.7	−10.4	−3.1	−10.1	−3.3
35 亿 m³	33.2	−10.9	−8.0	−0.3	−8.6	−0.8
32 亿 m³	36.7	−7.1	−3.1	5.1	−5.4	4.3

注：正值表示净灌溉定额增加，负值表示净灌溉定额减少。

表 8.3.11 河套灌区及各灌域典型作物全年净灌溉定额　　（单位：m³/亩）

引水量	乌兰布和灌域	解放闸灌域	永济灌域	义长灌域	乌拉特灌域	河套灌区
40 亿 m³	284.1	252.9	251.5	234.0	174.7	241.9
38.8 亿 m³	285.6	254.5	253.9	236.6	176.0	244.4
36.4 亿 m³	288.5	257.9	258.4	241.4	178.6	249.1
35 亿 m³	290.2	259.7	260.8	244.3	180.1	251.7
32 亿 m³	293.6	263.4	265.7	249.6	183.3	256.8

注：表中数值均采用原始值计算，表 8.3.1、表 8.3.10 中的数据进行了修约，因此，表中部分数据与由表 8.3.1、表 8.3.10 计算的值存在少许出入。

当限制引水量为 40 亿 m³ 时,河套灌区典型作物小麦的春灌及生育期净灌溉定额增加至 138.9 m³/亩;当限制引水量为 38.8 亿 m³ 时,河套灌区典型作物小麦的春灌及生育期净灌溉定额增加至 141.4 m³/亩;当限制引水量为 36.4 亿 m³ 时,河套灌区典型作物小麦的春灌及生育期净灌溉定额增加至 146.2 m³/亩;当限制引水量为 35 亿 m³ 时,河套灌区典型作物小麦的春灌及生育期净灌溉定额增加至 148.7 m³/亩;当限制引水量为 32 亿 m³ 时,河套灌区典型作物小麦的春灌及生育期净灌溉定额增加至 153.8 m³/亩;其他作物的春灌及生育期净灌溉定额可由式(5.1.12)及不同作物的灌溉定额比计算得到。

当限制引水量为 40 亿 m³ 时,河套灌区典型作物小麦的全年净灌溉定额为 241.9 m³/亩;当限制引水量为 38.8 亿 m³ 时,河套灌区典型作物小麦的全年净灌溉定额为 244.4 m³/亩;当限制引水量为 36.4 亿 m³ 时,河套灌区典型作物小麦的全年净灌溉定额为 249.1 m³/亩;当限制引水量为 35 亿 m³ 时,河套灌区典型作物小麦的全年净灌溉定额为 251.7 m³/亩;当限制引水量为 32 亿 m³ 时,河套灌区典型作物小麦的全年净灌溉定额为 256.8 m³/亩;其他作物的全年净灌溉定额可由式(5.1.12)及不同作物的灌溉定额比计算得到。

8.3.2 规划年作物种植结构的预测分析

查阅有关河套灌区的规划材料,《巴彦淖尔市农牧业绿色发展规划 2018—2025(第八稿)》(巴彦淖尔市农牧业局,2018)(内部资料,本章以下简称《绿色规划》)中预测了灌区 2020 年、2025 年的作物种植结构。

《绿色规划》中指出:按照"增麦、优葵、扩饲、提果蔬、强中药材"的思路优化种植结构,到 2020 年,小麦种植面积恢复性增长至 150 万亩以上,优质籽粒玉米种植面积 280 万亩,青贮玉米种植面积 70 万亩,葵花种植面积控制在 370 万亩,蔬菜种植面积达到 40 万亩,西甜瓜种植面积稳定在 30 万亩,鲜食林果种植面积 10 万亩,人工饲草种植面积 50 万亩,中药材种植面积 60 万亩。到 2025 年,小麦种植面积恢复性增长至 180 万亩以上,优质籽粒玉米种植面积 200 万亩,青贮玉米种植面积 100 万亩,葵花种植面积稳定在 350 万亩,蔬菜种植面积达到 50 万亩,西甜瓜种植面积稳定在 30 万亩,鲜食林果种植面积 15 万亩,人工饲草种植面积 100 万亩,中药材种植面积 80 万亩。

根据《绿色规划》中不同作物 2020 年、2025 年的种植面积,在现状年作物种植面积的基础上,计算得到 2020 年、2025 年河套灌区不同作物种植面积比例的变化幅度,如表 8.3.12 所示,三种主要作物种植面积比例的变化幅度较大,其他非主要作物中林地和牧草的种植面积比例变化幅度也较大。《绿色规划》中提到:牧草的种植面积由 2017 年的 12.71 万亩增加到 2020 年的 50 万亩,再增加到 2025 年的 100 万亩,至 2025 年,林地和牧草在灌区的种植面积比例分别提升到了 0.081 和 0.065,总体占比达到 0.146,已经超过了灌区小麦的种植面积比例,且增幅较大,以渐变方式增加更符合灌区的实际。

表 8.3.12 《绿色规划》中河套灌区作物种植面积比例的变化幅度

年份	作物										
	小麦	玉米	葵花	番茄	甜菜	瓜菜	夏杂	秋杂	油料	林地	牧草
2020	0.030	−0.048	−0.036	0.004	0.001	0.009	0.001	0.001	0.002	0.021	0.016
2025	0.056	−0.106	−0.064	0.006	0.001	0.015	0.001	0.002	0.003	0.047	0.038

注：正值表示种植面积比例增加，负值表示种植面积比例减少。

因此，按照灌区未来作物种植面积比例变化幅度从低到高的顺序，考虑以下 4 种种植结构方案。

（1）原始种植结构方案，即与现状年（2013～2017 年均值）的种植结构保持相同，认为河套灌区未来的种植结构不发生变化，考察此种情况下河套灌区未来的引水量变化情况。

（2）平滑种植结构方案，即在上述《绿色规划》基础上进行平滑的方案，三种主要作物小麦、玉米、葵花按照《绿色规划》中的种植面积比例变化幅度进行调整，适度调整其他非主要作物种植面积比例的变化幅度使其尽量平滑，且使得作物种植总面积尽量维持稳定。

（3）适中种植结构方案，此种方案规划年作物种植面积比例介于现状年种植结构与《绿色规划》种植结构之间。

（4）极端种植结构方案，即上述《绿色规划》中提到的种植结构方案。

在上述 4 种方案中，原始种植结构方案规划年相比于现状年作物种植面积比例未发生变化，其余 3 种方案相比于现状年，规划年的种植面积比例均有不同程度的改变，如表 8.3.13 所示。

表 8.3.13 不同方案 2030 年河套灌区作物种植面积比例变化幅度

方案	作物										
	小麦	玉米	葵花	番茄	甜菜	瓜菜	夏杂	秋杂	油料	林地	牧草
平滑种植结构方案	0.070	−0.082	−0.021	0.006	0.001	0.016	0.002	0.002	0.003	0.001	0.001
适中种植结构方案	0.071	−0.062	−0.103	0.008	0.001	0.019	0.002	0.003	0.004	0.031	0.025
极端种植结构方案	0.089	0.044	−0.160	−0.009	−0.002	−0.024	−0.004	−0.003	0.000	0.006	0.062

在内蒙古河套灌区管理总局统计的现状年种植结构的基础上，按照上述 4 种方案中作物种植面积比例的变化幅度来预测 2030 年的作物种植面积比例，如表 8.3.14 和图 8.3.1 所示。从 2017 年到 2030 年，平滑种植结构方案、适中种植结构方案、极端种植结构方案的河套灌区小麦种植面积比例从 0.073 分别增加到 0.142、0.144、0.162，葵花种植面积比例从 0.474 分别减小到 0.453、0.371、0.314；平滑种植结构方案、适中种植结构方案的玉米种植面积比例从 0.226 分别减小到 0.144、0.164，极端种植结构方案的玉米种植

面积比例则从 0.226 增大到 0.269。平滑种植结构方案的非主要作物种植面积比例相比于现状年变化幅度较小，适中种植结构方案和极端种植结构方案的非主要作物中林地和牧草的种植面积比例相对于现状年有较大增幅。总体来看，平滑种植结构方案相比于原始种植结构方案的种植结构变化程度最小，极端种植结构方案相比于原始种植结构方案的种植结构变化程度最大，适中种植结构方案的变化程度居中。

表 8.3.14 不同方案 2030 年河套灌区作物种植面积比例

方案	作物										
	小麦	玉米	葵花	番茄	甜菜	瓜菜	夏杂	秋杂	油料	林地	牧草
原始种植结构方案	0.073	0.226	0.474	0.036	0.005	0.087	0.008	0.011	0.019	0.034	0.027
平滑种植结构方案	0.142	0.144	0.453	0.042	0.006	0.102	0.010	0.013	0.022	0.036	0.029
适中种植结构方案	0.144	0.164	0.371	0.044	0.007	0.106	0.010	0.014	0.023	0.066	0.053
极端种植结构方案	0.162	0.269	0.314	0.027	0.004	0.063	0.004	0.008	0.019	0.040	0.090

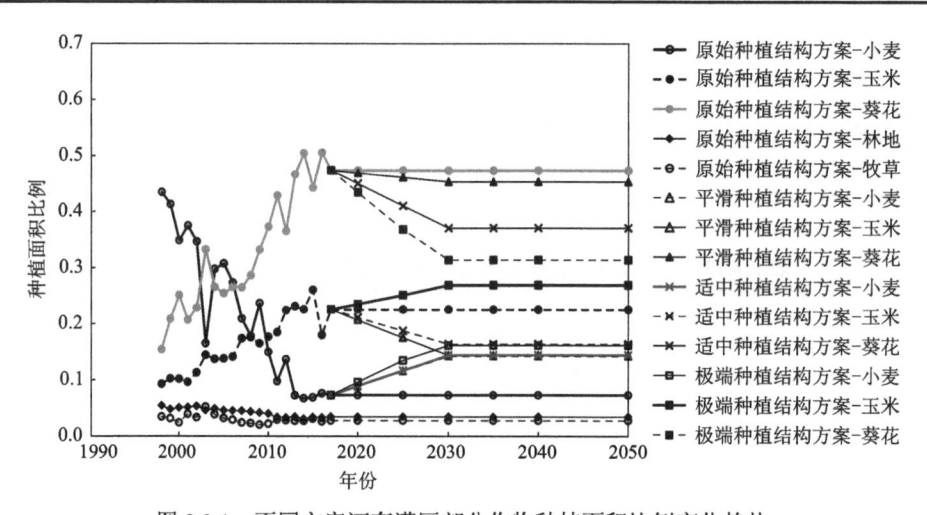

图 8.3.1 不同方案河套灌区部分作物种植面积比例变化趋势

上述 4 种种植结构方案中，仅对 2030 年的作物种植面积比例进行了计算，2020 年、2025 年的种植面积比例通过插值得到，认为 2030 年以后作物种植结构基本稳定，不会发生大的变化，因此 2030 年以后的种植面积比例与 2030 年保持一致。各个灌域的作物种植面积比例变化幅度与灌区相同，这样可以保证规划年各个灌域作物种植面积增减量之和等于灌区的作物种植面积增减量。分别考察这 4 种种植结构方案下河套灌区规划年引水量的减少情况，可以为灌区未来引水量减少情况下的种植结构提供一个合理的调整区间。

8.3.3 规划年灌溉水利用效率分析

灌溉水利用系数一般可由渠系水利用系数和田间水利用系数的乘积求得。在本小节中通过分析灌区规划年的渠系水利用系数和田间水利用系数，得到规划年灌区及灌域的灌溉水利用系数。

1. 规划年河套灌区灌溉水利用效率分析

田间水利用系数主要与农田平整状况、田间工程配套状况和灌水技术水平等因素有关。通过 4.4.2 小节对灌区现状田间水利用系数的分析可知，近年来田间水利用系数的测量结果为 0.82 左右，根据河套灌区的土质类型和土地平整现状，田间水利用效率已经达到很高的水平。本小节初步考虑未来的田间水利用系数维持在 0.82 不变。

渠系水利用系数主要受到渠道的防渗措施、土壤的透水性能、输水流量和地下水水位等因素的影响。对于河套灌区未来的渠系水利用系数，本小节主要通过未来渠道的衬砌情况来进行预测。

1) 河套灌区渠系系统基本概况

河套灌区现有总干渠 1 条，渠道长度为 186 km；干渠 13 条，分干渠 48 条，干渠和分干渠的总长度为 1 877 km；支渠 372 条，全长为 2 571 km；斗渠 2 908 条，全长为 5 266 km；农渠 13 083 条，全长为 15 508 km。整个河套灌区渠道长度为 25 408 km。

根据内蒙古农业大学（2015），截至 2013 年，河套灌区完成的衬砌长度和衬砌率结果如表 8.3.15 所示。在该条件下，灌区的灌溉水利用系数为 0.417 6，当年的田间水利用系数为 0.818 2，反算得到的渠系水利用系数为 0.510 4。

表 8.3.15 河套灌区节水改造工程渠道衬砌统计表

渠道级别	渠道长度/km	衬砌长度/km	衬砌率/%
总干渠	186	20.5	11.02
干渠、分干渠	1 877	586.9	31.27
支渠	2 571	321.7	12.51
斗渠	5 266	2 100.4	39.89
农渠	15 508	2 613.4	16.85
河套灌区	25 408	5 642.9	22.21

鲁东大学常学礼教授团队在《河套灌区种植结构和种植面积演变规律研究》（内部资料）中，利用资源三号卫星（分辨率为 2.2 m）遥感数据识别的干渠、分干渠和支渠的衬砌率分别为 48.8%、27.2%和 33.5%，该结果被认为是河套灌区 2019 年的渠道衬砌状况。

2) 灌区渠系水利用系数预测

根据《内蒙古自治区巴彦淖尔市水资源综合规划报告》（武汉大学，2005），得到以下 10 种方案下渠道衬砌长度和渠系水利用系数结果，如表 8.3.16 所示。表 8.3.16 中输水工程包括总干渠、干渠、分干渠和支渠；配水工程包括斗渠和农渠。

表 8.3.16 灌区输水、配水工程衬砌长度与渠系水利用系数的结果

方案	输水工程衬砌长度/km	配水工程衬砌长度/km	输水工程衬砌率/%	配水工程衬砌率/%	渠系水利用系数	拟合渠系水利用系数
1	0	0	0.00	0.00	0.459	0.466
2	1 073	0	23.15	0.00	0.502	0.500
3	1 609	0	34.72	0.00	0.523	0.517
4	1 877	0	40.50	0.00	0.534	0.526
5	2 542	0	54.85	0.00	0.543	0.547
6	3 813	0	82.27	0.00	0.589	0.588
7	4 448	0	95.99	0.00	0.605	0.609
8	2 542	2 957	54.85	14.23	0.565	0.567
9	3 813	4 435	82.27	21.35	0.619	0.618
10	4 448	5 174	95.99	24.91	0.644	0.643

注：表中数值均采用原始值计算，该表中数据进行了修约，因此，部分数据存在少许出入。

以输水工程衬砌率（x_1）和配水工程衬砌率（x_2）的结果来拟合渠系水利用系数（$\eta_{渠系}$），建立二元线性拟合公式：

$$\eta_{渠系}=ax_1+bx_2+c \tag{8.3.1}$$

式中：a、b、c 为待求参数。

通过最小二乘法求解得到参数 a 为 0.001 49，b 为 0.001 39，c 为 0.466，拟合精度 R^2 高达 0.994，均方根误差 RMSE 低至 0.004，平均相对误差 MRE 仅为 0.01%。这说明拟合公式能够通过输水工程衬砌率和配水工程衬砌率得到渠系水利用系数。

以内蒙古农业大学（2015）中的输水工程衬砌率为 20.05%，配水工程衬砌率为 22.69%，计算得到渠系水利用系数为 0.527。在该报告中通过灌溉水利用系数和田间水利用系数反算的渠系水利用系数为 0.510 4，两者结果基本一致，相对误差仅有 3.25%。采用遥感识别的输水工程衬砌率 34.86%（2019 年），以及内蒙古农业大学（2015）中的配水工程衬砌率 22.69%，计算得到渠系水利用系数为 0.549。该渠系水利用系数与 2019 年的值（0.530 4）相比，相对误差为 3.51%。通过已有衬砌率结果计算得到的渠系水利用系数与现采用的渠系水利用系数的相对误差均在 5% 以内，这进一步说明该公式能够用于河套灌区渠系水利用系数的计算。

本节考虑到 2013 年的结果为河套灌区统计结果，2019 年的输水工程衬砌率为遥感识别结果，衬砌率略有偏差，在未来的渠系水利用系数预测中，考虑以下 3 种方案。

方案一：在现状年的基础上，对所有的总干渠、干渠和分干渠进行衬砌，其他渠道维持现状衬砌率并进行维修，保证原有衬砌能够发挥作用，最终能达到的输水工程衬砌率最大为 52%，配水工程衬砌率一直维持 2013 年末的 23%。以 2025 年、2030 年、2035 年、

2040 年和 2050 年为规划年。每年能达到的输水工程衬砌率结果、配水工程衬砌率结果及渠系水利用系数、田间水利用系数和灌溉水利用系数结果如表 8.3.17 所示。2030 年输水工程衬砌率达到 35%，渠系水利用系数为 0.550，此时的灌溉水利用系数为 0.451；2040 年输水工程衬砌率达到 44%，渠系水利用系数为 0.563，此时的灌溉水利用系数为 0.462；2050 年输水工程衬砌率达到 52%，渠系水利用系数为 0.575，此时的灌溉水利用系数为 0.472。

表 8.3.17　方案一对应不同规划年河套灌区的渠系水利用系数、田间水利用系数和灌溉水利用系数

规划年	输水工程衬砌率/%	配水工程衬砌率/%	渠系水利用系数	田间水利用系数	灌溉水利用系数
2025	30	23	0.542	0.820	0.445
2030	35	23	0.550	0.820	0.451
2035	40	23	0.557	0.820	0.457
2040	44	23	0.563	0.820	0.462
2050	52	23	0.575	0.820	0.472

方案二：在现状年的基础上，对所有的总干渠、干渠、分干渠进行衬砌，对部分支渠进一步进行衬砌，使得未来的输水工程衬砌率最大达到 60%；对于斗渠和农渠，主要衬砌地下水矿化度大的地区，最终配水工程衬砌率达到 32%。以 2025 年、2030 年、2035 年、2040 年和 2050 年为规划年。每年能达到的输水工程衬砌率结果、配水工程衬砌率结果及渠系水利用系数、田间水利用系数和灌溉水利用系数结果如表 8.3.18 所示。2030 年输水工程衬砌率达到 40%，配水工程衬砌率为 25%，渠系水利用系数为 0.560，此时的灌溉水利用系数为 0.459；2040 年输水工程衬砌率达到 50%，配水工程衬砌率为 30%，渠系水利用系数为 0.582，此时的灌溉水利用系数为 0.477；2050 年输水工程衬砌率达到 60%，配水工程衬砌率为 32%，渠系水利用系数为 0.600，此时的灌溉水利用系数为 0.492。

表 8.3.18　方案二对应不同规划年河套灌区的渠系水利用系数、田间水利用系数和灌溉水利用系数

规划年	输水工程衬砌率/%	配水工程衬砌率/%	渠系水利用系数	田间水利用系数	灌溉水利用系数
2025	30	23	0.542	0.820	0.445
2030	40	25	0.560	0.820	0.459
2035	45	28	0.572	0.820	0.469
2040	50	30	0.582	0.820	0.477
2050	60	32	0.600	0.820	0.492

方案三：在现状年的基础上，对所有的总干渠、干渠、分干渠进行衬砌，对部分支渠进一步进行衬砌，使得未来的输水工程衬砌率最大达到 60%；对于斗渠和农渠，主要衬砌地下水矿化度大的地区，最终配水工程衬砌率达到 50%。以 2025 年、2030 年、2035 年、2040 年和 2050 年为规划年。每年能达到的输水工程衬砌率结果、配水工程衬砌率结果及渠系水利用系数、田间水利用系数和灌溉水利用系数结果如表 8.3.19 所示。2030 年输

水工程衬砌率达到 40%，配水工程衬砌率为 35%，渠系水利用系数为 0.574，此时的灌溉水利用系数为 0.471；2040 年输水工程衬砌率达到 50%，配水工程衬砌率为 45%，渠系水利用系数为 0.603，此时的灌溉水利用系数为 0.494；2050 年输水工程衬砌率达到 60%，配水工程衬砌率为 50%，渠系水利用系数为 0.625，此时的灌溉水利用系数为 0.512。

表 8.3.19　方案三对应不同规划年河套灌区的渠系水利用系数、田间水利用系数和灌溉水利用系数

规划年	输水工程衬砌率/%	配水工程衬砌率/%	渠系水利用系数	田间水利用系数	灌溉水利用系数
2025	30	30	0.552	0.820	0.453
2030	40	35	0.574	0.820	0.471
2035	45	40	0.589	0.820	0.483
2040	50	45	0.603	0.820	0.494
2050	60	50	0.625	0.820	0.512

表 8.3.20 为规划年河套灌区灌溉水利用系数预测结果，在 3 种方案中，2020 年的灌溉水利用系数采用同一个值，主要的考虑是 2020 年与现状 2013~2017 年时间很近，直接考虑为现状年的外推值。2025 年及之后为本节计算的预测值。

表 8.3.20　规划年河套灌区灌溉水利用系数预测结果

年份	方案一	方案二	方案三
2020	0.437	0.437	0.437
2025	0.445	0.445	0.453
2030	0.451	0.459	0.471
2035	0.457	0.469	0.483
2040	0.462	0.477	0.494
2050	0.472	0.492	0.512

2. 规划年各灌域灌溉水利用效率分析

本书采用的现状年数据为 2013~2017 年的均值，规划年河套灌区的灌溉水利用系数已在前面给出 3 种预测方案。考虑到灌域和灌区规划年灌溉水利用系数还应满足相互之间的定量关系，通过规划年灌区的灌溉水利用系数和灌域灌溉水利用系数与灌区灌溉水利用系数的比值之积得到各灌域的灌溉水利用系数。规划年各灌域的灌溉水利用系数与灌区灌溉水利用系数的比值采用现状年（2013~2017 年）的结果，如表 8.3.21 所示。

表 8.3.21　现状年各灌域的灌溉水利用系数与灌区灌溉水利用系数的比值

灌域	乌兰布和灌域	解放闸灌域	永济灌域	义长灌域	乌拉特灌域
比值	0.987 9	1.104 6	1.106 0	1.034 1	0.974 1

第8章 河套灌区农业灌溉用水量与发展模式研究

在方案一情况下，各灌域及灌区规划年灌溉水利用系数结果如表 8.3.22 所示。在方案一情况下，至 2030 年，乌兰布和灌域、解放闸灌域、永济灌域、义长灌域、乌拉特灌域的灌溉水利用系数分别为 0.446、0.498、0.499、0.466、0.439；至 2040 年，乌兰布和灌域、解放闸灌域、永济灌域、义长灌域、乌拉特灌域的灌溉水利用系数分别为 0.456、0.510、0.511、0.478、0.450；至 2050 年，乌兰布和灌域、解放闸灌域、永济灌域、义长灌域、乌拉特灌域的灌溉水利用系数分别为 0.466、0.521、0.522、0.488、0.460。

表 8.3.22　方案一各灌域和灌区规划年灌溉水利用系数

年份	乌兰布和灌域	解放闸灌域	永济灌域	义长灌域	乌拉特灌域	河套灌区
现状年	0.413	0.461	0.462	0.432	0.407	0.418
2020	0.432	0.483	0.483	0.452	0.426	0.437
2025	0.439	0.491	0.492	0.460	0.433	0.445
2030	0.446	0.498	0.499	0.466	0.439	0.451
2035	0.452	0.505	0.506	0.473	0.445	0.457
2040	0.456	0.510	0.511	0.478	0.450	0.462
2050	0.466	0.521	0.522	0.488	0.460	0.472

注：表中数值均采用原始值计算，该表中河套灌区灌溉水利用系数和表 8.3.21 中各灌域灌溉水利用系数与灌区灌溉水利用系数的比值均进行了修约，因此，部分数据存在少许出入。

在方案二情况下，各灌域及灌区规划年灌溉水利用系数结果如表 8.3.23 所示。在方案二情况下，至 2030 年，乌兰布和灌域、解放闸灌域、永济灌域、义长灌域、乌拉特灌域的灌溉水利用系数分别为 0.454、0.507、0.508、0.475、0.447；至 2040 年，乌兰布和灌域、解放闸灌域、永济灌域、义长灌域、乌拉特灌域的灌溉水利用系数分别为 0.472、0.527、0.528、0.494、0.465；至 2050 年，乌兰布和灌域、解放闸灌域、永济灌域、义长灌域、乌拉特灌域的灌溉水利用系数分别为 0.486、0.543、0.544、0.509、0.479。

表 8.3.23　方案二各灌域和灌区规划年灌溉水利用系数

年份	乌兰布和灌域	解放闸灌域	永济灌域	义长灌域	乌拉特灌域	河套灌区
现状年	0.413	0.461	0.462	0.432	0.407	0.418
2020	0.432	0.483	0.483	0.452	0.426	0.437
2025	0.439	0.491	0.492	0.460	0.433	0.445
2030	0.454	0.507	0.508	0.475	0.447	0.459
2035	0.463	0.518	0.519	0.485	0.457	0.469
2040	0.472	0.527	0.528	0.494	0.465	0.477
2050	0.486	0.543	0.544	0.509	0.479	0.492

注：表中数值均采用原始值计算，该表中河套灌区灌溉水利用系数和表 8.3.21 中各灌域灌溉水利用系数与灌区灌溉水利用系数的比值均进行了修约，因此，部分数据存在少许出入。

在方案三情况下，各灌域及灌区规划年灌溉水利用系数结果如表 8.3.24 所示。在方案三情况下，至 2030 年，乌兰布和灌域、解放闸灌域、永济灌域、义长灌域、乌拉特灌域的灌溉水利用系数分别为 0.465、0.520、0.521、0.487、0.459；至 2040 年，乌兰布和灌域、解放闸灌域、永济灌域、义长灌域、乌拉特灌域的灌溉水利用系数分别为 0.488、0.546、0.547、0.511、0.482；至 2050 年，乌兰布和灌域、解放闸灌域、永济灌域、义长灌域、乌拉特灌域的灌溉水利用系数分别为 0.506、0.566、0.567、0.530、0.499。

表 8.3.24 方案三各灌域和灌区规划年灌溉水利用系数

年份	乌兰布和灌域	解放闸灌域	永济灌域	义长灌域	乌拉特灌域	河套灌区
现状年	0.413	0.461	0.462	0.432	0.407	0.418
2020	0.432	0.483	0.483	0.452	0.426	0.437
2025	0.447	0.500	0.501	0.468	0.441	0.453
2030	0.465	0.520	0.521	0.487	0.459	0.471
2035	0.477	0.533	0.534	0.499	0.470	0.483
2040	0.488	0.546	0.547	0.511	0.482	0.494
2050	0.506	0.566	0.567	0.530	0.499	0.512

注：表中数值均采用原始值计算，该表中河套灌区灌溉水利用系数和表 8.3.21 中各灌域灌溉水利用系数与灌区灌溉水利用系数的比值均进行了修约，因此，部分数据存在少许出入。

8.3.4 规划年灌溉面积的预测分析

根据图 4.2.1 可知，河套灌区总灌溉面积近几年稳中有减，但减小的幅度很小。基于灌区未来黄河分配水量继续减少的现实和节水的要求，灌区未来的总灌溉面积增大的可能性很小。因此，对于总灌溉面积的预测主要考虑未来年份总灌溉面积减小的情况，并提出表 8.3.25 中 5 种总灌溉面积预测方案进行分析，其中仅 2030 年、2050 年的总灌溉面积通过预测得到，其余年份的总灌溉面积通过插值得到。

表 8.3.25 河套灌区规划年总灌溉面积预测方案   （单位：万亩）

方案	2017	2020	2025	2030	2035	2040	2050
方案 A	1 114	1 114	1 114	1 114	1 114	1 114	1 114
方案 B	1 114	1 113	1 111	1 110	1 108	1 105	1 100
方案 C	1 114	1 111	1 105	1 100	1 095	1 090	1 080
方案 D	1 114	1 106	1 093	1 080	1 073	1 065	1 050
方案 E	1 114	1 099	1 074	1 050	1 038	1 025	1 000

根据 8.3.1 小节预测的作物灌溉定额、8.3.2 小节预测的作物种植结构、8.3.3 小节预

第 8 章 河套灌区农业灌溉用水量与发展模式研究

测的灌溉水利用系数,本节选取平滑种植结构方案、灌溉水利用系数方案一进行计算。分别计算不同总灌溉面积预测方案下河套灌区规划年的引水量,如表 8.3.26 和图 8.3.2 所示。方案 A 规划年总灌溉面积与现状年保持一致,河套灌区至 2030 年引水量为 42.91 亿 m^3,至 2050 年引水量为 41.00 亿 m^3;方案 B 河套灌区至 2030 年引水量为 42.77 亿 m^3,至 2050 年引水量为 40.50 亿 m^3;方案 C 河套灌区至 2030 年引水量为 42.38 亿 m^3,至 2050 年引水量为 39.76 亿 m^3;方案 D 河套灌区至 2030 年引水量为 41.61 亿 m^3,至 2050 年引水量仅为 38.66 亿 m^3;方案 E 河套灌区至 2030 年引水量为 40.46 亿 m^3,至 2050 年引水量仅为 36.82 亿 m^3。

表 8.3.26 不同总灌溉面积预测方案下河套灌区规划年引水量 （单位：亿 m^3）

方案	年份						
	2017	2020	2025	2030	2035	2040	2050
方案 A	47.47	45.13	43.90	42.91	42.35	41.89	41.00
方案 B	47.47	45.10	43.82	42.77	42.11	41.56	40.50
方案 C	47.47	45.00	43.57	42.38	41.64	41.00	39.76
方案 D	47.47	44.82	43.09	41.61	40.78	40.06	38.66
方案 E	47.47	44.54	42.36	40.46	39.45	38.55	36.82

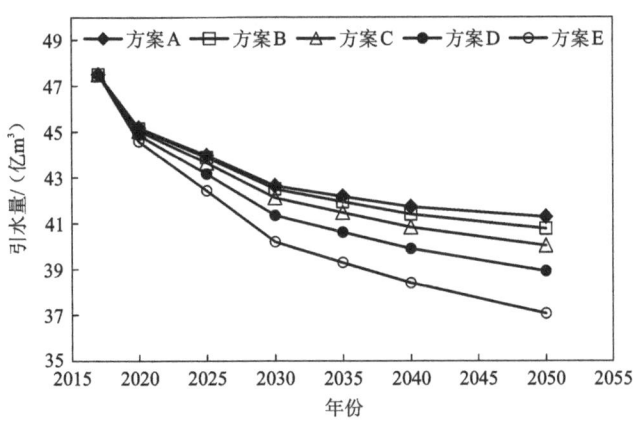

图 8.3.2 不同总灌溉面积预测方案下河套灌区规划年引水量

不同规划年河套灌区引水量与总灌溉面积的关系如图 8.3.3 所示,可以发现,不同规划年的引水量均与其总灌溉面积呈线性正相关关系,且相关系数均为 1。该线性关系仅适用于当前所采用参数(灌溉定额、种植结构、灌溉水利用系数)的情况,当未来年份这些参数改变时,该线性关系同样也会发生变化。根据该线性关系,即可将总灌溉面积的 5 种预测方案统一起来,无论未来灌区的总灌溉面积如何变化,只要给出规划年的总灌溉面积,即可直接得到规划年的引水量,其他年份也是如此。因此,选择方案 A,即灌区未来的总灌溉面积依旧保持与现状年相同,来计算预测年份的引水量,若将来总灌溉面积给定,便可直接得到预测年份的引水量。

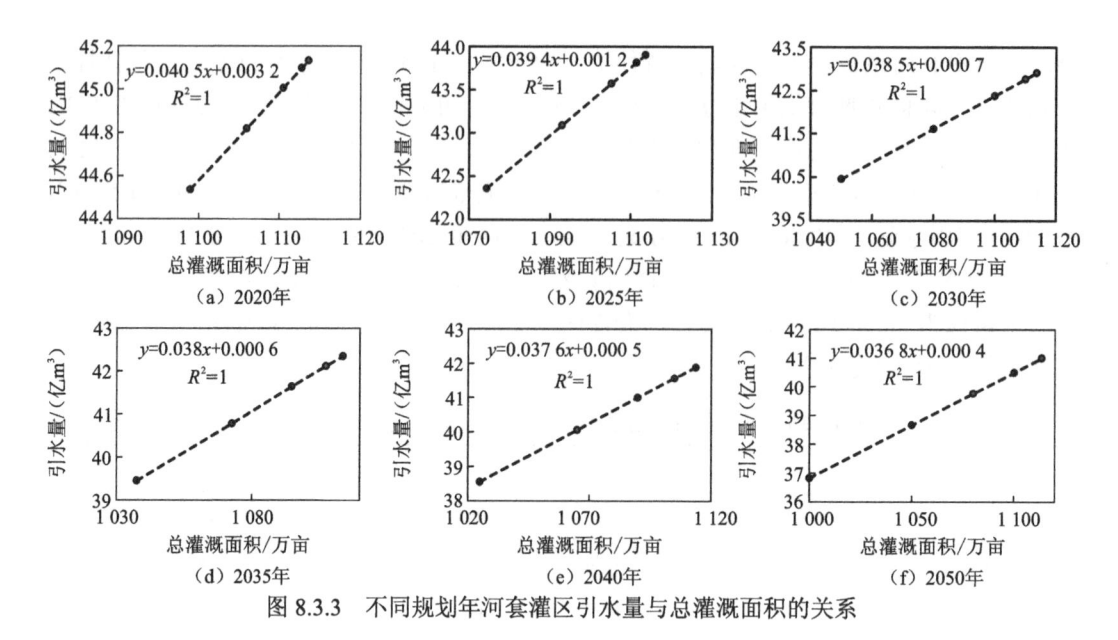

图 8.3.3 不同规划年河套灌区引水量与总灌溉面积的关系

灌区的春灌面积比 $\omega_{春灌}$（灌区的春灌面积占灌区灌溉面积的比例）和秋浇面积比 $\omega_{秋浇}$（灌区的秋浇面积占灌区灌溉面积的比例）多年来变化较大，因为春灌面积比和秋浇面积比与种植结构有关，而河套灌区的种植结构在 1998～2017 年发生了很大的变化。根据种植结构的预测分析，认为规划年的春灌面积比和秋浇面积比与现状年相同，灌区春灌面积比为 0.45，灌区秋浇面积比为 0.51。

灌域的灌溉面积比多年来变化不大，将 2013～2017 年的灌域灌溉面积比（灌域的灌溉面积占灌区灌溉面积的比例）作为现状年和规划年的平均灌溉面积比，则规划年各灌域的面积可以通过灌区的总灌溉面积及各灌域的灌溉面积比得到。各灌域的春灌面积与秋浇面积根据各灌域的春灌面积比与秋浇面积比即可确定，因为各灌域同属于河套灌区，各灌域秋浇面积与春灌面积的变化趋势基本相同。2030 年河套灌区及各灌域总灌溉面积、秋浇面积、春灌面积如表 8.3.27 所示。

表 8.3.27 2030 年河套灌区及各灌域灌溉面积

地区	灌域灌溉面积比	春灌面积比	秋浇面积比	总灌溉面积/万亩	春灌面积/万亩	秋浇面积/万亩
河套灌区	1.00	0.45	0.51	1 113.66	496.01	566.89
乌兰布和灌域	0.10	0.11	0.10	115.33	49.96	63.69
解放闸灌域	0.24	0.25	0.24	267.88	117.13	141.42
永济灌域	0.18	0.17	0.18	200.55	87.82	98.81
义长灌域	0.33	0.35	0.34	370.22	169.93	195.58
乌拉特灌域	0.14	0.12	0.14	159.87	71.48	67.68

注：表中数值均采用原始值计算，该表中数据进行了修约，因此，部分数据存在少许出入。

8.3.5 规划年地下水可利用量分析

在 6.2.7 小节中提出了矿化度 2 g/L 下三种限制引水量 40 亿 m³、38.8 亿 m³、36.4 亿 m³ 条件下的河套灌区地下水可开采量，由此得到不同引水量条件下的地下水可利用量，如表 8.3.28 所示，保守起见，现状引水量 47.44 亿 m³ 下的地下水可利用量与引水量 40 亿 m³ 时的地下水可利用量取为一致，均为 2.22 亿 m³。

表 8.3.28　不同引水量条件下河套灌区地下水可利用量　（单位：亿 m³）

引水量	47.44	40	38.8	36.4
地下水可利用量	2.22	2.22	2.22	2.13

8.4　现状灌溉面积条件下的灌区引水量

在 8.3 节中对规划年作物灌溉定额、种植结构、灌溉水利用系数及总灌溉面积进行了预测。以上述引水量所需关键数据为基础，对 4 种种植结构方案、3 种灌溉水利用系数方案共计 12 种组合方案，在全年、两灌期、三灌期 3 种时间尺度与灌区、灌域 2 种空间尺度共计 6 种时空组合下，计算河套灌区规划年的引水量。并对不同方案、不同时空组合下引水量的计算结果进行对比。根据对比结果优选出一种合理方案，并将该方案作为推荐方案进行引水量计算结果的详细分析。

8.4.1 不同预测方案引水量计算结果比较

不同预测方案引水量计算结果的比较分为两种模式：一种是种植结构方案固定，计算 3 种灌溉水利用系数方案下的引水量，此种模式用于分析不同的灌溉水利用系数方案对河套灌区规划年引水量的影响；另一种是灌溉水利用系数方案固定，计算 4 种种植结构方案下的引水量，此种模式用于分析不同的种植结构方案对河套灌区规划年引水量的影响。

1. 不同灌溉水利用系数方案引水量计算结果比较

表 8.4.1 和图 8.4.1 给出了同一种种植结构方案、不同灌溉水利用系数方案下河套灌区引水量计算结果的差异，3 种灌溉水利用系数方案所计算的引水量差距随着预测年份的推后而增大。方案一的规划年灌溉水利用系数的增速最慢，因此计算出的河套灌区引水量减少速度最慢，趋势最平缓；方案三的规划年灌溉水利用系数增速最快，因此计算出的河套灌区引水量减少速度最快；方案二的规划年灌溉水利用系数增速介于方案一和方案三之间，因此计算出的河套灌区引水量大小也介于方案一和方案三之间。在 4 种种植结构方案下，至 2050 年，灌溉水利用系数方案二比方案一少引水 1.66 亿～1.73 亿 m³，

约占 2050 年河套灌区引水量的 4%，方案三比方案一少引水 3.18 亿~3.32 亿 m³，约占 2050 年河套灌区引水量的 8%。可见，不同灌溉水利用系数方案对灌区引水量的影响较大。

表 8.4.1 不同灌溉水利用系数方案引水量计算结果 （单位：亿 m³）

种植结构方案	灌溉水利用系数方案	2017	2020	2025	2030	2035	2040	2050
原始种植结构方案	方案一	47.47	45.06	43.71	42.59	42.03	41.58	40.70
	方案二	47.47	45.06	43.71	41.85	40.96	40.27	39.04
	方案三	47.47	45.06	42.94	40.78	39.77	38.89	37.52
平滑种植结构方案	方案一	47.47	45.13	43.90	42.91	42.35	41.89	41.00
	方案二	47.47	45.13	43.90	42.16	41.26	40.57	39.33
	方案三	47.47	45.13	43.13	41.09	40.07	39.17	37.80
适中种植结构方案	方案一	47.47	45.09	43.78	42.70	42.14	41.68	40.80
	方案二	47.47	45.09	43.78	41.96	41.06	40.37	39.14
	方案三	47.47	45.09	43.01	40.89	39.87	38.98	37.61
极端种植结构方案	方案一	47.47	45.52	44.97	44.45	43.86	43.39	42.47
	方案二	47.47	45.52	44.97	43.67	42.74	42.02	40.74
	方案三	47.47	45.52	44.17	42.56	41.50	40.58	39.15

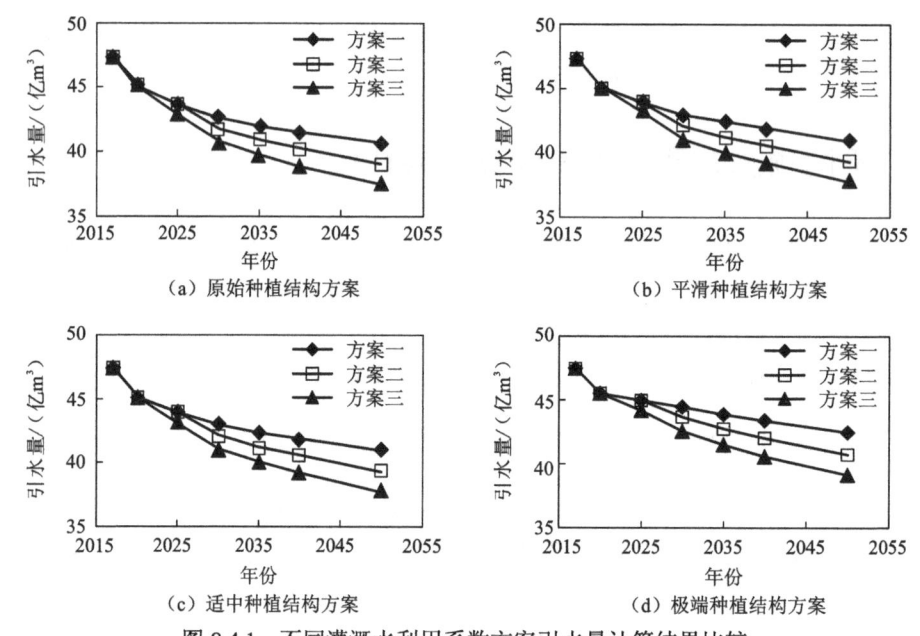

(a) 原始种植结构方案

(b) 平滑种植结构方案

(c) 适中种植结构方案

(d) 极端种植结构方案

图 8.4.1 不同灌溉水利用系数方案引水量计算结果比较

2. 不同种植结构方案引水量计算结果比较

表 8.4.2 和图 8.4.2 显示了同一种灌溉水利用系数方案、不同种植结构方案下河套灌

第 8 章　河套灌区农业灌溉用水量与发展模式研究

区引水量计算结果的差异。由图 8.4.2 可知,原始种植结构方案、平滑种植结构方案、适中种植结构方案这 3 种种植结构方案的引水量计算结果仅有微小差异,三者 2050 年引水量差距均在 1%以内,在 3 种灌溉水利用系数方案下,这 3 种种植结构方案 2050 年引水量计算结果的平均值分别为 40.83 亿 m^3、39.17 亿 m^3、37.64 亿 m^3;而极端种植结构方案的引水量计算结果明显偏大,在 3 种灌溉水利用系数方案下,极端种植结构方案 2050 年引水量计算结果分别为 42.47 亿 m^3、40.74 亿 m^3、39.15 亿 m^3,相比于其余 3 种种植结构方案的引水量偏大 1.35 亿～1.77 亿 m^3,约占 2050 年灌区引水量的 4%。可见,种植结构对灌区引水量的影响程度低于灌溉水利用系数对引水量的影响程度。

表 8.4.2　不同种植结构方案引水量计算结果　　　　　　　（单位：亿 m^3）

灌溉水利用系数方案	种植结构方案	2017	2020	2025	2030	2035	2040	2050
方案一	原始种植结构方案	47.47	45.06	43.71	42.59	42.03	41.58	40.70
	平滑种植结构方案	47.47	45.13	43.90	42.91	42.35	41.89	41.00
	适中种植结构方案	47.47	45.09	43.78	42.70	42.14	41.68	40.80
	极端种植结构方案	47.47	45.52	44.97	44.45	43.86	43.39	42.47
方案二	原始种植结构方案	47.47	45.06	43.71	41.85	40.96	40.27	39.04
	平滑种植结构方案	47.47	45.13	43.90	42.16	41.26	40.57	39.33
	适中种植结构方案	47.47	45.09	43.78	41.96	41.06	40.37	39.14
	极端种植结构方案	47.47	45.52	44.97	43.67	42.74	42.02	40.74
方案三	原始种植结构方案	47.47	45.06	42.94	40.78	39.77	38.89	37.52
	平滑种植结构方案	47.47	45.13	43.13	41.09	40.07	39.17	37.80
	适中种植结构方案	47.47	45.09	43.01	40.89	39.87	38.98	37.61
	极端种植结构方案	47.47	45.52	44.17	42.56	41.50	40.58	39.15

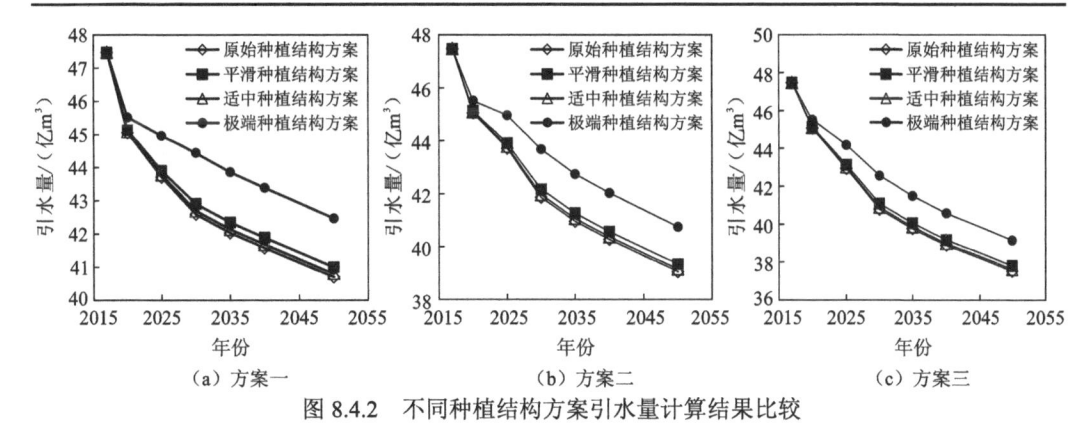

图 8.4.2　不同种植结构方案引水量计算结果比较

河套灌区规划年引水量的大小与规划年种植结构的调整有很大关联,由于河套灌区的小麦灌溉定额最大,玉米次之(灌溉定额比为 0.88),葵花、林地、牧草的灌溉定额均较小（灌溉定额比分别为 0.71、0.64、0.64），尽管极端种植结构方案中规划年林地和牧草的种植面积比例相比于现状年有所增加（共增加约 0.07），但其规划年葵花种植面积比例大幅减少（约减少 0.16），小麦种植面积比例增幅也较大（约 0.09），引水量相比于其他 3 种种植结构方案偏大。

8.4.2 推荐方案灌区引水量计算结果

结合以上分析，选择平滑种植结构方案，该方案中主要作物种植面积比例的变化幅度参照了《绿色规划》，可以认为其预测的准确性较高，与未来灌区的发展规划较为匹配。由于灌区非主要作物的种植面积比例较小，预测时修改了非主要作物的种植面积比例变化幅度，即使修改后的规划年的种植面积比例与灌区未来的发展存在偏差，对灌区引水量的影响也不会很大。灌溉水利用系数选择方案一，该方案是历年观测数据的自然延伸，同时考虑到渠道衬砌后渠系水利用系数随时间推移的衰减和渠道的持续维护等问题，以及渠道水利用系数逐年增加的规律，在后续计算中推荐采用该方案。

由此得到推荐方案组合下未考虑地下水利用和考虑地下水利用两种情景下的河套灌区规划年引水量计算结果，未考虑地下水利用时，不同尺度下河套灌区引水量计算结果比较见表 8.4.3 和图 8.4.3；考虑地下水利用（现状引水条件下地下水可利用量为 2.22 亿 m^3）时，不同尺度下河套灌区引水量计算结果比较见表 8.4.4。可以看到 6 种组合下，河套灌区引水量计算结果基本相同，这 6 种组合相互验证，可以认为计算结果相对准确。因此，这里采用 6 种组合下计算结果的均值作为最终结果，见表 8.4.5。未考虑地下水利用时，2030 年河套灌区的引水量为 42.91 亿 m^3，2050 年河套灌区的引水量为 41.00 亿 m^3；考虑地下水利用（2.22 亿 m^3）时，2030 年河套灌区的引水量为 38.97 亿 m^3，2050 年河套灌区的引水量为 37.24 亿 m^3。考虑地下水利用相比于未考虑地下水利用的情况，2030 年可少引 3.94 亿 m^3 水量，2050 年可少引 3.76 亿 m^3 水量。

表 8.4.3　未考虑地下水利用时河套灌区引水量计算结果比较表　（单位：亿 m^3）

年份	灌区全年	灌区两灌期	灌区三灌期	灌域全年	灌域两灌期	灌域三灌期	平均值
现状年	47.39	47.50	47.43	47.44	47.58	47.49	47.47
2020	45.02	45.18	45.11	45.05	45.25	45.18	45.13
2025	43.71	43.94	43.88	43.76	44.08	44.05	43.90
2030	42.63	42.94	42.89	42.70	43.15	43.14	42.91
2035	42.07	42.37	42.33	42.14	42.58	42.58	42.35
2040	41.61	41.91	41.87	41.69	42.12	42.12	41.89
2050	40.73	41.03	40.99	40.80	41.23	41.22	41.00

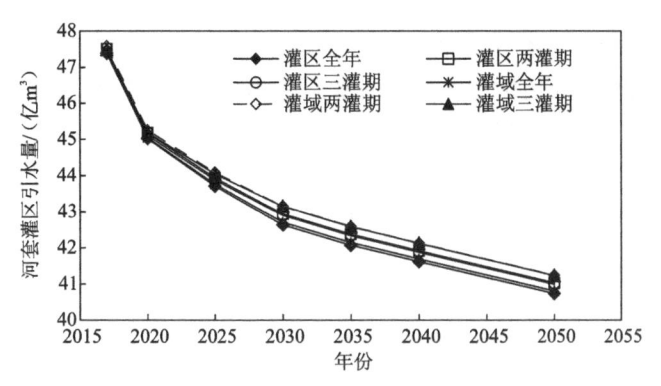

图 8.4.3　未考虑地下水利用时河套灌区引水量计算结果比较图

表 8.4.4　考虑地下水利用时河套灌区引水量计算结果比较　　　　（单位：亿 m³）

年份	灌区尺度			灌域尺度			平均值
	灌区全年	灌区两灌期	灌区三灌期	灌域全年	灌域两灌期	灌域三灌期	
现状年	43.13	43.25	43.18	43.19	43.33	43.24	43.22
2020	40.96	41.11	41.05	40.98	41.19	41.12	41.07
2025	39.72	39.95	39.89	39.77	40.09	40.06	39.91
2030	38.69	39.00	38.96	38.77	39.21	39.21	38.97
2035	38.18	38.49	38.44	38.26	38.70	38.69	38.46
2040	37.77	38.07	38.03	37.84	38.28	38.27	38.04
2050	36.97	37.26	37.22	37.04	37.47	37.46	37.24

表 8.4.5　河套灌区规划年引水量计算最终结果　　　　（单位：亿 m³）

类型	年份						
	现状年	2020	2025	2030	2035	2040	2050
未考虑地下水利用	47.47	45.13	43.90	42.91	42.35	41.89	41.00
考虑地下水利用	43.22	41.07	39.91	38.97	38.46	38.04	37.24
两者差值	4.25	4.06	3.99	3.94	3.89	3.85	3.76

8.5　限制引水条件下的灌区发展模式

由于目前灌区的实际引水量仍然超标，根据河套灌区节水改造与续建配套的规划要求，灌区的实际灌溉引水量应逐年减少至引水限制指标控制范围内。因此，需要提出河套灌区在限制引水条件下的发展模式（包括灌溉面积和种植结构），限制引水量包括 40 亿 m³（内蒙古水量分配方案）、38.8 亿 m³（一期计划水权转让 1.2 亿 m³）、36.4 亿 m³（所有计划水权转让 1.2 亿 m³+1.0 亿 m³+1.4 亿 m³=3.6 亿 m³）。

计算限制引水条件下灌区灌溉面积的方法与计算引水量的方法基本相同，在 8.3.1 小节预测灌溉定额时，分别预测了限制引水条件 40 亿 m³、38.8 亿 m³、36.4 亿 m³ 时的灌溉定额，这些值将用于限制引水条件下灌区发展面积的计算，地下水可利用量也应分别采用 8.3.5 小节中这三种限制引水条件下的地下水可利用量。8.3 节中提出了 4 种种植结构方案和 3 种灌溉水利用系数方案，两者构成了 12 种组合方案，本节在计算每种限制引水条件下的灌区灌溉面积时均考虑这 12 种方案的结果，并将 12 种方案的计算结果进行比较，以此来确定限制引水条件下灌区最为合理的发展模式。

与 8.4 节相似，本节每种方案的引水量计算结果均指 6 种时空组合下计算结果的平均值，若其中某种或某几种组合的计算结果与其他组合的计算结果差距较大，则取全年尺度两种组合（灌区全年、灌域全年）计算结果的平均值。

8.5.1 农业限制引水量为 40 亿 m³ 时的灌区发展模式

当限制引水量为 40 亿 m³ 时，不同灌溉水利用系数方案与种植结构方案组合下的灌区可发展面积见表 8.5.1 和图 8.5.1。由图 8.5.1 可知，原始种植结构方案、平滑种植结构方案、适中种植结构方案 3 种方案的灌区规划年可发展面积较为接近，在 3 种灌溉水利用系数方案下，不同种植结构方案 2050 年灌区可发展面积计算结果的平均值分别为 1 091 万亩、1 137 万亩、1 183 万亩。而极端种植结构方案的灌区可发展面积较小，在 3 种灌溉水利用系数方案下，至 2050 年灌区可发展面积分别为 1 049 万亩、1 093 万亩、1 138 万亩，相比于其余 3 种种植结构方案的面积偏小 37 万~49 万亩，约占 2050 年灌区可发展面积的 4%。

表 8.5.1 限制引水量为 40 亿 m³ 时不同方案灌区可发展面积　（单位：万亩）

灌溉水利用系数方案	种植结构方案	2017	2020	2025	2030	2035	2040	2050
方案一	原始种植结构方案	938	989	1 019	1 046	1 060	1 071	1 095
	平滑种植结构方案	938	987	1 015	1 038	1 052	1 063	1 086
	适中种植结构方案	938	988	1 017	1 043	1 057	1 069	1 092
	极端种植结构方案	938	979	991	1 002	1 016	1 027	1 049
方案二	原始种植结构方案	938	989	1 019	1 064	1 088	1 106	1 141
	平滑种植结构方案	938	987	1 015	1 057	1 080	1 098	1 133
	适中种植结构方案	938	988	1 017	1 062	1 085	1 103	1 138
	极端种植结构方案	938	979	991	1 020	1 042	1 060	1 093
方案三	原始种植结构方案	938	989	1 038	1 092	1 120	1 146	1 187
	平滑种植结构方案	938	987	1 033	1 084	1 112	1 137	1 179
	适中种植结构方案	938	988	1 036	1 090	1 117	1 143	1 184
	极端种植结构方案	938	979	1 008	1 047	1 073	1 098	1 138

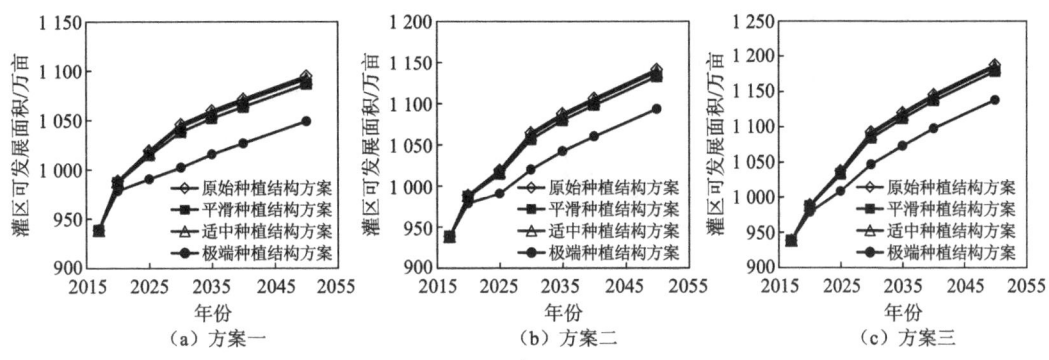

图 8.5.1 限制引水量为 40 亿 m³ 时不同方案灌区可发展面积对比

基于 8.4 节计算灌区最小引水量时的推荐方案，本节依旧选取平滑种植结构方案，将灌溉水利用系数方案一作为推荐方案。对于推荐方案下的灌区未来可发展模式，分为考虑地下水利用和未考虑地下水利用两种情景进行分析。

当引水量为 40 亿 m³ 且未考虑地下水利用时，现状年与规划年河套灌区的总灌溉面积见表 8.5.2 和图 8.5.2。当引水量为 40 亿 m³ 且考虑地下水利用（2.22 亿 m³）时，现状年与规划年河套灌区的总灌溉面积见表 8.5.3。由图 8.5.2 可知，6 种组合计算的灌区总灌溉面积基本相同，因此将 6 种组合计算结果的平均值作为最终结果，如表 8.5.4 所示。当引水量为 40 亿 m³ 且未考虑地下水利用时，总灌溉面积随时间推移有增加的趋势，主要是因为灌溉水利用系数增加但是种植结构变化较小。在引水量限制为 40 亿 m³ 条件下，现状年可以维持的总灌溉面积约为 938 万亩，比实际的总灌溉面积 1114 万亩少了 176 万亩，至 2030 年河套灌区的总灌溉面积为 1038 万亩，至 2050 年河套灌区的总灌溉面积为 1086 万亩。在引水量限制为 40 亿 m³ 且考虑地下水利用（2.22 亿 m³）条件下，现状年可以维持的总灌溉面积约为 1031 万亩，比实际的总灌溉面积少了 83 万亩，至 2030 年河套灌区的总灌溉面积为 1143 万亩，至 2050 年河套灌区的总灌溉面积为 1196 万亩，可以发现考虑地下水利用比未考虑地下水利用，2030 年灌区可多发展约 105 万亩的种植面积，2050 年灌区可多发展 110 万亩的种植面积。

表 8.5.2 引水量为 40 亿 m³ 且未考虑地下水利用时河套灌区的总灌溉面积表　（单位：万亩）

年份	灌区尺度 灌区全年	灌区两灌期	灌区三灌期	灌域尺度 灌域全年	灌域两灌期	灌域三灌期	平均值
现状年	940	938	939	939	936	938	938
2020	989	986	987	989	984	986	987
2025	1 019	1 014	1 015	1 018	1 010	1 011	1 015
2030	1 045	1 037	1 039	1 043	1 032	1 032	1 038
2035	1 059	1 051	1 052	1 057	1 046	1 046	1 052
2040	1 070	1 063	1 064	1 069	1 058	1 058	1 063
2050	1 094	1 086	1 087	1 092	1 080	1 081	1 086

注：表中数值均采用原始值计算，该表中数据进行了修约，因此，部分数据存在少许出入。

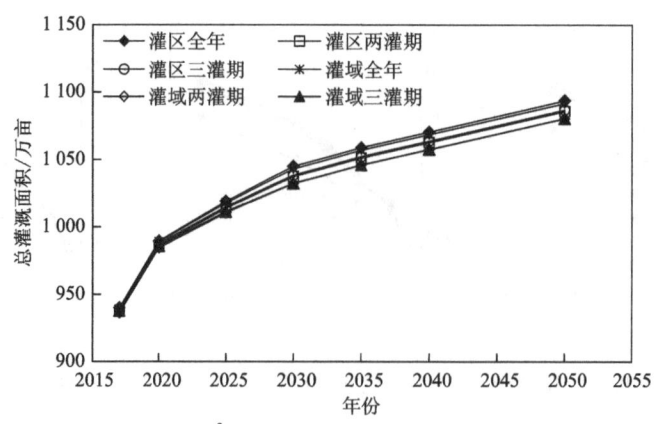

图 8.5.2 引水量为 40 亿 m³ 且未考虑地下水利用时河套灌区的总灌溉面积图

表 8.5.3 引水量为 40 亿 m³ 且考虑地下水利用时河套灌区的总灌溉面积 （单位：万亩）

年份	灌区尺度			灌域尺度			平均值
	灌区全年	灌区两灌期	灌区三灌期	灌域全年	灌域两灌期	灌域三灌期	
现状年	1 033	1 030	1 032	1 031	1 028	1 030	1 031
2020	1 088	1 084	1 085	1 087	1 082	1 083	1 085
2025	1 121	1 115	1 117	1 120	1 111	1 112	1 116
2030	1 151	1 142	1 143	1 149	1 136	1 136	1 143
2035	1 167	1 157	1 159	1 164	1151	1 151	1 158
2040	1 179	1 170	1 171	1 177	1 164	1 164	1 171
2050	1 205	1 195	1 197	1 203	1 189	1 189	1 196

表 8.5.4 引水量为 40 亿 m³ 时河套灌区总灌溉面积计算最终结果 （单位：万亩）

类型	年份						
	现状年	2020	2025	2030	2035	2040	2050
未考虑地下水利用	938	987	1 015	1 038	1 052	1 063	1 086
考虑地下水利用	1 031	1 085	1 116	1 143	1 158	1 171	1 196
两者差值	93	98	101	105	106	108	110

8.5.2 农业限制引水量为 38.8 亿 m³ 时的灌区发展模式

当限制引水量为 38.8 亿 m³ 时，不同灌溉水利用系数方案与种植结构方案组合下的灌区可发展面积见表 8.5.5 和图 8.5.3。由图 8.5.3 可知，原始种植结构方案的灌区规划年可发展面积最大，在 3 种灌溉水利用系数方案下，原始种植结构方案 2050 年灌区可发展面积分别为 1 063 万亩、1 108 万亩、1 153 万亩；平滑种植结构方案、适中种植结构方案的灌区规划年可发展面积居中且较为接近，在 3 种灌溉水利用系数方案下，这 2 种种植结构方案 2050 年灌区可发展面积计算结果的平均值分别为 1 046 万亩、1 091 万亩、1 135 万亩，相比于原始种植结构方案的面积偏小 15 万~21 万亩，约占 2050 年灌区可发

第 8 章 河套灌区农业灌溉用水量与发展模式研究

展面积的 2%；而极端种植结构方案的灌区可发展面积最小，在 3 种灌溉水利用系数方案下，极端种植结构方案至 2050 年灌区可发展面积分别为 1 008 万亩、1 051 万亩、1 093 万亩，相比于原始种植结构方案的面积偏小 55 万~60 万亩，约占 2050 年灌区可发展面积的 7%。

表 8.5.5　限制引水量为 38.8 亿 m³ 时不同方案灌区可发展面积　（单位：万亩）

灌溉水利用系数方案	种植结构方案	2017	2020	2025	2030	2035	2040	2050
方案一	原始种植结构方案	910	960	990	1 016	1 029	1 041	1 063
	平滑种植结构方案	910	955	978	997	1 010	1 021	1 044
	适中种植结构方案	910	956	981	1 002	1 015	1 026	1 048
	极端种植结构方案	910	947	956	963	976	987	1 008
方案二	原始种植结构方案	910	960	990	1 034	1 056	1 074	1 108
	平滑种植结构方案	910	955	978	1 015	1 037	1 055	1 088
	适中种植结构方案	910	956	981	1 019	1 042	1 059	1 093
	极端种植结构方案	910	947	956	980	1 002	1 019	1 051
方案三	原始种植结构方案	910	960	1 008	1 061	1 088	1 113	1 153
	平滑种植结构方案	910	955	996	1 041	1 068	1 092	1 132
	适中种植结构方案	910	956	998	1 046	1 073	1 097	1 137
	极端种植结构方案	910	947	973	1 006	1 031	1 055	1 093

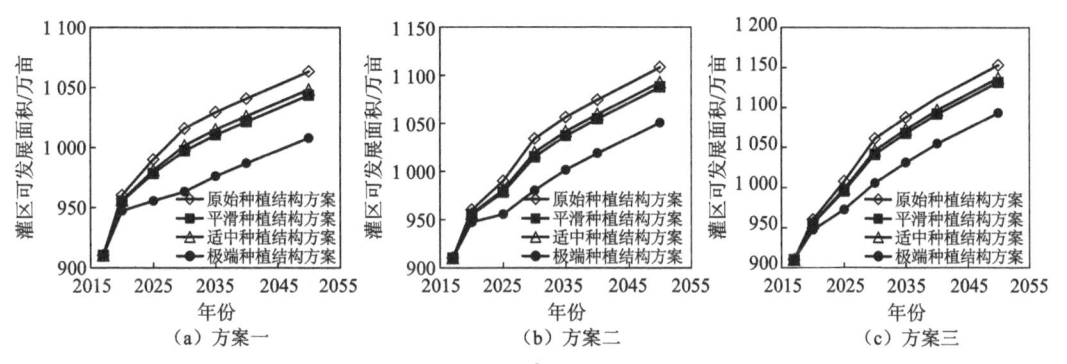

图 8.5.3　限制引水量为 38.8 亿 m³ 时不同方案灌区可发展面积对比

采用平滑种植结构方案，将灌溉水利用系数方案一作为推荐方案。对于推荐方案下的灌区未来可发展模式，分为考虑地下水利用和未考虑地下水利用两种情景进行分析。

当引水量为 38.8 亿 m³ 且未考虑地下水利用时，现状年与规划年河套灌区的总灌溉面积见表 8.5.6。当引水量为 38.8 亿 m³ 且考虑地下水利用（2.22 亿 m³）时，现状年与规划年河套灌区的总灌溉面积见表 8.5.7。6 种组合计算的灌区总灌溉面积基本相同，因此将这 6 种组合计算结果的平均值作为最终结果，如表 8.5.8 所示。在引水量限制为 38.8 亿 m³ 条件下，现状年可以维持的总灌溉面积约为 910 万亩，比实际的总灌溉面积

1 114万亩少了204万亩，至2030年河套灌区的总灌溉面积为997万亩，至2050年河套灌区的总灌溉面积为1 044万亩。在引水量限制为38.8亿 m^3 且考虑地下水利用（2.22亿 m^3）条件下，现状年可以维持的总灌溉面积约为1 000万亩，比实际的总灌溉面积1 114万亩少了114万亩，至2030年河套灌区的总灌溉面积为1 097万亩，至2050年河套灌区的总灌溉面积为1 148万亩，可以发现考虑地下水利用比未考虑地下水利用，2030年灌区可多发展约100万亩的种植面积，2050年灌区可多发展约104万亩的种植面积。

表8.5.6 引水量为38.8亿 m^3 且未考虑地下水利用时河套灌区的总灌溉面积 （单位：万亩）

年份	灌区尺度			灌域尺度			平均值
	灌区全年	灌区两灌期	灌区三灌期	灌域全年	灌域两灌期	灌域三灌期	
现状年	912	910	911	911	908	910	910
2020	958	954	956	957	953	955	955
2025	982	976	979	982	974	976	978
2030	1 003	994	997	1 003	991	994	997
2035	1 017	1 007	1 011	1 017	1 005	1 007	1 010
2040	1 028	1 018	1 022	1 028	1 016	1 018	1 022
2050	1 050	1 040	1 044	1 050	1 038	1 040	1 044

注：表中数值均采用原始值计算，该表中数据进行了修约，因此，部分数据存在少许出入。

表8.5.7 引水量为38.8亿 m^3 且考虑地下水利用时河套灌区的总灌溉面积 （单位：万亩）

年份	灌区尺度			灌域尺度			平均值
	灌区全年	灌区两灌期	灌区三灌期	灌域全年	灌域两灌期	灌域三灌期	
现状年	1 002	999	1 001	1 000	997	999	1 000
2020	1 052	1 048	1 050	1 052	1 046	1 049	1 050
2025	1 080	1 073	1 076	1 080	1 070	1 073	1 076
2030	1 104	1 093	1 097	1 104	1 090	1 092	1 097
2035	1 119	1 108	1 112	1 119	1 104	1 107	1 111
2040	1 131	1 120	1 124	1 131	1 116	1 119	1 124
2050	1 156	1 144	1 148	1 156	1 141	1 143	1 148

注：表中数值均采用原始值计算，该表中数据进行了修约，因此，部分数据存在少许出入。

表8.5.8 引水量为38.8亿 m^3 时河套灌区总灌溉面积计算最终结果 （单位：万亩）

类型	年份						
	现状年	2020	2025	2030	2035	2040	2050
未考虑地下水利用	910	955	978	997	1 010	1 022	1 044
考虑地下水利用	1 000	1 050	1 076	1 097	1 111	1 124	1 148
两者差值	90	95	98	100	101	102	104

8.5.3 农业限制引水量为 36.4 亿 m³ 时的灌区发展模式

当限制引水量为 36.4 亿 m³ 时，不同灌溉水利用系数方案与种植结构方案组合下的灌区可发展面积见表 8.5.9 和图 8.5.4。由图 8.5.4 可知，原始种植结构方案的灌区规划年可发展面积最大，在 3 种灌溉水利用系数方案下，原始种植结构方案 2050 年灌区可发展面积分别为 980 万亩、1 022 万亩、1 063 万亩；平滑种植结构方案、适中种植结构方案的灌区规划年可发展面积居中且较为接近，在 3 种灌溉水利用系数方案下，这 2 种种植结构方案 2050 年灌区可发展面积计算结果的平均值分别为 963 万亩、1 004 万亩、1 045 万亩，相比于原始种植结构方案的面积偏小 16 万~20 万亩，约占 2050 年灌区可发展面积的 2%；而极端种植结构方案的灌区可发展面积最小，在 3 种灌溉水利用系数方案下，极端种植结构方案至 2050 年灌区可发展面积分别为 931 万亩、971 万亩、1 010 万亩，相比于原始种植结构方案的面积偏小 49 万~53 万亩，约占 2050 年灌区可发展面积的 5%。

表 8.5.9　限制引水量为 36.4 亿 m³ 时不同方案灌区可发展面积　（单位：万亩）

灌溉水利用系数方案	种植结构方案	2017	2020	2025	2030	2035	2040	2050
方案一	原始种植结构方案	854	897	919	936	949	959	980
	平滑种植结构方案	854	892	907	918	931	941	961
	适中种植结构方案	854	894	910	922	934	944	964
	极端种植结构方案	854	886	888	890	902	911	931
方案二	原始种植结构方案	854	897	919	953	974	990	1 022
	平滑种植结构方案	854	892	907	935	955	971	1 002
	适中种植结构方案	854	894	910	938	958	975	1 005
	极端种植结构方案	854	886	888	905	925	941	971
方案三	原始种植结构方案	854	897	935	978	1 003	1 026	1 063
	平滑种植结构方案	854	892	924	959	984	1 006	1 043
	适中种植结构方案	854	894	926	962	987	1 009	1 046
	极端种植结构方案	854	886	904	929	953	974	1 010

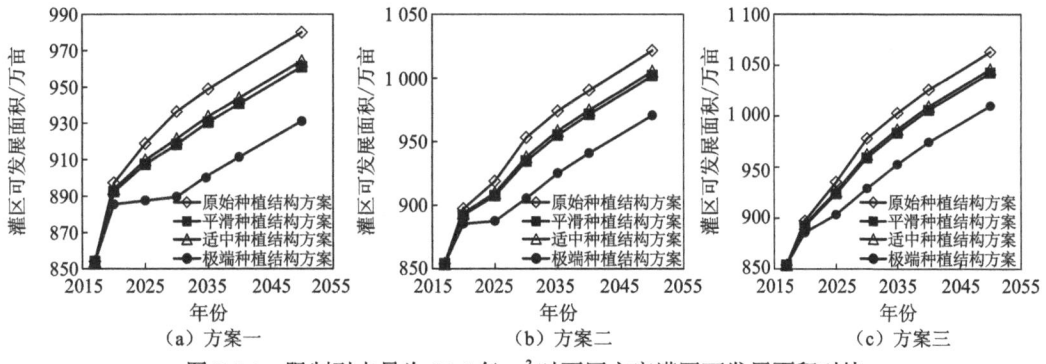

图 8.5.4　限制引水量为 36.4 亿 m³ 时不同方案灌区可发展面积对比

采用平滑种植结构方案,将灌溉水利用系数方案一作为推荐方案。对于推荐方案下的灌区未来可发展模式,分为考虑地下水利用和未考虑地下水利用两种情景进行分析。

当引水量为 36.4 亿 m³ 且未考虑地下水利用时,现状年与规划年河套灌区的总灌溉面积见表 8.5.10;引水量为 36.4 亿 m³ 且考虑地下水利用(2.13 亿 m³)时,现状年与规划年河套灌区的总灌溉面积见表 8.5.11。6 种组合计算的灌区总灌溉面积基本相同,因此将这 6 种组合计算结果的平均值作为最终结果,如表 8.5.12 所示。在引水量限制为 36.4 亿 m³ 条件下,现状年可以维持的总灌溉面积为 854 万亩,比实际的总灌溉面积 1 114 万亩少了 260 万亩,至 2030 年河套灌区的总灌溉面积为 918 万亩,至 2050 年河套灌区的总灌溉面积为 961 万亩。当考虑地下水利用时,现状年可以维持的总灌溉面积约为 934 万亩,至 2030 年河套灌区的总灌溉面积为 1 004 万亩,至 2050 年河套灌区的总灌溉面积为 1 051 万亩。可以发现,考虑地下水利用比未考虑地下水利用,2030 年灌区可多发展约 86 万亩的种植面积,2050 年灌区可多发展约 90 万亩的种植面积。

表 8.5.10　引水量为 36.4 亿 m³ 且未考虑地下水利用时河套灌区的总灌溉面积　(单位:万亩)

年份	灌区尺度			灌域尺度			平均值
	灌区全年	灌区两灌期	灌区三灌期	灌域全年	灌域两灌期	灌域三灌期	
现状年	855	853	855	854	852	854	854
2020	894	890	893	895	890	892	892
2025	911	903	908	913	903	907	907
2030	923	912	919	926	912	918	918
2035	936	924	931	939	924	930	931
2040	946	934	941	949	935	940	941
2050	966	954	961	969	955	961	961

注:表中数值均采用原始值计算,该表中数据进行了修约,因此,部分数据存在少许出入。

表 8.5.11　引水量为 36.4 亿 m³ 且考虑地下水利用时河套灌区的总灌溉面积　(单位:万亩)

年份	灌区尺度			灌域尺度			平均值
	灌区全年	灌区两灌期	灌区三灌期	灌域全年	灌域两灌期	灌域三灌期	
现状年	936	934	935	935	932	934	934
2020	979	974	977	979	973	976	976
2025	997	987	993	999	987	992	993
2030	1 010	996	1 005	1 014	997	1 004	1 004
2035	1 024	1 010	1 018	1 027	1 010	1 017	1 018
2040	1 035	1 021	1 029	1 039	1 021	1 028	1 029
2050	1 057	1 043	1 052	1 061	1 044	1 051	1 051

表 8.5.12　引水量为 36.4 亿 m³ 时河套灌区总灌溉面积计算最终结果　（单位：万亩）

类型	年份						
	现状年	2020	2025	2030	2035	2040	2050
未考虑地下水利用	854	892	907	918	931	941	961
考虑地下水利用	934	976	993	1 004	1 018	1 029	1 051
两者差值	80	84	86	86	87	88	90

8.5.4　限制引水条件下灌区发展模式汇总

表 8.5.13 为 3 种限制引水条件下灌区的可发展面积，通过此表即可查询出未来不同限制引水条件下灌区相应的发展模式，该发展模式包括了引水量、灌溉水利用系数方案、种植结构方案共 36 种组合情况。若将来给定了灌区的引水量及可发展面积，表 8.5.13 可以为灌区未来灌溉水利用系数方案和种植结构方案的调整提供一个合理的参考区间。

表 8.5.13　不同限制引水条件下不同方案灌区可发展面积　（单位：万亩）

引水量	灌溉水利用系数方案	种植结构方案	年份						
			2017	2020	2025	2030	2035	2040	2050
40 亿 m³	方案一	原始种植结构方案	938	989	1 019	1 046	1 060	1 071	1 095
		平滑种植结构方案	938	987	1 015	1 038	1 052	1 063	1 086
		适中种植结构方案	938	988	1 017	1 043	1 057	1 069	1 092
		极端种植结构方案	938	979	991	1 002	1 016	1 027	1 049
	方案二	原始种植结构方案	938	989	1 019	1 064	1 088	1 106	1 141
		平滑种植结构方案	938	987	1 015	1 057	1 080	1 098	1 133
		适中种植结构方案	938	988	1 017	1 062	1 085	1 103	1 138
		极端种植结构方案	938	979	991	1 020	1 042	1 060	1 093
	方案三	原始种植结构方案	938	989	1 038	1 092	1 120	1 146	1 187
		平滑种植结构方案	938	987	1 033	1 084	1 112	1 137	1 179
		适中种植结构方案	938	988	1 036	1 090	1 117	1 143	1 184
		极端种植结构方案	938	979	1 008	1 047	1 073	1 098	1 138
38.8 亿 m³	方案一	原始种植结构方案	910	960	990	1 016	1 029	1 041	1 063
		平滑种植结构方案	910	955	978	997	1 010	1 021	1 044
		适中种植结构方案	910	956	981	1 002	1 015	1 026	1 048
		极端种植结构方案	910	947	956	963	976	987	1 008
	方案二	原始种植结构方案	910	960	990	1 034	1 056	1 074	1 108
		平滑种植结构方案	910	955	978	1 015	1 037	1 055	1 088
		适中种植结构方案	910	956	981	1 019	1 042	1 059	1 093
		极端种植结构方案	910	947	956	980	1 002	1 019	1 051

续表

引水量	灌溉水利用系数方案	种植结构方案	2017	2020	2025	2030	2035	2040	2050
38.8 亿 m³	方案三	原始种植结构方案	910	960	1 008	1 061	1 088	1 113	1 153
		平滑种植结构方案	910	955	996	1 041	1 068	1 092	1 132
		适中种植结构方案	910	956	998	1 046	1 073	1 097	1 137
		极端种植结构方案	910	947	973	1 006	1 031	1 055	1 093
36.4 亿 m³	方案一	原始种植结构方案	854	897	919	936	949	959	980
		平滑种植结构方案	854	892	907	918	931	941	961
		适中种植结构方案	854	894	910	922	934	944	964
		极端种植结构方案	854	886	888	890	902	911	931
	方案二	原始种植结构方案	854	897	919	953	974	990	1 022
		平滑种植结构方案	854	892	907	935	955	971	1 002
		适中种植结构方案	854	894	910	938	958	975	1 005
		极端种植结构方案	854	886	888	905	925	941	971
	方案三	原始种植结构方案	854	897	935	978	1 003	1 026	1 063
		平滑种植结构方案	854	892	924	959	984	1 006	1 043
		适中种植结构方案	854	894	926	962	987	1 009	1 046
		极端种植结构方案	854	886	904	929	953	974	1 010

8.5.1~8.5.3 小节分别计算了不同限制引水条件下，灌溉水利用系数采用方案一、种植结构采用平滑种植结构方案时的灌区可发展面积，且分为未考虑地下水利用和考虑地下水利用两种情景进行了总灌溉面积分析，此处对三种引水量下推荐方案的计算结果进行汇总，如表 8.5.14 和图 8.5.5 所示。

表 8.5.14 不同引水量条件下规划年河套灌区总灌溉面积　（单位：万亩）

情况分类	引水量	现状年	2020	2025	2030	2035	2040	2050
未考虑地下水利用	40 亿 m³	938	987	1 015	1 038	1 052	1 063	1 086
	38.8 亿 m³	910	955	978	997	1 010	1 022	1 044
	36.4 亿 m³	854	892	907	918	931	941	961
考虑地下水利用	40 亿 m³	1 031	1 085	1 116	1 143	1 158	1 171	1 196
	38.8 亿 m³	1 000	1 050	1 076	1 097	1 111	1 124	1 148
	36.4 亿 m³	934	976	993	1 004	1 018	1 029	1 051
两者差值	40 亿 m³	93	98	101	105	106	108	110
	38.8 亿 m³	90	95	98	100	101	102	104
	36.4 亿 m³	80	84	86	86	87	88	90

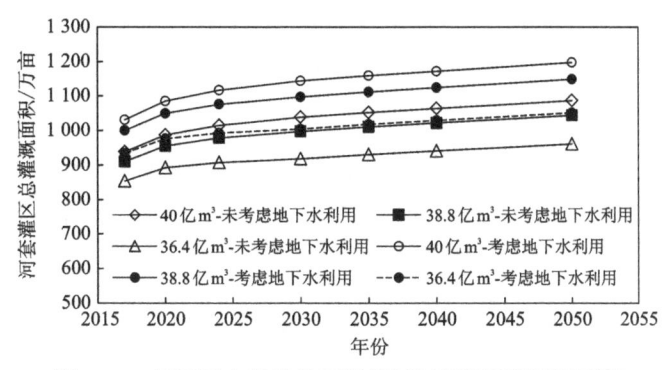

图 8.5.5 不同引水量条件下规划年河套灌区总灌溉面积

现状年（2013~2017 年平均）河套灌区的引水量约为 47.44 亿 m³，河套灌区的总灌溉面积为 1 114 万亩。在未考虑地下水利用的情况下，当河套灌区的引水量限制为 40 亿 m³ 时，现状年可以维持的总灌溉面积约为 938 万亩，比实际的总灌溉面积 1 114 万亩少了 176 万亩；当引水量为 38.8 亿 m³ 时，现状年可以维持的总灌溉面积为 910 万亩，比实际的总灌溉面积 1 114 万亩少了 204 万亩；当引水量为 36.4 亿 m³ 时，现状年可以维持的总灌溉面积约为 854 万亩，比实际的总灌溉面积 1 114 万亩少了 260 万亩。

在考虑地下水利用的情况下，当河套灌区的引水量限制为 40 亿 m³ 时，现状年可以维持的总灌溉面积约为 1 031 万亩，比实际的总灌溉面积 1 114 万亩少了 83 万亩；当引水量为 38.8 亿 m³ 时，现状年可以维持的总灌溉面积为 1 000 万亩，比实际的总灌溉面积 1 114 万亩少了 114 万亩；当引水量为 36.4 亿 m³ 时，现状年可以维持的总灌溉面积约为 934 万亩，比实际的总灌溉面积 1 114 万亩少了 180 万亩。

三种限制引水条件（40 亿 m³、38.8 亿 m³、36.4 亿 m³）下考虑地下水利用相比于未考虑地下水利用现状年灌区可分别多发展 93 万亩、90 万亩、80 万亩的灌溉面积，2030 年灌区可分别多发展 105 万亩、100 万亩、86 万亩的灌溉面积，2050 年灌区可分别多发展 110 万亩、104 万亩、90 万亩的灌溉面积。

河套灌区规划年可发展面积与引水量的关系如图 8.5.6 所示，根据该线性关系，即可得到未来任意限制引水条件下未考虑地下水利用和考虑地下水利用的 2017 年、2030 年、2050 年灌区可发展面积。

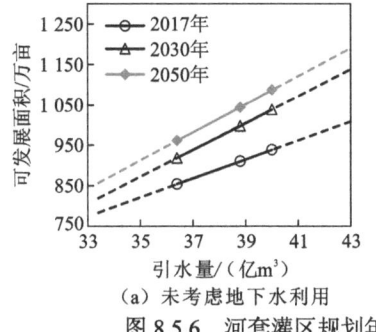

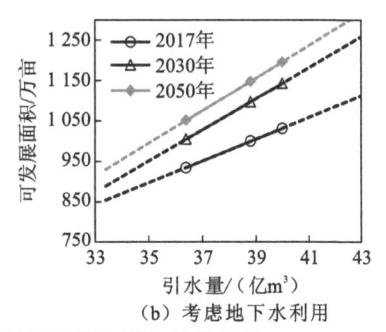

图 8.5.6 河套灌区规划年可发展面积与引水量的关系

8.6 本章小结

本章首先对规划年引水量计算的关键数据进行了预测分析,并提出了12种组合方案,分别计算了12种组合方案下灌区的最小引水量、限制引水条件下的可发展面积,讨论了灌区未来种植结构、灌溉水利用系数的变化对灌区引水量、可发展面积的影响。在此基础上优选出一种推荐方案,基于灌区和灌域2种空间尺度,全年、两灌期、三灌期3种时间尺度共6种计算组合,分为考虑地下水利用和未考虑地下水利用两种情景,对现状灌溉面积条件下的灌区最小引水量、限制引水条件下的可发展面积进行了预测,得到以下结论。

(1)当限制引水量为 40 亿 m^3 时,河套灌区典型作物小麦的生育期净灌溉定额增加至 120.7 m^3/亩;当限制引水量为 38.8 亿 m^3 时,河套灌区典型作物小麦的生育期净灌溉定额增加至 123.2 m^3/亩;当限制引水量为 36.4 亿 m^3 时,河套灌区典型作物小麦的生育期净灌溉定额增加至 127.9 m^3/亩。河套灌区的适宜秋浇净灌溉定额为 108 m^3/亩,适宜春灌净灌溉定额为 80 m^3/亩。相比于河套灌区的适宜秋浇净灌溉定额和春灌净灌溉定额,现状年的秋浇净灌溉定额可以降低 21 m^3/亩,春灌净灌溉定额可以增加 3 m^3/亩。

(2)采用不同方案预测规划年总灌溉面积时,不同规划年的引水量均与其总灌溉面积呈线性正相关关系。根据该线性关系,无论未来灌区的总灌溉面积如何变化,只要给出规划年的总灌溉面积,即可直接得到规划年的引水量。认为规划年的春灌面积比和秋浇面积比与现状年相同,灌区春灌面积比为 0.45,灌区秋浇面积比为 0.51。将 2013~2017 年的灌域灌溉面积比作为现状年和规划年的平均灌溉面积比。

(3)在现状灌溉面积条件下,2种空间尺度和3种时间尺度共6种组合下,河套灌区的引水量计算结果基本相同,可以认为计算结果相对准确。未考虑地下水利用时,2030 年河套灌区的引水量为 42.91 亿 m^3,2050 年河套灌区的引水量为 41.00 亿 m^3;考虑地下水利用(2.22 亿 m^3)时,2030 年河套灌区的引水量为 38.97 亿 m^3,2050 年河套灌区的引水量为 37.24 亿 m^3。考虑地下水利用的情况相比于未考虑地下水利用的情况,2030 年可少引 3.94 亿 m^3 水量,2050 年可少引 3.76 亿 m^3 水量。

(4)在未考虑地下水利用的情况下,当河套灌区的引水量限制为 40 亿 m^3 时,现状年可以维持的总灌溉面积约为 938 万亩,至 2030 年河套灌区的总灌溉面积为 1 038 万亩,至 2050 年河套灌区的总灌溉面积为 1 086 万亩;当引水量为 38.8 亿 m^3 时,现状年可以维持的总灌溉面积约为 910 万亩,至 2030 年河套灌区的总灌溉面积为 997 万亩,至 2050 年河套灌区的总灌溉面积为 1 044 万亩;当引水量为 36.4 亿 m^3 时,现状年可以维持的总灌溉面积约为 854 万亩,至 2030 年河套灌区的总灌溉面积为 918 万亩,至 2050 年河套灌区的总灌溉面积为 961 万亩。在考虑地下水利用的情况下,三种限制引水条件(40 亿 m^3、38.8 亿 m^3、36.4 亿 m^3)相比于未考虑地下水利用现状年灌区可分别多发展 93 万亩、90 万亩、80 万亩的灌溉面积,2030 年灌区可分别多发展 105 万亩、100 万亩、86 万亩的灌溉面积,2050 年灌区可分别多发展 110 万亩、104 万亩、90 万亩的灌溉面积。

参 考 文 献

巴盟水科所, 五原县水利局胜丰试验站, 解放闸灌域沙壕渠试验站, 1988. 河套灌区秋浇制度的试验研究[R].巴彦淖尔: 巴盟水科所.

巴彦淖尔市河套水利水电勘察设计有限公司, 2017. 巴彦淖尔市水利发展"十三五"规划报告[R]. 巴彦淖尔: 巴彦淖尔市河套水利水电勘察设计有限公司.

巴彦淖尔市农牧业局, 2018. 巴彦淖尔市农牧业绿色发展规划 2018—2025(第八稿)[R]. 巴彦淖尔: 巴彦淖尔市农牧业局.

巴彦淖尔市水务局, 2011. 巴彦淖尔市"十二五"水资源开发利用与保护规划[R]. 巴彦淖尔: 巴彦淖尔市水务局.

常春龙, 2015. 河套灌区农田生态地下水埋深及不同种植模式作物最适灌水量研究[D]. 呼和浩特: 内蒙古农业大学.

陈小兵, 杨劲松, 乔晓英, 等, 2008. 绿洲耕地适宜面积确定与减灾研究: 以新疆渭干河灌区为例[J]. 中国地质灾害与防治学报, 19(1): 118-123.

程载恒, 2017. 基于 AquaCrop 模型的河套灌区向日葵灌溉制度研究[D]. 银川: 宁夏大学.

次旦卓嘎, 2015. 拉萨澎波灌区凯布子灌区综合需水研究[D]. 北京: 清华大学.

代锋刚, 蔡焕杰, 刘晓明, 等, 2012. 利用地下水模型模拟分析灌区适宜井渠灌水比例[J]. 农业工程学报, 28(15): 45-51.

邸飞艳, 2015. 灌区规模化节水对地下水的影响[D]. 乌鲁木齐: 新疆农业大学.

董振兴, 史定国, 张东山, 等, 2001. 基于灰色理论的机械设备智能状态预测[J]. 华东理工大学学报, 27(4):392-394.

杜斌, 2015. 内蒙古河套灌区典型作物不同水质膜下滴灌灌溉制度研究[D]. 呼和浩特: 内蒙古农业大学.

樊自立, 1993. 塔里木盆地绿洲形成与演变[J]. 地理学报, 48(5): 421-427.

范晓元, 张凌梅, 2000. 论河套灌区秋浇的必要性及节水的途径[J]. 内蒙古水利(3): 31-33.

范雅君, 2014. 河套灌区玉米和向日葵膜下滴灌优化灌溉制度分析研究[D]. 呼和浩特: 内蒙古农业大学.

范雅君, 吕志远, 田德龙, 等, 2015. 河套灌区玉米膜下滴灌灌溉制度研究[J]. 干旱地区农业研究, 33(1): 123-129.

冯文基, 申利刚, 冯婷, 等, 1996. 内蒙古自治区主要作物灌溉制度与需水量等值线图[M]. 呼和浩特: 远方出版社.

傅金祥, 马兴冠, 2002. 水资源需求预测及存在的主要问题探讨[J]. 中国给水排水, 18(10): 27-29.

高鸿永, 伍靖伟, 段小亮, 等, 2008. 地下水位对河套灌区生态环境的影响[J]. 干旱区资源与环境, 22(4): 134-138.

耿曙萍, 姜卉芳, 何英, 2006. 交互式城市需水预测模型的建立及其应用[J]. 新疆农业大学学报, 29(3): 91-94.

郭晓玲, 2007. 作物需水量预测模型研究及其在灌溉管理信息系统中的应用[D]. 武汉: 华中科技大学.

郭宗楼, 白宪台, 马学强, 1995. 作物需水量灰色预测模型[J]. 水电能源科学, 13(3): 186-192.

郝爱枝, 张晓红, 李正中, 2014. 河套灌区沙壕渠典型区现有灌溉制度灌溉用水效率评价[J]. 内蒙古水利(4): 55-57.

黄国如, 胡和平, 2000. 基于BP神经网络的黄河下游引黄灌区引水量分析[J]. 灌溉排水, 19(3): 20-23.

黄修桥, 2005. 灌溉用水需求分析与节水灌溉发展研究[D]. 咸阳: 西北农林科技大学.

黄修桥, 康绍忠, 王景雷, 2004. 灌溉用水需求预测方法初步研究[J]. 灌溉排水学报, 23(4): 11-15.

霍轶珍, 王文达, 韩翠莲, 等, 2020. 河套灌区灌溉定额对膜下滴灌玉米生产性状及水分利用效率的影响[J]. 水土保持研究, 27(5): 182-187.

纪连军, 高洪彬, 王朝军, 等, 2006. 半干旱地区地下水位状况对杨树生长发育影响的研究[J]. 防护林科技(S1): 49, 67.

贾锦凤, 史海滨, 刘瑞敏, 等, 2012. 河套灌区套种模式下田间灌水有效性评价[J]. 人民黄河, 34(2): 93-96.

李郝, 2015. 内蒙河套灌区节水控盐的井渠结合模式与节水潜力分析[D]. 武汉: 武汉大学.

李继超, 王玲, 2018. 内蒙古河套灌区工业供水管理及制度建设初探[C]//中国标准化协会. 第十五届中国标准化论坛论文集. 北京: 中国标准化协会: 411-422.

李建承, 2015. 北方大型灌区渠井结合配置模式研究[D]. 咸阳: 西北农林科技大学.

李靖, 段青松, 邱勇, 2000. 灌区作物需水量预报的时间序列分析[J]. 云南农业大学学报(自然科学)(2): 102-104.

李亮, 史海滨, 李和平, 2012. 内蒙古河套灌区秋浇荒地水盐运移规律的研究[J]. 中国农村水利水电(4): 41-44, 49.

李瑞平, 史海滨, 赤江刚夫, 等, 2010. 基于SHAW模型的内蒙古河套灌区秋浇节水灌溉制度[J]. 农业工程学报, 26(2): 31-36.

李生勇, 韩翠莲, 郭彦芬, 等, 2016. 河套灌区小麦套种玉米灌溉制度研究[J]. 节水灌溉(4): 44-46, 49.

李生勇, 郭彦芬, 霍轶珍, 2017. 河套灌区小麦套种葵花灌溉制度研究[J]. 人民黄河, 39(2): 143-145, 148.

李熙婷, 2016. 河套灌区膜下滴灌小麦水肥盐动态变化与灌溉制度优化研究[D]. 呼和浩特: 内蒙古农业大学.

李彦, 王金魁, 门旗, 等, 2004. 修正温度法计算农作物蒸散量ET_0研究[J]. 灌溉排水学报, 23(6): 62-64.

李振全, 徐建新, 邹向涛, 等, 2005. 灰色系统理论在农业需水量预测中的应用[J]. 中国农村水利水电(11): 24-26.

李智慧, 周之豪, 1995. 山西省海河流域农业需水预测模型研究[J]. 水利水电科技进展(5): 34-36.

林朔, 2020. 节水条件下河套灌区井渠结合数值模拟[D]. 武汉: 武汉大学.

刘迪, 胡彩虹, 吴泽宁, 2008. 基于定额定量分析的农业用水需求预测研究[J]. 灌溉排水学报, 27(6): 88-91.

刘洪波, 2005. 基于模糊理论的城市供水系统运行管理研究[D]. 天津: 天津大学.

刘美含, 2021. 河套灌区节水抑盐条件下适宜地下水埋深与玉米灌溉制度优化探究[D]. 呼和浩特: 内蒙古农业大学.

刘绍民, 1998. 用Priestley-Taylor模式计算棉田实际蒸散量的研究[J]. 应用气象学报, 9(1): 88-93.

刘小花, 袁宏源, 洪林, 等, 2002. 水资源利用随机预测模型研究[J]. 中国农村水利水电(12): 70-72.
刘晓英, 林而达, 刘培军, 2003. Priestley-Taylor 与 Penman 法计算参照作物腾发量的结果比较[J]. 农业工程学报, 19(1): 32-36.
刘晓志, 2003. 内蒙古河套灌区区域节水灌溉水管理优化模型初步研究[D]. 呼和浩特: 内蒙古农业大学.
刘钰, PEREIRA L S, 2001. 气象数据缺测条件下参照腾发量的计算方法[J]. 水利学报(3): 11-17.
刘媛超, 2017. 内蒙古河套灌区秋浇灌水作用及秋浇节水潜力浅析[J]. 内蒙古水利(5): 51-52.
卢星航, 史海滨, 李瑞平, 等, 2017. 覆盖后秋浇对翌年春玉米生育期水热盐及产量的影响[J]. 农业工程学报, 33(1): 148-154.
罗玉丽, 姜秀芳, 曹惠提, 等, 2012. 内蒙古引黄灌区适宜秋浇定额研究[J]. 水资源与水工程学报, 23(3): 131-134.
吕宁, 石磊, 王国栋, 等, 2019. 不同滴灌定额对玉米生长及土壤盐分运移的影响[J]. 新疆农垦科技, 42(9): 3-8.
马金慧, 杨树青, 史海滨, 等, 2014. 基于土壤水盐阈值的河套灌区玉米灌水制度[J]. 农业工程学报, 30(11): 83-91.
马灵玲, 占车生, 唐伶俐, 等, 2005. 作物需水量研究进展的回顾与展望[J]. 干旱区地理, 28(4): 531-537.
孟春红, 杨金忠, 2002. 河套灌区秋浇定额合理优选的试验研究[J]. 中国农村水利水电(5): 23-25.
孟江丽, 2012. 新疆开孔河灌区适宜规模的灌溉面积的确定[J]. 中国农村水利水电(3): 23-26.
内蒙古河套灌区管理总局, 2007. 巴彦淖尔市水利志[R]. 巴彦淖尔: 内蒙古河套灌区管理总局.
内蒙古河套灌区管理总局, 2015. 河套灌区农业精准化配水集成技术研究与示范[R]. 巴彦淖尔: 内蒙古河套灌区管理总局.
内蒙古农牧学院, 内蒙古水利局, 内蒙古河套灌区管理总局, 1989. 河套灌区灌溉效率测试与评估研究[R]. 呼和浩特: 内蒙古农牧学院.
内蒙古农业大学, 2015. 内蒙古典型灌区灌溉水利用效率测试分析与评估[R]. 呼和浩特: 内蒙古农业大学.
内蒙古自治区水利科学研究院, 2015. 灌区水资源总量控制技术及多维临界调控模式[R]. 呼和浩特: 内蒙古自治区水利科学研究院.
内蒙古自治区水利科学研究院, 巴彦淖尔市水利科学研究所, 2016. 灌区农业用水总量控制及多维临界调控模式成果报告[R]. 呼和浩特: 内蒙古自治区水利科学研究院.
倪东宁, 李瑞平, 史海滨, 等, 2015. 秋灌对冻融期土壤水盐热时空变化规律影响及灌水效果评价[J]. 干旱地区农业研究, 33(4): 141-145.
彭培艺, 王璐瑶, 何彬, 等, 2016. 河套灌区井渠结合区域分布的确定方法的改进[J]. 中国农村水利水电(9): 153-158.
彭世彰, 张玉英, 沈菊琴, 1992. 河套灌区井渠联合运用优化灌溉模型[J]. 水科学进展, 3(3): 199-206.
钱云平, 王玲, 李万义, 等, 1998. 巴彦高勒蒸发实验站水面蒸发研究[J]. 水文(4): 35-37.
秦智通, 2016. 基于 AquaCrop 模型的河套灌区玉米灌溉制度研究[D]. 晋中: 山西农业大学.
清华大学, 2015. 宁蒙灌区典型灌域灌溉制度研究[R]. 北京: 清华大学.
屈忠义, 杨晓, 黄永江, 等, 2015. 基于 Horton 分形的河套灌区渠系水利用效率分析[J]. 农业工程学报, 31(13): 120-127.

邵东国, 郭元裕, 沈佩君, 1998. 区域农业灌溉用水量长期预报模型研究[J]. 灌溉排水, 17(3): 26-31.

石贵余, 张金宏, 姜谋余, 2003. 河套灌区灌溉制度研究[J]. 灌溉排水学报, 22(5): 72-76.

宋巧娜, 唐德善, 2007. 基于灰色理论和BP神经网络的农业用水量预测[J]. 农机化研究(9): 53-55.

粟晓玲, 宋悦, 刘俊民, 等, 2016. 耦合地下水模拟的渠井灌区水资源时空优化配置[J]. 农业工程学报, 32(13): 43-51.

孙贯芳, 屈忠义, 杜斌, 等, 2017. 不同灌溉制度下河套灌区玉米膜下滴灌水热盐运移规律[J]. 农业工程学报, 33(12): 144-152.

孙文, 2014. 内蒙古河套灌区不同尺度灌溉水效率分异规律与节水潜力分析[D]. 呼和浩特: 内蒙古农业大学.

田德龙, 郭克贞, 鹿海员, 等, 2013. 基于井渠双灌条件下的玉米灌溉制度优化[J]. 节水灌溉(2): 60-62.

田德龙, 郭克贞, 鹿海员, 等, 2015. 河套灌区井渠双灌条件下主要作物灌溉制度优化[J]. 灌溉排水学报, 34(1): 48-52.

童文杰, 2014. 河套灌区作物耐盐性评价及种植制度优化研究[D]. 北京: 中国农业大学.

汪志农, 康绍忠, 熊运章, 等, 2001. 灌溉预报与节水灌溉决策专家系统研究[J]. 节水灌溉(1): 4-7,43.

王大正, 赵建世, 蒋慕川, 等, 2002. 多目标多层次流域需水预测系统开发与应用[J]. 水科学进展, 13(1): 49-54.

王二英, 刘小山, 2008. 动态规划法确定灌溉用水定额[J]. 地下水, 30(4): 80-83, 86.

王福林, 2013. 基于灰色系统预测模型与定额法预测模型的辽宁省中长期需水预测研究[J]. 沈阳农业大学学报, 44(4): 491-494.

王国庆, 刘冬梅, 2012. 地下水补给量数学模型解析[J]. 黑龙江水利科技, 40(3): 166-167.

王浩, 秦大庸, 韩素华, 2004. 宁夏河套灌区农业水资源高效利用模式研究[J]. 自然资源学报, 19(5): 585-590.

王红霞, 卢文喜, 韩晓明, 等, 2007. 改进的变尺度优化算法在节水灌溉制度优化设计中的应用[J]. 水土保持研究, 14(4): 134-136, 140.

王建成, 车宗贤, 杨思存, 2014. 适宜白银高扬程灌区的几种高产高效间作套种模式[J]. 甘肃农业科技(5): 64-65, 66.

王琨, 束龙仓, 刘波, 等, 2014. 地下水安全开采量的内涵及安全开采控制水位划定[J]. 水资源保护, 30(6): 7-12.

王立坤, 刘庆华, 付强, 2004. 时间序列分析法在水稻需水量预测中的应用[J]. 东北农业大学学报, 35(2): 176-180.

王立雪, 李晓娟, 张永平, 等, 2015. 河套灌区小麦套种向日葵高产节水灌溉制度[J]. 西北农业学报, 24(10): 80-87.

王璐瑶, 2018. 河套灌区地下水开发利用的渠井结合比研究[D]. 武汉: 武汉大学.

王伦平, 陈亚新, 1993. 内蒙古河套灌区灌溉排水与盐碱化防治[M]. 北京: 水利电力出版社.

王明新, 2010. 基于RS和GIS的灌区需水量预报系统的研发[D]. 咸阳: 西北农林科技大学.

王水献, 吴彬, 杨鹏年, 等, 2011. 焉耆盆地绿洲灌区生态安全下的地下水埋深合理界定[J]. 资源科学, 33(3): 422-430.

· 212 ·

王玮, 2019. 黄河干流灌区土壤墒情动态预测与用水需求模型研究[D]. 西安: 西安理工大学.

王霞, 李忠, 2013. 巴彦淖尔市工业供水的思考[J]. 中国水运, 13(3): 63-64.

王亚东, 2002. 河套灌区节水改造工程实施前后区域地下水位变化的分析[J]. 节水灌溉(1): 15-17.

武汉大学, 2005. 内蒙古自治区巴彦淖尔市水资源综合规划报告[R]. 武汉: 武汉大学.

武汉大学, 2017. 井渠结合膜下滴灌节水潜力与区域水盐调控策略[R]. 武汉: 武汉大学.

武汉大学, 内蒙古河套灌区管理总局, 内蒙古河套灌区义长灌域管理局, 2001. 内蒙古河套灌区节水改造秋浇研究[R]. 武汉: 武汉大学.

徐冰, 田德龙, 李泽坤, 等, 2016. 河套灌区淖尔水资源开发与可持续利用技术研究[R]. 呼和浩特: 水利部·中国水科院牧区水利科学研究所.

徐中民, 程国栋, 2000. 黑河流域中游水资源需求预测[J]. 冰川冻土, 22(2): 139-146.

薛德鹏, 杨路华, 申孝军, 等, 2024. 基于Meta分析灌溉对中国北方地区花生产量和水分利用效率的影响[J]. 节水灌溉(4): 97-104.

杨凡, 刘园, 刘布春, 等, 2023. 基于Meta分析的调控灌溉对中国北方葡萄产量及灌溉水分利用效率的影响研究[J]. 灌溉排水学报, 42(6): 53-58.

杨松, 刘俊林, 杨卫, 等, 2009. 基于GIS的河套灌区春小麦适生种植区划[J]. 安徽农业科学, 37(35): 17496-17498.

杨威, 毛威, 杨洋, 等, 2021. 基于MODFLOW的河套灌区井渠结合开采模式研究[J]. 灌溉排水学报, 40(12): 93-101.

杨文元, 郝培静, 朱焱, 等, 2017. 季节性冻融区井渠结合灌域地下水动态预报[J]. 农业工程学报, 33(4): 137-145.

杨秀花, 林希娟, 孙龙, 等, 2017. 基于渐进累加法的灌溉水有效利用系数测算[J]. 人民黄河, 39(12): 150-153.

易成军, 2014. 策勒县地下水资源分析计算[J]. 水利科技与经济, 20(4): 59-60.

于健, 2014. 内蒙引黄灌区膜下滴灌成果报告[R]. 呼和浩特: 内蒙古自治区水利科学研究院.

于泳, 屈忠义, 刘雅君, 2010. 套种条件下限水灌溉对小麦生长影响试验研究[J]. 中国农村水利水电(3): 11-13, 17.

于芷婧, 2014. 冬小麦—夏玉米轮作农田灌溉制度模拟优化方法及应用[D]. 北京: 清华大学.

余乐时, 2017. 河套灌区井渠结合地下水数值模拟及水资源预测分析[D]. 武汉: 武汉大学.

岳卫峰, 贾书惠, 高鸿永, 等, 2013. 内蒙古河套灌区地下水合理开采系数分析[J]. 北京师范大学学报(自然科学版), 49(2/3): 239-242.

张宝泉, 俞宏, 杨国军, 2008. 改进灰色预测模型在灌溉用水量建模中的应用[J]. 节水灌溉(12): 49-50, 56.

张长春, 邵景力, 李慈君, 等, 2003. 华北平原地下水生态环境水位研究[J]. 吉林大学学报(地球科学版), 33(3): 323-326, 330.

张建国, 张运河, 秦淑宏, 2005. 春小麦、玉米、向日葵的节水灌溉制度[M]//段爱旺, 肖俊夫, 孙景生. 灌溉试验站网建设与试验研究. 郑州: 黄河水利出版社.

张凯, 宋连春, 韩永翔, 等, 2006. 黑河中游地区水资源供需状况分析及对策探讨[J]. 中国沙漠, 26(5):

842-848.

张义强, 2013. 河套灌区适宜地下水控制深度与秋浇覆膜节水灌溉技术研究[D]. 呼和浩特: 内蒙古农业大学.

张永平, 谢岷, 井涛, 等, 2013. 内蒙古河套灌区春小麦高产节水灌溉制度研究[J]. 麦类作物学报, 33(1): 96-102.

张志杰, 2011. 河套灌区灌溉入渗补给地下水系数及引黄水量阈值初步研究[D]. 呼和浩特: 内蒙古农业大学.

张紫森, 2023. 拉萨河谷喷灌双季饲草需水规律与灌溉制度研究[D]. 呼和浩特: 内蒙古农业大学.

张作为, 2016. 盐渍化地区间作农田节水增产机理及优化灌溉制度研究[D]. 呼和浩特: 内蒙古农业大学.

郑倩, 2021. 解放闸灌域作物-水土环境关系及灌溉制度优化[D]. 呼和浩特: 内蒙古农业大学.

郑世宗, 袁宏源, 李远华, 等, 1999. 霍泉灌区出流量预测模型[J]. 水科学进展, 10(4): 382-387.

朱春江, 唐德善, 马文斌, 2006. 基于灰色理论和BP神经网络预测观光农业旅游人数的研究[J]. 安徽农业科学, 34(4): 612-614.

朱敏, 2010. 河套灌区套种作物与经济作物节水型优化灌溉制度研究[D]. 呼和浩特: 内蒙古农业大学.

朱敏, 史海滨, 王宁, 等, 2011. 小麦套葵花作物需水量与优化灌溉制度研究[M]//中国农业工程学会农业水土工程专业委员会, 云南农业大学水利水电与建筑学院. 现代节水高效农业与生态灌区建设(上). 昆明: 云南大学出版社.

朱敏, 史海滨, 赵玮, 2012. 河套灌区经济作物番茄节水型优化灌溉制度研究[J]. 中国农村水利水电(1): 64-68, 72.

朱焱, 杨金忠, 伍靖伟, 2020. 河套灌区井渠结合膜下滴灌发展模式与水盐调控[M]. 北京: 科学出版社.

宗洁, 吕谋超, 翟国亮, 等, 2014. 北方小麦节水灌溉技术及发展模式研究[J]. 节水灌溉(7): 69-71.

AMIR I, FISHER F M, 1999. Analyzing agricultural demand for water with an optimizing model[J]. Agricultural systems, 61(1): 45-56.

PULIDO-CALVO I, GUTIÉRREZ-ESTRADA J C, 2009. Improved irrigation water demand forecasting using a soft-computing hybrid model[J]. Biosystems engineering, 102(2): 202-218.